· EX SITU FLORA OF CHINA ·

中国迁地栽培植物志

主编 黄宏文

CACTACEAE
仙人掌科

本卷主编 陈恒彬 王成聪

中国林业出版社
China Forestry Publishing House

内容简介

本书收录了我国主要植物园迁地栽培的仙人掌科植物57属186种（含种下分类单位）。种（含种下分类单位）的拉丁名主要依据 *The Cactus Family* 和 *The New Cactus Lexicon*；属和种（亚种）均按照拉丁名字母顺序排列。各种的介绍包括中文名、别名、拉丁名等分类学信息和自然分布、迁地栽培形态特征、引种信息、物候信息、迁地栽培要点及主要用途，并附彩色照片展示其形态学特征。为了便于查阅，书后附有主要植物园仙人掌科植物名录、仙人掌科植物术语解释、各植物园的地理环境以及中文名和拉丁名索引。

本书可供植物学、农林业、园林园艺、环境保护等相关学科的科研和教学使用。

主编简介

黄宏文：1957年1月1日生于湖北武汉，博士生导师，中国科学院大学岗位教授。长期从事植物资源研究和果树新品种选育，在迁地植物编目领域耕耘数十年，发表论文400余篇，出版专著40余本。主编有《中国迁地栽培植物大全》13卷及多本专科迁地栽培植物志。现为中国科学院庐山植物园主任，中国科学院战略生物资源管理委员会副主任，中国植物学会副理事长，国际植物园协会秘书长。

图书在版编目（CIP）数据

中国迁地栽培植物志. 仙人掌科 / 黄宏文主编；陈恒彬，王成聪本卷主编. -- 北京：中国林业出版社，2020.9

ISBN 978-7-5219-0819-0

Ⅰ. ①中… Ⅱ. ①黄… ②陈… ③王… Ⅲ. ①仙人掌科—引种栽培—植物志—中国 Ⅳ. ①Q948.52

中国版本图书馆CIP数据核字(2020)第187202号

ZHŌNGGUÓ QIĀNDÌ ZĀIPÉI ZHÍWÙZHÌ · XIĀNRÉNZHĂNGKĒ

中国迁地栽培植物志·仙人掌科

出版发行： 中国林业出版社
（100009 北京市西城区刘海胡同7号）

电　话： 010-83143517

印　刷： 北京雅昌艺术印刷有限公司

版　次： 2021年1月第1版

印　次： 2021年1月第1次印刷

开　本： 889mm×1194mm　1/16

印　张： 32.5

字　数： 1030千字

定　价： 468.00元

《中国迁地栽培植物志·仙人掌科》编者

主　　　编： 陈恒彬（厦门市园林植物园）

王成聪（厦门市园林植物园）

编　　　委： 陈伯毅（厦门市园林植物园）

陈梅香（江苏省中国科学院植物研究所）

成雅京（北京植物园）

揣福文（北京植物园）

李兆文（厦门市园林植物园）

林侨生（中国科学院华南植物园）

宋正达（江苏省中国科学院植物研究所）

王文能（龙海沙生植物园）

王文鹏（龙海沙生植物园）

魏顶峰（上海辰山植物园）

吴　兴（中国科学院华南植物园）

邢　全（中国科学院植物研究所北京植物园）

主　　　审： 李振宇（中国科学院植物研究所）

责任编审： 廖景平　湛青青（中国科学院华南植物园）

摄　　　影： 陈恒彬　王成聪　李兆文　王文鹏　王文能　宋正达

邢　全　成雅京　吴　兴　周　健　吴叶侯　吴金华

数据库技术支持： 张　征　黄逸斌　谢思明（中国科学院华南植物园）

《中国迁地栽培植物志·仙人掌科》参编单位（数据来源）

厦门市园林植物园（XMBG）

中国科学院华南植物园（SCBG）

中国科学院植物研究所北京植物园（IBCASBG）

北京植物园（BJBG）

江苏省中国科学院植物研究所（CNBG）

上海辰山植物园（SHCSBG）

龙海沙生植物园（LHCSBG）

《中国迁地栽培植物志》编研办公室

主 任： 任 海

副主任： 张 征

主 管： 湛青青

序 FOREWORD

中国是世界上植物多样性最丰富的国家之一，有高等植物约33000种，约占世界总数的10%，仅次于巴西，位居全球第二。中国是北半球唯一横跨热带、亚热带、温带到寒带森林植被的国家。中国的植物区系是整个北半球早中新世植物区系的孑遗成分，且在第四纪冰川期中，因我国地形复杂、气候相对稳定的避难所效应，又是植物生存、物种演化的重要中心，同时，我国植物多样性还遗存了古地中海和古南大陆植物区系，因而形成了我国极为丰富的特有植物，有约250个特有属、15000~18000特有种。中国还有粮食植物、药用植物及园艺植物等摇篮之称，几千年的农耕文明孕育了众多的栽培植物的种质资源，是全球资源植物的宝库，对人类经济社会的可持续发展具有极其重要意义。

植物园作为植物引种、驯化栽培、资源发掘、推广应用的重要源头，传承了现代植物园几个世纪科学研究的脉络和成就，在近代的植物引种驯化、传播栽培及作物产业国际化进程中发挥了重要作用，特别是经济植物的引种驯化和传播栽培对近代农业产业发展、农产品经济和贸易、国家或区域的经济社会发展的推动则更为明显，如橡胶、茶叶、烟草及众多的果树、蔬菜、药用植物、园艺植物等。特别是哥伦布到达美洲新大陆以来的500多年，美洲植物引种驯化及其广泛传播、栽培深刻改变了世界农业生产的格局，对促进人类社会文明进步产生了深远影响。植物园的植物引种驯化还对促进农业发展、食物供给、人口增长、经济社会进步发挥了不可替代的重要作用，是人类农业文明发展的重要组成部分。我国现有约200个植物园引种栽培了高等维管植物约396科、3633属、23340种（含种下等级），其中我国本土植物为288科、2911属、约20000种，分别约占我国本土高等植物科的91%、属的86%、物种数的60%，是我国植物学研究及农林、环保、生物等产业的源头资源。因此，充分梳理我国植物园迁地栽培植物的基础信息数据，既是科学研究的重要基础，也是我国相关产业发展的重大需求。

然而，我国植物园长期以来缺乏数据整理和编目研究。植物园虽然在植物引种驯化、评价发掘和开发利用上有悠久的历史，但适应现代植物迁地保护及资源发掘利用的整体规划不够、针对性差且理论和方法研究滞后。同时，传统的基于标本资料编纂的植物志也缺乏对物种基础生物学特征的验证和"同园"比较研究。我国历时45年，于2004年完成的植物学巨著《中国植物志》受到国内外植物学者的高度赞誉，但由于历史原因造成的模式标本及原始文献考证不够，众多种类的鉴定有待完善；*Flora of China*虽弥补了模式标本和原始文献考证的不足，但仍然缺乏对基础生物学特征的深入研究。

《中国迁地栽培植物志》将创建一个"活"植物志，成为支撑我国植物迁地保护和可持续利用的基础信息数据平台。项目将呈现我国植物园引种栽培的20000多种高等植物的实地形态特征、物候信息、用途评价、栽培要领等综合信息和翔实的图片。从学科上支撑分类学修订、园林园艺、植物生物学和气候变化等研究；从应用上支撑我国生物产业所需资源发掘及利用。植物园长期引种栽培的植物与我国农林、医药、环保等产业的源头资源密切相关。由于受人类大量活动的影响，植物赖以生存的自然生态系统遭到严重破坏，致使植物灭绝威胁增加；与此同时，绝大部分植物资源尚未被人类认识和充分利用；而且，在当今全球气候变化、经济高速发展和人口快速增长的背景下，植物园作为植物资源保存和发掘利用的"诺亚方舟"将在解决当今世界面临的食物保障、医药健康、工业原材料、环境变化等重大问题中发挥越来越大的作用。

《中国迁地栽培植物志》编研将全面系统地整理我国迁地栽培植物基础数据资料，对专科、专属、专类植物类群进行规范的数据库建设和翔实的图文编撰，既支撑我国植物学基础研究，又注重对我国农林、医药、环保产业的源头植物资源的评价发掘和利用，具有长远的基础数据资料的整理积累和促进经济社会发展的重要意义。植物园的引种栽培植物在植物科学的基础性研究中有着悠久的历史，支撑了从传统形态学、解剖学、分类系统学研究，到植物资源开发利用、为作物育种提供原始材料，及至现今分子系统学、新药发掘、活性功能天然产物等科学前沿乃至植物物候相关的全球气候变化研究。

《中国迁地栽培植物志》将基于中国植物园活植物收集，通过植物园栽培活植物特征观察收集，获得充分的比较数据，为分类系统学未来发展提供翔实的生物学资料，提升植物生物学基础研究，为植物资源新种质发现和可持续利用提供更好的服务。《中国迁地栽培植物志》将以实地引种栽培活植物形态学性状描述的客观性、评价用途的适用性、基础数据的服务性为基础，立足生物学、物候学、栽培繁殖要点和应用；以彩图翔实反映茎、叶、花、果实和种子特征为依据，在完善建设迁地栽培植物资源动态信息平台和迁地保育植物的引种信息评价、保育现状评价管理系统的基础上，以科、属或具有特殊用途、特殊类别的专类群的整理规范，采用图文并茂方式编撰成卷（册）并鼓励编研创新。全面收录中国的植物园、公园等迁地保护和栽培的高等植物，服务于我国农林、医药、环保、新兴生物产业的源头资源信息和源头资源种质，也将为诸如气候变化背景下植物适应性机理、比较植物遗传学、比较植物生理学、入侵植物生物学等现代学科领域及植物资源的深度发掘提供基础性科学数据和种质资源材料。

《中国迁地栽培植物志》总计约60卷册，10～20年完成。计划2015—2020年完成前10～20卷册的开拓性工作。同时以此推动《世界迁地栽培植物志》（*Ex Situ Flora of the World*）计划，形成以我国为主的国际植物资源编目和基础植物数据库建立的项目引领。今《中国迁地栽培植物志·仙人掌科》书稿付梓在即，谨此为序。

黄宏文

2020年5月6日于广州

前言 PREFACE

仙人掌科植物主要分布于热带美洲地区，约有110属近2000种，我国引种和应用仙人掌科植物逾3个世纪。20世纪30年代起，随着对外交流的增加，沿海一带的城市加大仙人掌科植物引种力度，作为观赏植物栽培。改革开放以来，国内对仙人掌科植物的引种，达到了空前的程度，主要植物园多将仙人掌科植物的引种和栽培，作为一项重要的工作内容，不少植物园还建立了相关的专类园区，迁地栽培了一批仙人掌科植物。一直以来，国内对仙人掌科植物的关注，大多停留在物种识别和栽培技术上，缺乏对迁地栽培仙人掌科植物的名称、形态特征、引种信息和物候等各方面的深入研究。为此，我们启动了仙人掌科（卷）的编撰，邀请全国多个植物园的科研人员共同编研此书，充分利用各个植物园资源的优势，对仙人掌科植物进行较为系统的研究。编撰说明如下：

1. 本书收录国内各植物园迁地栽培仙人掌科植物的57属173种10亚种1变种2品种。属的范围和种（亚种）的拉丁名主要依据 *The New Cactus Lexicon* 和 *The Cactus Family* 两本书；属和种均按拉丁名字母顺序排列。科、属、种（亚种）中文名称主要依据《仙人掌与多肉植物大全》等国内近期出版的书籍来定。

2. 概述部分简要介绍仙人掌科植物的研究进展，包括仙人掌科的分类、我国对仙人掌科植物的引种、繁殖技术、栽培方法和仙人掌科植物的园林应用等。

3. 每种植物介绍包括中文名、别名、拉丁名等分类学信息和自然分布、迁地栽培形态特征、引种信息、物候、迁地栽培要点及主要用途，并附彩色照片。

4. 物种编写规范

（1）迁地栽培形态特征按植株、茎、叶（少数种类）、棱、小窠、花、果顺序分别描述。对同一物种在不同地点、不同发育阶段的迁地栽培形态有显著差异者进行客观描述。

（2）引种信息尽可能全面地包括：登录号/引种号＋引种地点＋引种材料；引种记录不详的，标注为"引种信息缺失"。

（3）物候主要写开花期和果熟期，部分种类写休眠期。

（4）本书共收录彩色照片1364幅（除有注明作者的，其余均为本卷参编人员拍摄提供），包括各种类的植株、茎、叶、小窠、花、果、种子等。

5. 为便于读者进一步查阅，书后附有仙人掌科植物形态术语、参考文献、各植物园仙人掌科名录、各植物园的地理环境信息、中文名和拉丁名索引。

在编写的过程中，编者发现目前国内有关仙人掌科植物的文章和书籍，主要关注种类的初步识别、栽培和园林应用上，缺少形态方面的详细描述，导致部分植物种类的鉴定不准确、拉丁名书写不规范等问题；同时发现仙人掌科引种数量和批次很多，但没有记录或引种记录不够完整规范。

我国仙人掌科植物全部为外来种类，大多在室内栽培，栽培环境相对较为稳定，近年在露天栽培的部分种类，对环境的适应性有待于进一步观察。希望此书的出版，能够促进我国植物园和园林园艺单位对仙人掌科植物的收集、研究和应用方面起到引导的作用。

《中国迁地栽培植物志·仙人掌科》是多家植物园科研人员多年来共同努力的成果。由于编者学识水平有限，对仙人掌科植物的形态特征、物候和应用把握不准，书中疏漏甚至错误之处在所难免，敬请读者批评指正。

本书承蒙以下研究项目的大力资助：科技基础性工作专项——植物园迁地栽培植物志编撰（2015FY210100）；中国科学院华南植物园"一三五"规划（2016—2020）——中国迁地植物大全及迁地栽培植物志编研；生物多样性保护重大工程专项——重点高等植物迁地保护现状综合评估；国家基础科学数据共享服务平台——植物园主题数据库；中国科学院核心植物园特色研究所建设任务：物种保育功能领域；广东省数字植物园重点实验室；中国科学院科技服务网络计划（STS计划）——植物园国家标准体系建设与评估（KFJ-3W-Nol-2）；中国科学院大学研究生/本科生教材或教学辅导书项目。在此表示衷心感谢！

作者
2020年7月

目录 CONTENTS

概述
Overview

仙人掌科（Cactaceae）约有110属近2000种（李振宇，2017），分布于美洲的热带至温带地区，仅1属2亚种间断分布到热带非洲和印度洋岛屿。仙人掌科全科为多肉植物，被广泛引种到全世界各地栽培。我国引种约80属600～700种。

一、我国引种仙人掌科植物的概况

我国对仙人掌的记录，可以追溯到300多年前，《花镜》和《植物名实图考》有记录少数仙人掌科植物（谢维荪等，2018）。随着我国与国外交往的增多，20世纪30年代，我国沿海一些城市引种仙人掌科植物。自20世纪50年代起，国内的植物园和相关单位重视仙人掌科植物的引种栽培，逐渐形成了中国科学院植物研究所和厦门市园林植物园北南两大栽培中心。随后，中国科学院华南植物园、北京植物园、南京中山植物园、上海植物园也引种不少珍稀种类。80年代初，中国科学院武汉植物园也从厦门引种仙人掌科植物。由于温室技术的提高，很多城市多有种植仙人掌科植物，规模较大的有中国科学院华南植物园、深圳市中国科学院仙湖植物园、上海辰山植物园等；近年来，社会民间组织等相关的机构，带动和加入到仙人掌科植物的引种、研究和展示上来，规模最为大型的是福建漳州龙海沙生植物园和江苏南通洲际绿博园。

引种仙人掌科植物，主要目的是观赏。除了观赏的作用外，仙人掌科植物还有食用、药用、化工原料等用途。

二、仙人掌科植物的分类

1753年，林奈（Carolus Linnaeus）提出了仙人掌属（*Cactus*）的概念，在此基础上，1789年，A. L. de Jussieu，在他的著作 *Genera Plantarum* 中建立了仙人掌科（Cactaceae）。之后，仙人掌科的分类，一直存在着不同的观点和争论。20世纪初期，美国学者 N. L. Britton 和 J. N. Rose，在其著作 *Cactaceae* 4卷中，记述仙人掌科植物1124属1235种。1929年，德国植物学家 A. Berger，将仙人掌科分为3亚科41属。

进入20世纪60～70年代，专家们在仙人掌科内部的分类上争议相当大。英国植物学家亨特（D. Hunt）的系统仅84属，德国巴克贝格（C. Backeb.）的系统有233属。经过几十年的不断工作，随着一些微观的分类手段的应用，专家们的意见渐趋统一。1986年美国吉布森和诺布尔将仙人掌科分为3亚科121属；1993年德国Barthlott将仙人掌科分为3亚科98属；2001年美国的安特森将仙人掌科分为4亚科125属（含3个杂交属）；2006年英国的亨特和他的同事在 *The New Cactus Lexicon* 一书中将仙人掌科分为4亚科124属1438种和378亚种。

我国对仙人掌科植物的分类研究，起步较晚，主要工作是志书的编写，早期见于《广州植物志》。1984年出版的《中国植物志》（李振宇，1984），记录了在我国南部及西南部归化的仙人掌科植物4属7种。这之后，各省市出版的植物志，多有记载仙人掌科植物（张永田，1989；高蕴璋，2000；吴征镒，2006），近年出版的《深圳植物志》，记载仙人掌科植物16属38种34个栽培品种和1个杂交种（李振宇，2017）。

三、我国对仙人掌科植物的资源开发利用

自20世纪50年代起，国内的植物园和园林部门重视仙人掌科植物的引种和应用，到了80年代初，掀起了一个小的高潮；进入新世纪以来，各地加大了仙人掌科植物的引种力度，特别是社会民间组织等相关的机构介入，带动了仙人掌科植物的引种、研究和展示，各地成立了爱好者协会，每年还开展

展览和比赛评奖。

人们引种仙人掌科植物，主要目的是增加种类，提高观赏品位（成雅京，2008）。为此，各地增加投入，增大规模，发展仙人掌科植物的种植。福建省漳州市龙海市有不少种植仙人掌科植物的基地，每年生产仙人掌科植物销往国内各城市和其他一些国家。

为了开发仙人掌科植物，必须从各地引进植物资源。从事开发的工作人员，应该掌握熟练的栽培技术，还要有所创新，制定规范的栽培管理程序。同时，要不断钻研育种技术，采用先进的技术手段，培育新品种，提高开发利用资源的效率。

除了作为观赏植物外，仙人掌科植物中的有些种类还有食用功能。早年传入的量天尺的花，可以作为蔬菜和饮料，在广东、广西一带和台湾广泛食用。量天尺的栽培品种火龙果，是一种有特色的优质水果，近年来发展很快，面积增大，产量不断提高，成为农村农民发家致富的对象。

四、仙人掌科植物的繁殖方法与栽培管理

仙人掌科植物的繁殖方法分为有性繁殖和无性繁殖。有性繁殖又称播种繁殖，是仙人掌科植物重要的繁殖方法，具有引种较为方便、一次性生产大批种苗、获得变异植株的优点。随着我国对外开放和国际苗木交流的日益增加，仙人掌科植物种子的来源渠道不断拓展。很多仙人掌科植物生产企业和植物研究单位，多从境外直接或间接购买种子，进行播种繁殖。在获得仙人掌科植物种子较为困难的情况下，采取无性繁殖的方法是相对有效的繁殖办法，无性繁殖具有快速生长、保持仙人掌科植物优良特征的优点。无性繁殖通常采取扦插、嫁接和分株3种方法。

仙人掌科植物的栽培管理，由于其性状和生理上的特殊性，对生长场地的光线、温度、水分、土壤的要求有别于其他的植物。仙人掌科植物的生长通常要求光线充足、气温暖和、栽培基质干燥疏松，通常采用砂质土壤或砂与腐殖土等的混合基质。仙人掌科植物的水分管理，要根据不同的种类，在不同的生长期和不同的季节进行浇水、喷水和控水。病虫害的防治方面，日常要注意观察，及时防治。

五、仙人掌科植物在园林绿化上的应用

仙人掌科植物在园林中的应用，越来越受到各界的重视，应用范围也越来越广。

早先，仙人掌科植物的种植以家庭栽培为主，观赏的受众有限。近年来，逐渐扩大到各种展会室内展示和室外布景，如每年在漳州市召开的海峡两岸现代农业博览会，多有仙人掌科植物的展示和交流。江苏省南通市洲际绿博园还建设展示仙人掌科植物的专门温室，常年开放，供游客参观。

仙人掌科植物，通过不断努力和探索，还从室内逐渐走向室外展览。我国有条件的地方，将仙人掌科植物应用在公园和街头绿地，收到较好的效果。如厦门市在筼筜湖畔建立了街头仙人掌植物景观。有些植物园也尝试将仙人掌科植物移出温室，露天栽培，如深圳市中国科学院仙湖植物园、厦门市园林植物园（王成聪 等，2009），并取得一定的成功。2015年开始，龙海沙生植物园打造了大片的室外展区，并取得初步的成效。

由于气候条件的变化，原产地生存环境的恶化，很多仙人掌科种类受到影响，资源减少，甚至濒临灭绝的危险。开展迁地保护工作，至关重要。希望全世界的植物学工作者，共同努力，做好保护、引种、繁殖和应用推广工作。

厦门市园林植物园仙人掌馆

福建漳州龙海沙生植物园户外仙人掌展区

江苏南通洲际绿博园室内仙人掌展区

厦门市园林植物园户外仙人掌展区建成初期

厦门市园林植物园户外仙人掌展区

厦门市园林植物园室内仙人掌展区

厦门市的街头仙人掌植物景观

各论
Genera and Species

仙人掌科

Cactaceae A. L. de Jussieu, Genera Plantarum 310, 1789.

多年生肉质草本、灌木、乔木或藤本。茎圆柱状、球状、侧扁或叶状；常具节，节间具棱、瘤突或平坦；小窠螺旋状散生，或沿棱或瘤突着生，常有刺，少数无刺，分枝和花均从小窠发出。叶互生，或完全退化，无托叶。花通常无梗，单生，稀具梗；两性花，稀单性花，辐射对称或左右对称；花托通常与子房合生，并向上延伸成花被管；花被片多数，外轮萼片状，内轮花瓣状，或无明显分化；雄蕊多数；雌蕊由多心皮合生；子房通常下位，稀半下位或上位。浆果肉质，稀干燥或开裂。种子多数，稀少数至单生。

仙人掌科分属检索表

1a. 叶存在；花无伸长的花被管。
 2a. 叶宽而扁平，具羽状脉，多少宿存；花单生或组成花序，通常具梗；子房上位至下位⋯⋯⋯⋯⋯⋯⋯⋯⋯⋯⋯⋯⋯⋯⋯⋯⋯⋯⋯⋯⋯⋯⋯⋯⋯⋯⋯⋯⋯⋯⋯**46. 木麒麟属 *Pereskia***
 2b. 叶通常小，圆柱状至钻形，无脉，通常早落，或宿存；花单生，无梗；子房下位。
  3a. 茎分枝圆筒状；叶圆柱形⋯⋯⋯⋯⋯⋯⋯⋯**3. 圆柱团扇属 *Austrocylindropuntia***
  3b. 茎分枝侧扁；叶钻形或圆锥状⋯⋯⋯⋯⋯⋯⋯⋯⋯⋯**38. 仙人掌属 *Opuntia***
1b. 叶不存在；花具伸长的花被管。
 4a. 附生或地生木本植物，稀为草本；茎多少伸长，主茎具2至多节。
  5a. 附生或岩生植物；茎攀缘、披散、或下垂，有时具气根；无刺或刺不明显。
   6a. 分枝具三角状或翅状棱，坚硬；小窠具1至少数粗短的硬刺；柱头裂片20～24⋯⋯⋯⋯⋯⋯⋯⋯⋯⋯⋯⋯⋯⋯⋯⋯⋯⋯⋯⋯⋯⋯⋯⋯⋯**27. 量天尺属 *Hylocereus***
   6b. 分枝圆柱形或叶状扁平，柔软；小窠无刺或具细刺；柱头裂片4～20。
    7a. 花夜间开放。
     8a. 茎叶状扁平；小窠无刺；花被片不被鳞片和毛⋯⋯⋯**18. 昙花属 *Epiphyllum***
     8b. 茎长圆柱形或叶状扁平而多裂；小窠具刺；花被片被鳞片和毛⋯⋯⋯⋯⋯⋯⋯⋯⋯⋯⋯⋯⋯⋯⋯⋯⋯⋯⋯⋯⋯⋯⋯⋯⋯**51. 蛇鞭柱属 *Selenicereus***
    7b. 花白天开放。
     9a. 茎圆柱形或扁平，分节明显，茎节间短。
      10a. 花侧生，长不超过2.5cm；果小⋯⋯⋯⋯⋯**48. 丝苇属 *Rhipsalis***
      10b. 花顶生，长3.0cm以上；果较大⋯⋯⋯**26. 念珠掌属 *Hatiora***
     9b. 茎圆柱形具棱，或叶状扁平，分节明显，茎节间长。
      11a. 茎不规则分枝或不分枝；茎节间长15cm以上⋯**14. 姬孔雀属 *Disocactus***
      11b. 茎二歧式分枝；茎节间长2.5～5（6）cm⋯⋯**49. 仙人指属 *Schlumbergera***
  5b. 地生植物；茎圆柱状，直立，无气根；刺常明显。
   12a. 具块根；茎细长，直立或半直立、匍匐或爬行。
    13a. 茎具3～4棱或翅⋯⋯⋯⋯⋯⋯⋯⋯⋯⋯⋯**45. 块根柱属 *Peniocereus***
    13b. 茎具4～12棱⋯⋯⋯⋯⋯⋯⋯⋯⋯⋯⋯⋯**25. 卧龙柱属 *Harrisia***
   12b. 不具块根；茎直立或斜升，不匍匐或爬行。
    14a. 植株不被毛；花被管裸露或被鳞片、绵毛、刚毛和刺。
     15a. 植株大型，分枝较高，乔木状或灌木，直径20～30cm。
      16a. 花被管外无稠密的绵毛；果实仅有少量的刺⋯⋯**7. 巨人柱属 *Carnegiea***
      16b. 花被管外被稠密的绵毛；果实被绵毛和长刚毛⋯⋯**41. 摩天柱属 *Pachycereus***
     15b. 植株中型或小型，分枝较低，灌木状，直径在20cm以下。
      17a. 花漏斗状或高脚碟状⋯⋯⋯⋯⋯⋯⋯⋯⋯**9. 天轮柱属 *Cereus***
      17b. 花不为漏斗状或高脚碟状。
       18a. 果实具小窠，小窠被绵毛和刺⋯⋯⋯**53. 新绿柱属 *Stenocereus***
       18b. 果实不具小窠，被毛和刺。
        19a. 花夜间开放。
         20a. 花大，开展，直径在12cm以上，白色或粉红色⋯⋯**54. 近卫柱属 *Stetsonia***
         20b. 花小，直径在7cm以下。
          21a. 棱18或更多，花在近顶端侧生。
           22a. 棱瘤突状；花漏斗状至管状⋯⋯**6. 青铜龙属 *Browningia***

22b. 棱直，非瘤突状；花圆柱形或钟形 ·········· 36. 大凤龙属 *Neobuxbaumia*

　　21b. 棱6，棱背钝三角形；花顶生 ·········· 28. 碧塔柱属 *Isolatocereus*

19b. 花白天开放。

　　23a. 棱7～8；花黄色，近顶生 ·········· 21. 角鳞柱属 *Escontria*

　　23b. 棱5～6；花白色，聚生在小窠周边 ·········· 35. 龙神木属 *Myrtillocactus*

14b. 植株被毛；花被管被松散的毛。

　24a. 植株具毡毛、绵毛和刚毛形成的假花座。

　　25a. 假花座浅或下凹；花小，常簇生 ·········· 34. 南美翁柱属 *Micranthocereus*

　　25b. 假花座不下凹；花较大，常单生。

　　　26a. 小窠着生在棱上，具刺和须发状白毛。 ·········· 8. 翁柱 *Cephalocereus*

　　　26b. 小窠着生在棱上，具刺和绵毛。

　　　　27a. 假花座致密，绵毛长达3cm，遮盖花被管和果实 ·········· 22. 老乐柱属 *Espostoa*

　　　　27b. 假花座松散，绵毛较短，不遮盖花被管和果实 ·········· 47. 毛柱属 *Pilosocereus*

　24b. 植株不形成假花座。

　　28a. 花单生，数量大，生于茎的侧面 ·········· 10. 管花柱属 *Cleistocactus*

　　28b. 花生于茎的顶端或上部 ·········· 39. 刺翁属 *Oreocereus*

4b. 多年生肉质草本植物，稀木本植物；茎球形至短圆柱形伸长，主茎单节。

29a. 茎顶由绵毛和刚毛形成花座。

　30a. 花小或大，白天开花，花被管埋于花座内 ·········· 33. 花座球属 *Melocactus*

　30b. 花较大，夜间开花，花被管伸出花座外 ·········· 13. 圆盘玉属 *Discocactus*

29b. 茎顶不形成花座。

　31a. 植株小型；茎无棱，无瘤突，无刺 ·········· 5. 松露玉属 *Blossfeldia*

　31b. 植株较大型或中型；茎具棱，或具瘤突，被刺或无刺。

　　32a. 茎具明显的棱，或棱分化为瘤突。

　　　33a. 花生于茎的顶端或近顶端。

　　　　34a. 棱部分分化成瘤突。

　　　　　35a. 花单生于茎的顶端。

　　　　　　36a. 植株低矮，花白色 ·········· 43. 月华玉属 *Pediocactus*

　　　　　　36b. 植株较大型，花黄色、红色 ·········· 20. 极光球属 *Eriosyce*

　　　　　35b. 花成环状或簇生。

　　　　　　37a. 中刺发达，钩状，有1根特别发达 ·········· 50. 琥玉属 *Sclerocactus*

　　　　　　37b. 中刺形态相近，非钩状，顶端直。

　　　　　　　38a. 小窠生于瘤突上，圆形至长圆形，有明显的凹槽，有的具蜜腺 ··········
　　　　　　　　·········· 56. 瘤玉属 *Thelocactus*

　　　　　　　38b. 小窠生于瘤突上，窄长条形，不具凹槽和蜜腺。

　　　　　　　　39a. 小窠被浓密的绵毛；花簇生 ·········· 42. 锦绣玉属 *Parodia*

　　　　　　　　39b. 小窠窄长条形；花形成花环状 ·········· 40. 犟玉属 *Oroya*

　　　　34b. 棱不分化成瘤突。

　　　　　40a. 植株较为大型；中刺粗壮，常具钩 ·········· 23. 强刺球属 *Ferocactus*

　　　　　40b. 植株中型或小型；中刺细或稍粗壮，不具钩。

　　　　　　41a. 茎被卷毛；花艳丽，具金属光泽 ·········· 2. 星球属 *Astrophytum*

　　　　　　41b. 茎不被卷毛；花不具金属光泽。

　　　　　　　42a. 花被管密被鳞片，鳞片先端尖，有时腋部密生绵毛 ··········
　　　　　　　　·········· 15. 金琥属 *Echinocactus*

　　　　　　　42b. 花被管被鳞片或不被鳞片。

　　　　　　　　43a. 棱明显，具有凹槽和小棱；刺1～3根，早落 ·········· 4. 皱棱球属 *Aztekium*

　　　　　　　　43b. 棱明显，不具有凹槽和小棱；刺不落。

　　　　　　　　　44a. 花被管具浓密的褐色或白色的长毛和刚毛，具鳞片 ··········

                             ······57. **尤伯球属** *Uebelmannia*

44b. 花被管光滑或具鳞片。

  45a. 花被管被鳞片，鳞片光滑 ············24. **裸萼球属** *Gymnocalycium*

  45b. 花被管不被鳞片，或稍被鳞片。

    46a. 茎顶端通常密生茸毛；茎被白蜡；棱较粗壮 ············

                         ······11. **龙爪球属** *Copiapoa*

    46b. 茎顶端通常不被茸毛；茎不被白蜡；棱细

                        ······52. **多棱球属** *Stenocactus*

33b. 花生于茎侧，或在的顶端侧生。

  47a. 柱头绿色············16. **鹿角柱属** *Echinocereus*

  47b. 柱头黄色或白色，不为绿色 ············17. **海胆球属** *Echinopsis*

32b. 茎不具棱，或棱不明显而瘤突大型。

48a. 瘤突不具棱。

49a. 植株无刺。

  50a. 瘤突扁圆；小窠具簇生密集的绵毛 ············30. **乌羽玉属** *Lophophora*

  50b. 瘤突三角形，顶端尖，排成莲座状；小窠结果多样，被绵毛或不被毛············

                        ······1. **岩牡丹属** *Ariocarpus*

49b. 植株多少具刺。

  51a. 瘤突螺旋状排列，圆锥状至圆柱状。

    52a. 具中刺和周刺之分，中刺直、钩状或缺失 ············31. **乳突球属** *Mammillaria*

    52b. 无中刺和周刺之分 ············19. **月世界属** *Epithelantha*

  51b. 瘤突莲座状排列或螺旋状排列，三角形、梨形、斧状。

    53a. 瘤突梨形，常一边隆起，花簇生于瘤突沟内······12. **菠萝球属** *Coryphantha*

    53b. 瘤突三角形或斧形，花生于茎的顶端，或小窠边和腋部。

      54a. 花生于茎的顶端。

        55a. 瘤突螺旋状排列，花短漏斗状，暗黄色、白色至粉紫色，喉部红色，被鳞片 ············55. **菊水属** *Strombocactus*

        55b. 瘤突莲座状排列，花漏斗状，白色，光滑 ············37. **帝冠属** *Obregonia*

      54b. 花生于瘤突小窠边或腋部。

        56a. 瘤突长三角形；花着生于小窠边；刺纸质，波状弯曲 ············

                        29. **光山属** *Leuchtenbergia*

        56b. 瘤突斧状；花着生腋部；刺针状············44. **斧突球属** *Pelecyphora*

48b. 瘤突具不明显的棱，棱六角状 ············32. **白仙玉属** *Matucana*

岩牡丹属

Ariocarpus Scheidw., Bull. Acad. Sci. Brux. 5: 491. 1838.

　　植株矮小，具地下芽；块根肥大，圆柱状，肉质，具大量黏液；茎单生，通常不分枝，与根紧密连接；顶端具大量瘤突；瘤突螺旋状排列或成莲座状，三角形或菱形，短或延长，有的成叶片状；无棱。小窠分布在瘤突上，结构多样，在上表面生成具绵毛的沟槽，或着生在近顶生的边缘，有的成对，有的缺如；大部分无刺。花顶生，白天开放，着生于瘤突腋部，宽漏斗状至管状，花被片分离，外轮花被片褐色至绿色，略带粉色，内轮花被片颜色多样，白色、黄色、粉红色至洋红色，花冠管光滑；子房光滑，白色，柱头裂片5~10。果小，棍棒状至近球形，初时肉质，后干燥，不分裂，少见开裂的；种子球形至倒卵形，黑色，具小瘤，有光泽。

　　6种，分布于墨西哥北部及东部和美国的西南部，原生境风沙大，植株常被埋于地表之下。大多数属于濒危植物，世界各地常见栽培。中国各地栽培3~4种，常见栽培2种，有许多变种及园艺品种。

岩牡丹属分种检索表

1a. 小窠着生瘤突的中部，成线状；花冠直径1.5~2.5cm ················· 1. 黑牡丹 *A. kotschoubeyanus*
1b. 小窠着生瘤突顶端；花冠直径3~5cm ···································· 2. 岩牡丹 *A. retusus*

1
黑牡丹

Ariocarpus kotschoubeyanus (Lem.) K. Schum., Nat. Pflanzenfam. Nachtr. [Engler & Prantl] 1: 259. 1897.

植株

植株

自然分布

原产墨西哥东北部和北部至南部，生于海拔1000~1400m的石灰岩演变的含有石灰质的淤泥平原或山丘上。世界各地栽培。我国南北各植物园和仙人掌爱好者有栽培。

迁地栽培形态特征

植株深埋于地表，植株莲座形，在原生地不高于地面，扁平，辐射状，中部下凹；茎单生，极短，通常埋在地下；顶端成瘤突；瘤突叶状，三角形，长5~13mm，宽3~10mm，暗橄榄绿色，两侧扁平，基部延长成宽三角形，顶端钝，有时有皱纹。小窠生于瘤突近轴面中央，从基部到顶端形成带状凹槽线，长5~10mm，宽1~3mm，被茸毛。花着生于茎顶端的瘤突腋部，直径1.5~2.5cm，花被管宽漏斗状至管状，长2~4cm，花被片分离，白色至粉色，有时洋红色；子房光滑，柱头裂片通常8，白色。果长圆形，8~18mm，干燥，不分裂，少见开裂的；种子球形至倒卵形，黑色，具小瘤，有光泽。

引种信息

厦门市园林植物园　引种号19650379，1965年引自日本，引种材料为植株，长势良好；引种号02057，2002年引自北京，引种材料为植株，长势良好；引种号02067，2002年引自北京，引种材料为植株，长势良好；引种号20180664，2018年引自福建漳州，引种材料为植株，长势良好。

中国科学院植物研究所北京植物园　引种号2005-3527，2005年引种，引种地不详，引种材料不详，长势良好。

南京中山植物园　引种号NBG2015M-11，2015年引种自墨西哥，引种材料为植株，长势良好。

龙海沙生植物园　引种号LH-001，2006年引种自福建漳州，引种材料为植株，长势良好。

物候

厦门市园林植物园　温室内栽培，花期10～11月，果期未记录。

中国科学院植物研究所北京植物园　温室内栽培，花期10月下旬、11月中下旬、12月下旬，未见结果。

南京中山植物园　温室内栽培，花期10月，果期11～12月。

龙海沙生植物园　温室内栽培，花期12月至翌年1月，果期翌年2～3月。

迁地栽培要点

以种子繁殖。幼苗不能强光直射，不耐干旱，需移栽。

主要用途

观赏。

列入国际自然保护联盟（IUCN）红色名录。

2
岩牡丹

Ariocarpus retusus Scheidw., Bull. Acad. Roy. Sci. Bruxelles 5: 492 (t. 1). 1838.

自然分布

原产墨西哥东北部和中部,生于海拔1300~2000m的沙漠,石灰质地段,偶见于石膏质平原地带。现世界各地栽培。我国南北各植物园和仙人掌爱好者常见栽培。

迁地栽培形态特征

植株深埋于地表,块根肥大,肉质;茎单生,通常不分生子球,高3~12cm,直径10~25cm,顶端逐渐成瘤突;瘤突叶片状,三角形或近三角形,长1.5~4cm,宽1~3.5cm,在地面上铺开,灰绿色、蓝绿色或黄绿色,排列致密,直立,基部紧凑,扁平,顶端钝或圆,无刺。小窠生于瘤突顶端,圆形,小,直径1~5mm,有时不明显或不存在。花单生于茎顶端瘤突的基部,被大量的茸毛,长1~2.5cm,直径2.5~5cm,花被片分离,白色、乳白色、淡黄色至淡粉红色,具紫红色中脉;雄蕊多数,花丝白色,花药黄色;子房光滑,柱头裂片通常4,白色。果长圆形,细长,10~25mm,白色至绿色;种子多数。

引种信息

厦门市园林植物园 引种号19650334,1965年引自日本,引种材料为植株,长势良好;引种号02054,2002年引自北京,引种材料为植株,长势良好;引种号02061,2002年引自北京,引种材料为植株,长势良好;引种号02093,2002年引自北京,引种材料为植株,长势良好。

华南植物园 引种号20082090,2008年引自福建,引种材料为植株,长势良好。

中国科学院植物研究所北京植物园　引种号1979-w0390，1979年引种，引种地、引种材料不详，已死亡。

南京中山植物园　引种号NBG2007F-6，2007年引种自漳州，引种材料为植株，长势良好。

辰山植物园　引种号20150896，2015年引自美国，引种材料为植株，长势良好；引种号20120605，2012年引自北京，引种材料为植株，已死亡；引种号20103105，2010年引自上海西萍园艺，引种材料为植株，已死亡。

龙海沙生植物园　引种号LH-002，2000年引种自福建漳州，引种材料为植株，长势良好。

物候

厦门市园林植物园　温室内栽培，花期10～11月，果期未记录。

华南植物园　温室内栽培，花期10～11月，果期未记录。

中国科学院植物研究所北京植物园　温室内栽培，花期4～5月，果期未记录。

南京中山植物园　温室内栽培，花期10月，果期11～12月。

辰山植物园　温室内栽培，花期10月，未见结果。

龙海沙生植物园　温室内栽培，花期12月至翌年1月，果期翌年2～3月。

迁地栽培要点

以种子繁殖为主，播种后6年会开花结果。

主要用途

观赏。

被列入IUCN红色名录和濒危野生动植物种国际贸易公约（华盛顿公约，CITES）的保护名单。

星球属

Astrophytum Lem. Cact. Gen. Nov. Sp. Hort.monv: 3. 1839.

　　植株通常单生；具明显的主根，有的形成块根；茎肉质，球形至圆柱形，通常不分枝，无节，具4~10棱，或多分枝，暗绿色或灰绿色，外面常被丛生的毛或斑点，有的光滑。小窠较大，多着生于棱上，或生于分枝上，也有呈斑点状分布的，无刺或具各类刺，变化很大，常具星状绵毛。花着生于茎的顶部，白天开放，漏斗状，花被片黄色、黄色而喉部红色，边缘全缘；被丝托外面密被鳞片；柱头裂片8~12，黄或淡黄色。果球形，不开裂或不规则开裂，初为绿色，成熟后变红或粉红，常被绵毛及刺状鳞片；种子黑褐色至黑色，呈帽子状，中心凹陷，有光泽。

　　5种，原产美国南部和墨西哥。世界各地栽培，我国南北各地栽培。

星球属分种检索表

3
兜

Astrophytum asterias (Zucc.) Lem., Cactees 50. 1868.

植株

花

自然分布

原产墨西哥东北部、中部和美国南部得克萨斯州。现世界各地均有栽培。我国各地也常见栽培。

迁地栽培形态特征

植株单生，扁球形，具肉质茎，高2～5cm，直径6～10cm，灰绿色，被丛生的银白色茸毛或小鳞片；棱6～10，通常8棱最常见，棱扁平，棱之间有沟纹隔开。小窠上着生于棱上，圆形，直径5～10mm，被白色或黄灰色星状绵毛，无刺。花黄色，喉部橙红色，漏斗型，长2～4cm，直径3～5cm，外轮花被片密被长茸毛，内花被片披针形，渐尖；雄蕊多数，花药黄色；柱头8～13裂。浆果橄榄形，被绵毛及刺状鳞片，成熟时从基部开裂；种子小，黑色，有光泽。

引种信息

厦门市园林植物园　引种号19650335，1965年引自日本，引种材料为植株，长势良好；引种号02055，2002年引自北京，引种材料为植株，长势良好；引种号02068，2002年引自北京，引种材料为植株，长势良好；引种号03354，2003年引自北京花乡，引种材料为植株，长势良好；引种号03355，2003年引自日本种植场，引种材料为植株，长势良好；引种号20180647，2018年引自福建漳州，引种材料为植株，长势良好；引种号20180648，2018年引自福建漳州，引种材料为植株，长势良好。

华南植物园　引种号20116021，2011年引自福建，引种材料为植株，长势良好。

中国科学院植物研究所北京植物园　引种号1974-w0108，1974年引种，引种地、引种材料不详，已死亡；引种号1974-w0113，1974年引种，引种地、引种材料不详，长势良好；引种号2003-w0128，2003年引自北京，引种材料为嫁接苗，长势良好。

南京中山植物园　引种号NBG2007F-9，2007年引种自漳州，引种材料为植株，长势良好。

辰山植物园　引种号20160650，2016年引自美国，引种材料为植株，长势良好。

龙海沙生植物园　引种号LH-003，1993年引自福建漳州，引种材料为种子，长势良好。

物候

　　厦门市园林植物园　温室内栽培，几全年开花结果。

　　华南植物园　温室内栽培，几全年开花结果。

　　中国科学院植物研究所北京植物园　温室内栽培，花期4～6月，未见结果。

　　南京中山植物园　温室内栽培，花期4～5月，未见结果。

　　辰山植物园　温室内栽培，未见开花结果。

　　龙海沙生植物园　温室内栽培，几全年开花结果。

迁地栽培要点

　　以播种繁殖为主，25℃下3～5天即可发芽。也可用子球或嫁接繁殖喜阳光充足，冬季宜冷凉并保持干燥。25℃为最佳生长温度。生长季节要求阳光充足，排水良好。主要病虫害为介壳虫。

主要用途

　　观赏。

　　常见栽培的变种有：原生种植株几乎在地上，栽培条件下植株露出土上，不同品种的形态，大小，花的颜色变化很大，常见栽培的有：花园兜 *A. asterias* 'Hanazono Kabuto'，浓白点兜 *A. asterias* 'Multipunctata'，琉璃兜 *A. asterias* 'Nudum'，奇迹兜 *A. asterias* 'Mirakuru'，超兜 *A. asterias* 'Super'，连星兜 *A. asterias* 'Rensei'，龟甲兜 *A. asterias* 'Kitsukow'，腹隆兜 *A. asterias* 'Fukuriyow'，V字斑兜 *A. asterias* 'V Pattern' 等。

园艺品种：V兜

园艺品种：V兜

园艺品种

花

园艺品种

花

花

花

植株

植株

植株

4
瑞凤玉

Astrophytum capricorne (A. Dietr.) Britton & Rose, Cactaceae 3: 184. 1922.

花

自然分布

原产墨西哥北部的奇瓦瓦沙漠，现世界各地常见栽培。我国各地也常见栽培。

迁地栽培形态特征

植株单生，茎肉质，肥大，球形，或成年植株呈圆柱状，高20~30cm，直径10~15cm；绿色或浅绿色，被灰白色鳞片；棱7~9，棱顶端尖锐。小窠着生于棱的顶端，圆形，被白色茸毛；刺5~10，黄色至棕褐色，老时变灰白色，长3~7cm，不规则弯曲或扭曲，扁平。花芳香，黄色，喉部微红色，漏斗状，长6~7cm，直径4~7cm；外轮花被片被白色茸毛，具黑褐色斑纹，内轮花被片无毛；雄蕊多数，花药乳黄色；花柱浅黄色，具裂片7~10。果实橄榄形，表面被刺、鳞片及白色的茸毛，成熟后基部开裂；种子栗色，船形。

引种信息

厦门市园林植物园　引种号02579，2002年引自厦门，引种材料为植株，长势良好；引种号02580，2002年引自厦门，引种材料为植株，长势良好；引种号02581，2002年引自厦门，引种材料为植株，长势良好；引种号02582，2002年引自厦门，引种材料为植株，长势良好。

华南植物园　引种号20104375，2010年引自福建漳州，引种材料为植株，长势良好。

中国科学院植物研究所北京植物园　引种号1974-w0048，1974年引种，引种地、引种材料不详，长势良好。

北京植物园　引种号C002，2001年引自美国，引种材料为植株，长势良好。

南京中山植物园　引种号NBG2007F-7，2007年引种自漳州，引种材料为植株，长势良好。

上海辰山植物园　引种号20160653，2016年引自美国，引种材料为植株，长势良好；引种号20122157，2012年引自上海植物园，引种材料为植株，长势良好。

龙海沙生植物园　引种号LH-004，1997年引自福建漳州，引种材料为植株，长势良好。

物候

厦门市园林植物园　温室内栽培，几全年开花结果。

华南植物园　温室内栽培，几全年开花结果。

中国科学院植物研究所北京植物园　温室内栽培，花期4~5月，果期未记录。

北京植物园　温室内栽培，未见开花结果。

南京中山植物园　温室内栽培，花期4~5月，未见结果。

上海辰山植物园　温室内栽培，花期6月，未见结果。

龙海沙生植物园　温室内栽培，花期6~9月，果期7~10月。

迁地栽培要点

播种繁殖为主，亦可嫁接繁殖。生性强健，喜强光。栽培基质宜配制含石灰质的砂壤土。夏型种。较耐干旱，浇水视生长季节酌情增减，冬季保持盆土干燥；病虫害应注重黑斑病的防治。

主要用途

观赏。

常见栽培的变种有：

群凤玉（*A. capricorne* 'Senile'），为大型变种，高可达35cm，直径15cm，球体碧绿色，白色小鳞片较少或很少。小窠上有刺15~20，新刺黑色，以后变成灰白色、刺不规则地反折弯曲缠绕整个球体。花黄色，漏斗状。

黄凤玉（*A. capricorne* 'Aureum'），与群凤玉相似，但白色小鳞片较多，且球体稍带黄色。新刺黄色，以后变黑变灰色。花黄色，漏斗状。

巨凤玉（*A. capricorne* 'Majus'），植株较大，球体无白色星状毛或小鳞片，扁平长刺黑或灰，向上弯曲反折。花黄色，漏斗状。

白瑞凤玉（*A. capricorne* 'Nireum'），较原种为大，球体密被雪白的星状毛或小鳞片，刺粗、圆、灰色，向上弯曲反折。花黄色漏斗状。

凤凰玉（*A. capricorne* 'Minor'），瑞凤玉小型变种。

植株　　植株　　植株

花　　花

花　　花

5

美杜莎

Astrophytum caput-medusae (Velazco & Nevárez) D. R. Hunt, Cactaceae Syst. Init. 15: 6. 2003.

自然分布

原产墨西哥新莱昂州。现世界各地栽培。我国各地也常见栽培。

迁地栽培形态特征

植株大多单生，少数丛生；具纺锤状肉质块根；肉质茎短，圆柱形；顶部生长10~15根枝条；枝条圆柱形，细长，长短不一，长10~19cm，直径2~5mm，灰绿色至灰褐色，密被白色短茸毛。小窠两型，部分小窠上刺1~4根或无刺，刺长1~3mm，半直立，质地坚硬，刺基部灰白，顶端褐色；部分小窠上生长出花或侧芽。花生在枝条近顶端的小窠上，淡黄色，有光泽，喉部橙红色，漏斗状，高4~5cm，直径5~6cm；外轮花被片纸质，被丝托被披针形斑纹；雄蕊多数，花丝和花药红色；柱头5~10裂。浆果橄榄形，被绵毛及刺状鳞片，成熟后不规则纵向分裂；种子帽状，黑色或咖啡色，种脐基部深。

引种信息

厦门市园林植物园　引种记录不详，长势良好。

华南植物园　引种号20170365，2017年引自福建，引种材料为植株，长势良好。

南京中山植物园　引种号NBG2015M-3，2015年引种自墨西哥，引种材料为植株，长势良好。

龙海沙生植物园　引种号NBG2015M-3，2004年引种自泰国，引种材料为植株，长势良好。

物候

    厦门市园林植物园   温室内栽培，花期5～7月，果期几全年。

    华南植物园   温室内栽培，花期5～7月，果期几全年。

    南京中山植物园   温室内栽培，花期6～7月，未见结果。

    龙海沙生植物园   温室内栽培，几全年开花结果。

迁地栽培要点

    以播种繁殖为主，也常被嫁接催生。喜阳光充足，冬季宜冷凉并保持干燥。生长季节要求阳光充足，排水良好。主要病虫害为介壳虫。

主要用途

    观赏。

花

花

花

开花植株

花

花

花蕾

6
鸾凤玉

Astrophytum myriostigma Lem., Cact. Gen. Sp. Nov. 4. 1839.

幼苗

自然分布

原产于墨西哥中部高原地带。现世界各地栽培。我国各地也常见栽培。

迁地栽培形态特征

植株单生，茎肉质，球形至圆柱形，高10~25cm，直径10~18cm，布满白色星状小点或小鳞片；棱3~10，常见5棱。小窠着生于棱上，圆形，淡褐色茸毛状，无刺。花着生于顶部，黄色，喉部黄色或红色，长6~7cm；外轮花被片黄色，带有黑色的斑纹，被白色的丝毛；内轮花被片黄色，长倒卵形，边缘有缺刻；雄蕊多数，花丝白色，花药黄色；柱头6~9裂。果为浆果，橄榄形，被绵毛及刺状鳞片，成熟后从顶部纵向分裂；种子黑色至褐色，呈帽子状。

引种信息

厦门市园林植物园　引种号02059，2002年引自北京，引种材料为植株，长势良好；引种号

02060，2002年引自北京，引种材料为植株，长势良好；引种号02065，2002年引自北京，引种材料为植株，长势良好；引种号02073，2002年引自北京，引种材料为植株，长势良好；引种号02255，2002年引自河北沧州青县盘古园艺，引种材料为植株，长势良好；引种号02256，2002年引自河北沧州青县盘古园艺，引种材料为植株，长势良好；引种号02257，2002年引自河北沧州青县盘古园艺，引种材料为植株，长势良好；引种号20180641，2018年引自福建漳州，引种材料为植株，长势良好。

华南植物园　引种号20082174，2008年引自福建，引种材料为植株，长势良好。

中国科学院植物研究所北京植物园　引种号1976-w0486，1976年引种，引种地、引种材料不详，长势良好；引种号2005-3256，2005年引自福建漳州百花村，引种材料为植株，长势良好。

北京植物园　引种号C003，2001年引自美国，引种材料为植株，长势良好。

南京中山植物园　引种号NBG2007F-1，2007年引种自福建漳州，引种材料为植株，长势良好。

上海辰山植物园　引种号20160655，2016年引自美国，引种材料为植株，长势良好。

龙海沙生植物园　引种号LH-006，1993年引自福建漳州，引种材料为种子，长势良好。

物候

厦门市园林植物园　温室内栽培，几全年开花结果。

华南植物园　温室内栽培，几全年开花结果。

中国科学院植物研究所北京植物园　温室内栽培，花期3～6月，果期未记录。

北京植物园　温室内栽培，花期7月，果期7月。

南京中山植物园　温室内栽培，花期4～5月，未见结果。

上海辰山植物园　温室内栽培，未见开花结果。

龙海沙生植物园　温室内栽培，几全年开花结果。

迁地栽培要点

以播种繁殖为主，也可用子球或嫁接繁殖。喜阳光充足，相对干旱的亚热带环境。生长季节要求阳光充足，排水良好。

主要用途

观赏。

鸾凤玉亚种较多，园艺变种也多，因其植株形态变化较大，且有部分品种相似，故不易确认亚种或园艺变种。

四角鸾凤玉

四角鸾凤玉

六角鸾凤玉

花

植株

花

四角鸾凤玉

五角恩家

三角鸾凤玉

三角恩家鸾凤玉

三角恩家鸾凤玉

四角恩家鸾凤玉

四角恩家鸾凤玉

五角恩家鸾凤玉

7
般若

Astrophytum ornatum (DC.) Britton & Rose, Cactaceae 3: 185. 1922.

园林应用

自然分布

原产墨西哥。现世界各地栽培。我国各地也常见栽培。

迁地栽培形态特征

植株单生，茎肉质，幼株球形，长成后圆柱状；高30～100cm，直径15～30cm；暗绿色，密布银白色或黄色星状茸毛或小鳞片；通常棱8，顶端锐尖，有的成螺旋状。小窠被黄色茸毛，后变无毛；中刺1根，周刺5～10根，坚硬，黄褐至暗褐色，长约3cm。花着生于植株顶部的小窠上，常数朵同时开放，淡黄色，长7～8cm，直径7～9cm；外轮花被片被白色茸毛，有黑褐色斑纹；内轮花被片倒长卵形，顶端尖，边缘有缺刻；雄蕊多数，花药橙黄色；柱头7～9裂。浆果橄榄形，被绵毛及刺状鳞片，成熟后顶端开裂，裂开成星状；种子褐色，呈船状。

引种信息

厦门市园林植物园 引种记录不详，长势良好。

华南植物园 引种号20082175，2008年引自福建，引种材料为植株，长势良好。

中国科学院植物研究所北京植物园 引种号1973–w21118，1973年引种，引种地、引种材料不详，已死亡；引种号1976–w0009，1976年引种，引种地、引种材料不详，长势良好；引种号2005–3564（裸般若），2005年引自福建龙海，引种材料为植株，长势良好；引种号2005–3565（白云般若），2005年引自福建龙海，引种材料为植株，长势良好；引种号2005–3566（金刺般若），2005年引自福建龙海，引种材料为植株，长势良好；引种号2018–1189（金刺般若），2018年引自福建龙海，引种材料为植株，长势良好。

北京植物园 无引种编号，2003年引自日本，引种材料为植株，长势良好；无引种编号，2018年引自福建，引种材料为植株，长势良好。

南京中山植物园 引种号NBG2007F–2，2007年引种自福建漳州，引种材料为植株，长势良好。

上海辰山植物园 引种号20160659，2016年引自美国，引种材料为植株，长势良好；引种号20120834，2012年引自上海植物园，引种材料为植株，长势良好；引种号20102505，2010年引自福建，引种材料为植株，长势良好。

龙海沙生植物园 引种号LH–007，1993年引自福建漳州，引种材料为植株，长势良好。

物候

厦门市园林植物园 温室内栽培，几全年开花结果。

华南植物园 温室内栽培，几全年开花结果。

中国科学院植物研究所北京植物园 温室内栽培，花期6～8月，果期未记录。

北京植物园 温室内栽培，花期6～7月，未见结果。

南京中山植物园 温室内栽培，花期7月，未见结果。

上海辰山植物园 温室内栽培，未见开花结果。

龙海沙生植物园 温室内栽培，几全年开花结果。

花

花

迁地栽培要点

　　繁殖方式：以播种繁殖为主，也可用嫁接繁殖。喜阳光充足，相对干旱的亚热带环境。生长季节要求阳光充足，排水良好，冬季保持盆土干燥。主要病虫害为介壳虫。

主要用途

　　观赏。

　　般若栽培变种和园艺杂交种较多，如：金刺般若（*A. ornatum* 'Mirbelii'），白条般若（*A. ornatum* 'Hakujyo Hanya'），螺旋般若（*A. ornatum* 'Spiralis'）等。

开花植株　　初花　　植株　　植株

植株　　植株　　植株

花　　花　　小窠、刺及花

圆柱团扇属

Austrocylindropuntia Backeb. Blatt. Kakt.-Forsch. 1938 (6): 3-21. 1938.

　　肉质灌木或小乔木，植株大型或中小型，多分枝；根肉质，块根状；茎圆筒状，无棱，分成不同的段节，有的具瘤块。叶圆柱形，肉质，最终掉落。小窠被白色绵毛或丝状毛，具刺，刺光滑。花黄色、粉色或红色，花被裂片短。果为浆果，椭圆形；种子小，圆球状或豌豆状，光滑或被毛。

　　约11种，原产于阿根廷、玻利维亚、厄瓜多尔和秘鲁等南美山区。世界各地常见栽培。我国栽培约6种，常见的有3种。

圆柱团扇属分种检索表

8

将军

Austrocylindropuntia subulata (Muehlenpf.) Backeb., Cactaceae (Berlin): 12. 1941.

植株　　　植株　　　开花植株

自然分布

原产秘鲁南部安第斯山区、阿根廷和玻利维亚。我国各地植物园栽培。

迁地栽培形态特征

小乔木状或灌木状；须根系，较粗；植株高达2~4m，有主干和上升的分枝，茎肉质，圆筒形，深绿色，无棱，全为长圆形瘤突所包围。叶常绿，圆柱形，长8~12cm，直径0.3~0.8cm。小窠位于瘤突上端，具刺；刺1~4根，直立，坚硬，灰白色，长达8cm。花单生，红色至粉红色，漏斗状钟形，不完全开放，长6~8cm；被丝托长圆形，外面被锥状，直立的鳞片；花被片3层，倒卵形，顶端顿；雄蕊多数，花丝淡绿色；柱头裂片5~6，淡绿色。果绿色，倒卵球形、长圆形至棍棒状，长达9cm；种子未见。

引种信息

厦门市园林植物园　引种记录不详，长势良好。

中国科学院植物研究所北京植物园　引种号2007-2353，2007年引自北京，引种材料为植株，长势良好。

南京中山植物园　引种号NBG2007F-16，2007年引种自漳州，引种材料为植株，长势良好。

上海辰山植物园　引种号20102228，2010年引自上海植物园，引种材料为植株，长势良好。

龙海沙生植物园　引种号LH-009，1997年引自福建漳州，引种材料为茎段，长势良好。

物候

厦门市园林植物园　温室内栽培，花期4～5月，未见结果；露地栽培，花期4～5月，未见结果。

中国科学院植物研究所北京植物园　温室内栽培，未见开花结果。

南京中山植物园　温室内栽培，花期6月，未见结果。

上海辰山植物园　温室内栽培，未见开花结果。

龙海沙生植物园　温室内栽培，花期果期未记录。

迁地栽培要点

一般选用扦插繁殖。生性强健，喜强光。对土壤要求不严，种植选用砂壤土。夏型种。较耐干旱，生长季节可酌情加大浇水量以促生长，冬季保持盆土干燥；病虫害防治应注重介壳虫的防治。

主要用途

株形威武雄壮，适合温室造景。

植株　花　植株(室内)

小窠、枝条　花

9

翁团扇

Austrocylindropuntia vestita (Salm-Dyck) Backeb., Cactaceae (Berlin): 11. 1939.

植株

自然分布

原产玻利维亚和阿根廷北部。现世界各地栽培。我国也有栽培，但未见开花。

迁地栽培形态特征

植株肉质，灌木状；具须根；植株高达30~50cm，有较明显的主干，通常在基部分枝；茎肉质，圆筒形，直径约3cm，不分节，无棱，深绿色。叶锥状，有时弯曲，常绿，长达3cm，直径0.5~0.8cm。小窠小，具细小针刺和长的白色丝状毛；刺数根，细小，长1~2.5cm，淡褐色。花红色，长3.5cm，被丝托外具被大量的小窠，小窠小，被长毛；花被片倒卵圆形，顶端钝；雄蕊多数，花药黄色；柱头绿色，顶端5~6裂。果圆球形，红色至暗紫色，外面无刺。

引种信息

    厦门市园林植物园   引种记录不详，长势一般。

    中国科学院植物研究所北京植物园   引种号2013-W1065，2013年引自俄罗斯圣彼得堡，引种材料为茎段，长势良好。

    龙海沙生植物园   引种号LH-010，2016年引自福建漳州，引种材料为植株，长势良好。

物候

    厦门市园林植物园   温室内栽培，未见开花结果。

    中国科学院植物研究所北京植物园   温室内栽培，未见开花结果。

    龙海沙生植物园   温室内栽培，未见开花结果。

迁地栽培要点

    一般选用扦插繁殖。生性强健，喜强光。对土壤要求不严，种植选用沙砾土。夏型种。较耐干旱，为保持株形美观，尽管是生长季节亦应适当控制浇水量，冬季保持盆土干燥；病虫害应注重介壳虫的防治。

主要用途

    株形奇特，肉质茎外表包裹着蚕丝或蜘蛛丝状态的丝毛，近看如老翁白花花的胡须，因此而得名。

皱棱球属

Aztekium Bödeker, Monatsschr. Deutsch. Kakt. Ges. 1: 52. 1929.

　　植株单生或丛生；具须根；茎半球形或圆柱形，顶端具茸毛；棱明显，具有凹槽和小棱。小窠小，数量多，沿棱的边沿分布；每个小窠有刺1～3根，刺早落，灰绿色，通常弯曲或扭曲。花顶生，漏斗状，白天开花；花被片白色至粉色，有时洋红色；花被裂片和花冠管细长，光滑；雄蕊4枚。果卵圆形，藏于顶生的茸毛之中，光滑，成熟时干燥；种子小，暗黑褐色，表面具小瘤；种阜大。

　　3种，分布于墨西哥的石灰岩地区。世界各地常见栽培2种，其中1种在我国各地偶见栽培。

10
花笼

Aztekium ritteri (Bödeker) Bödeker ex A. Berger, Monatsschr. Deutsch. Kakteen-Ges. 1: 52. 1929.

植株

嫁接植株

自然分布

原产墨西哥的石灰岩地区。世界各地常见栽培，我国各地也偶有栽培。

迁地栽培形态特征

植株单生，逐渐变为丛生；茎近球形至球形，橄榄绿色；高1~3cm，直径2~6cm；棱6~11，具有多数的横向皱纹和小棱，边沿圆。小窠沿棱着生，数量多；每个小窠有刺1~2根，刺早落，通常弯曲或扭曲。花顶生，漏斗状，直径7~14cm；花被片白色，至粉红色中脉。果卵圆形，光滑，成熟时干燥；种子小，暗黑褐色。

引种信息

厦门市园林植物园　引种号02084，2002年引自北京，引种材料为植株，长势良好。

中国科学院植物研究所北京植物园　引种号1978-w0193，1978年引种，引种地、引种材料不详，已死亡。

南京中山植物园　引种号NBG2015M-20，2015年引自墨西哥，引种材料为植株，长势良好。

龙海沙生植物园　引种号LH-011，1997年引自福建漳州，引种材料为植株，长势良好。

物候

厦门市园林植物园　温室内栽培，花期4~9月，未见结果。

中国科学院植物研究所北京植物园　温室内栽培，花期5~7月，未见结果。

南京中山植物园　温室内栽培，花期5~8月，未见结果。

龙海沙生植物园　温室内栽培，花期6月，果期8月。

迁地栽培要点

播种繁殖为主，亦可嫁接繁殖。本种生长缓慢，盛夏适当遮阴有利生长。对栽培基质要求较严，性喜排水性好、透气性强的石灰质土壤，盆栽亦可选用赤玉土。水分管理宜适当控制，冬季保持盆土干燥；病虫害应着重防治介壳虫。

主要用途

盆栽观赏。

濒危物种，列入CITES附录I。

嫁接植株 　嫁接植株 　植株 　花 　植株 　植株

松露玉属

Blossfeldia Werder., Kakteenkunde 1937: 162. 1937.

　　植株矮小，单生或者丛生而具多数的茎；极耐干旱；茎扁平状圆盘形；无棱、无瘤突。小窠表面具白色毡毛，呈螺旋状排列；无刺。花着生于植株顶端或近顶端，漏斗状；花被片倒卵形向外卷曲；外轮花被片白色或粉色，带紫红色条纹；内轮花被片白色；雄蕊多数，花丝和花药黄色；花柱乳白色，柱头裂片6。果圆球形，红色；种子极其细小，球形，直径小于0.5mm，种皮上有细小的毛。

　　1种，原产玻利维亚南部的波托西省到阿根廷。世界各地栽培。我国偶见栽培。

11

松露玉

Blossfeldia liliputana Werderm., Kakteenkunde 162. 1937.

植株

自然分布

原产玻利维亚南部的波托西省到阿根廷西北部的广阔地区，通常生长在阳光充足的干燥地方。现美洲、亚洲栽培。中国、日本有栽培。

迁地栽培形态特征

植株矮小，单生或者丛生，极耐干旱；茎扁平状圆盘形，单株直径1~2cm，灰绿色；无棱、无瘤突。小窠分布于茎上，表面具白色毡毛，呈螺旋状有序排列；无刺。花着生于植株顶端或近顶端，漏斗状，长6~15mm，直径5~7mm；花被片倒卵形向外卷曲；外轮花被片白色或粉色，带紫红色条纹；内轮花被片白色；雄蕊多数，花丝黄色，花药黄色；花柱乳白色，柱头裂片6。果圆球形，红色；种子极其细小，球形，小于0.5mm；种皮上有细小的毛。

引种信息

厦门市园林植物园 引种号19650336，1965年引自日本，引种材料为植株，长势良好；引种号

03342，2003年引自北京花乡，引种材料为植株，长势良好。

龙海沙生植物园　引种号LH-012，1997年引自福建漳州，引种材料为植株，长势良好。

物候

厦门市园林植物园　温室内栽培，花期2~4月，未见结果。

龙海沙生植物园　温室内栽培，花期9~11月，果期12月至翌年2月。

迁地栽培要点

要求排水良好，通风透气的环境。通常播种繁殖、扦插繁殖、嫁接繁殖。

主要用途

园林观赏。

嫁接植株

花

植株

花

花

青铜龙属

Browningia Britton & Rose, Cactateae 2: 63. 1920.

肉质灌木或小乔木，常柱状或分枝状，大部分具直立主干；茎圆柱状，高可达 10m，直径可达 50cm；棱 18 或更多，具瘤突。小窠略微凹陷。花夜间开放，漏斗状至管状，花被片分离，白色至淡紫红色，具明显的重叠排列的鳞片；被丝托及花冠管外的小窠无刺或近无刺，花冠管略微弯曲。果多变，通常较小；种子多变。

12
佛塔柱

Browningia hertlingiana (Backeb.) Buxb., Krainz, Die Kakt. C 4: 1. 1965.

植株

幼苗

幼苗

自然分布

原产秘鲁南部的曼塔罗谷地，分布海拔1000~3000m。我国南方栽培。

迁地栽培形态特征

肉质小乔木，高5~8m，主干高可达1m，茎圆柱状，上部多分枝，新生茎灰蓝绿色，被浓厚的白色蜡粉，常无光泽，老茎浅橄榄绿色，分枝直立，直径可达30cm，极少再分枝；棱18或更多，棱脊钝圆形，横裂成瘤突，瘤突边缘明显菱形。小窠圆形，略微凹陷，着生于瘤突顶端；新生小窠刺黄色至浅黄灰色，刺尖深褐色；中刺1~3根，粗壮，最长可达8cm；周刺4~6根；花被丝托密被刚毛状刺，约30根，刺较软，易弯曲，淡黄色。花夜间开放，直径达5cm，花被管弯曲，深褐紫色，被纤毛状鳞片，覆瓦状排列；花苞、外轮花被片、被丝托深紫红色至黑色，内轮花被片白色。果干燥，直径约2.5cm。

引种信息

厦门市园林植物园　引种记录不详，长势良好。

龙海沙生植物园　引种号LH-013，2008年引自广东广州，引种材料为种子，长势良好。

物候

厦门市园林植物园　温室内栽培，未见开花结果。

龙海沙生植物园 温室内栽培，未见开花结果。

迁地栽培要点

扦插繁殖为主，亦可播种或嫁接繁殖。本种生性强健，喜强光。对土壤要求不严，种植选用砂壤土。夏型种。较耐干旱，生长季节可酌情加大浇水量以促生长，冬季保持盆土干燥；病虫害应注重介壳虫的防治。

主要用途

园林观赏。

植株　　　　　　　　　棱　　　　　　　　　小窠、刺

棱、小窠、刺　　　　　　幼苗　　　　　　　　植株

巨人柱属

Carnegiea Britton & Rose, J. N. Y. Bot. Gard. 9: 187. 1908

多年生肉质乔木，树状，1~10分枝，稀无分枝；根系较浅，呈辐射状开展；茎直立，圆柱状，不分段，绿色，基部及受过伤的位置有明显的皮层，呈灰白色；成年植株棱19~26，幼株棱11~15，棱隆起，呈三角形状，棱脊部呈圆形，肉质状，无结节。小窠着生在棱上，呈圆形、椭圆形或盾形，具密集的棕白色至灰色的毛；中刺和周刺，沿棱平展或延伸，刺坚硬，针状，圆筒状，扁平状或三角状。花单生于茎的顶端或次顶端的小窠上；夜间开放，日出后闭合，有的可持续至第二天下午；漏斗状或钟状，较大；最外层花被片呈绿色，花被片边缘呈白色波浪状；里层花瓣呈蜡白色，边缘呈波浪状；柱头裂片10，呈棕白色。果实倒卵球形或椭圆形，成熟时红色，常从顶上垂直开裂成2瓣及2瓣以上，顶端截平形，偶有白色细小的刺；种子红黑色，表面光滑且有光泽，呈倒卵球形。

1种，分布于美国和墨西哥，世界各地栽培，我国南北各地引种栽培。

13
巨人柱

别名： 弁庆柱

Carnegiea gigantea (Eegelm.) Britton & Rose, J. New York Bot. Gard. 9: 188. 1908.

自然分布

原产墨西哥的下加利福尼亚半岛索诺拉沙漠的边缘，以及美国加利福尼亚州和亚利桑那州内，生长在海拔180~1200m的范围内。我国19世纪60年代开始引种，厦门、龙海、广州、深圳等地在室外种植。

迁地栽培形态特征

多年生肉质乔木，幼株呈柱状，不分枝，成株呈树状，1~10分枝，稀无分枝，主分枝直立；根系呈辐射状展开，不具块根。茎直立，圆柱状，不分段，高5~15m，直径25~75cm；绿色或灰绿色，基部及受伤的部位有明显的皮层，呈灰白色；幼株棱11~15，成年植株棱19~26；棱隆起，横断面呈三角形状。小窠着生在棱上，长宽约1cm左右，呈圆形、椭圆形或盾形，被密集的棕白色至灰色的短毛，无腺体，无黏状液体；中刺4~7根，散射状分布，长为30~50mm；周刺15~20根，长为10~20mm；刺坚硬，呈针状、扁平状或三角状，棕白色至棕灰色，或灰白色。花单生于茎的顶端或近顶端的小窠上，漏斗状或钟状；外轮花被片呈绿色，边缘呈白色波浪状；内轮花被片呈蜡白色，边缘呈波浪状；雄蕊多数，花药白色；柱头裂片10。果实呈深红色，倒卵球形至或椭圆形，成熟时常从顶上垂直开裂成2瓣及2瓣以上；种子红黑色，表面光滑且有光泽，呈倒卵球形。

引种信息

厦门市园林植物园 引种号19650337，1965年引自日本，引种材料为植株，长势良好。

华南植物园　引种号20082176，2008年引自福建，引种材料为植株，长势良好。

　　中国科学院植物研究所北京植物园　引种号1980-w0197，1980年引种，引种地、引种材料不详，已死亡；引种号2005-3349，2005年引自福建龙海，引种材料为幼苗，长势良好；引种号2018-1168，2018年引自福建龙海，引种材料为幼苗，长势良好；引种号2018-1169，2018年引自福建龙海，引种材料为幼苗，长势良好。

　　北京植物园　无引种编号，2017年引自美国，引种材料为植株，长势良好。

　　南京中山植物园　引种号NBG2007F-27，2007年引自福建漳州，引种材料为植株，长势良好。

　　上海辰山植物园　引种号20130572，2013年引自美国，引种材料为植株，长势良好；引种号20110607，2011年引自美国，引种材料为植株，长势良好；引种号20102972，2010年引自上海植物园，引种材料为植株，长势良好。

　　龙海沙生植物园　引种号LH-014，1999年引自福建福州，引种材料为植株，长势良好。

物候

　　厦门市园林植物园　温室内栽培，未见开花结果。

　　华南植物园　温室内栽培，未见开花结果。

　　中国科学院植物研究所北京植物园　温室内栽培，未见开花结果。

　　北京植物园　温室内栽培，花期5~6月，果期7月。

　　南京中山植物园　温室内栽培，未见开花结果。

　　上海辰山植物园　温室内栽培，花期6月，未见结果。

　　龙海沙生植物园　温室内栽培，未见开花结果。

迁地栽培要点

　　我国南方各省可栽植在富含有机质不积水砂壤土中，长江流域及以北地区在设施温室内，适合于阳光充足温暖气候，可生长在排水良好砂壤土，越冬温度不能低于8℃。栽培基质为：沙∶泥炭=3∶2，冬季温度不能低于8℃，夏季不能高于40℃，通风。繁殖，播种、扦插繁殖。实生苗生长缓慢，可以在小苗阶段进行嫁接，加快生长速度。

主要用途

　　观赏、果实除鲜食外，还可加工果汁。

　　CITES附录Ⅱ。

花

小窠、刺

果

果

植株

植株

植株

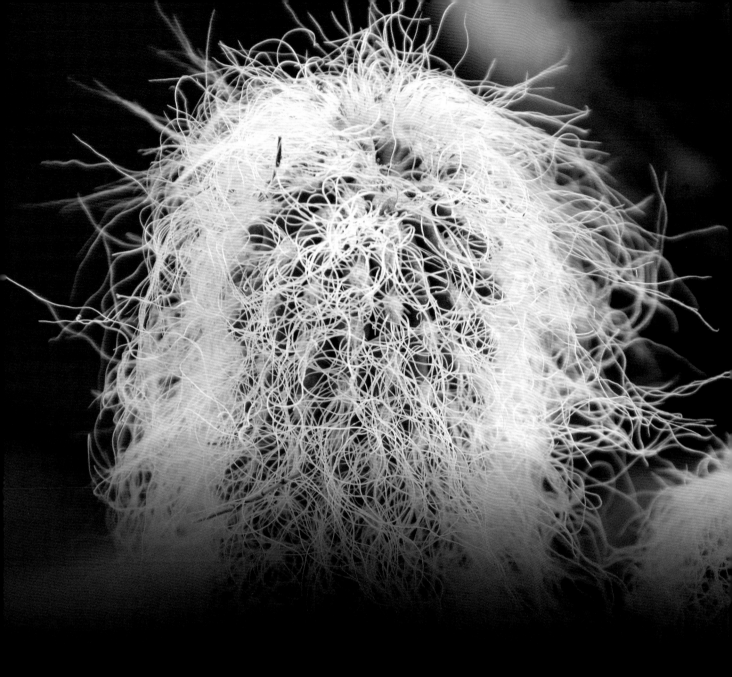

翁柱属

Cephalocereus Pfeiff., Allg. Gartenz. 6: 142. 1838

多年生肉质灌木或小乔木，不分枝或在近地处分枝；根系浅，呈辐射状；茎直立，圆柱状，不分段，茎中间不易分枝。幼株棱10～15，成年植株棱22～30；幼株茎呈绿色，后逐渐变为灰白色。小窠着生在棱上，排列较密，着生刺及须发状白毛；刺较多，中刺1～5根，周刺呈辐射状排列，20～30根，白色，细针状；茎近顶部的白毛较基部的长，而且数量更多。花着生于茎的近顶端假花座上，单生，夜间开放，呈漏斗形，花被片较多，呈黄白色，中脉红色；花被管的被少量鳞片和茸毛。果实干燥，具茸毛。

约5种，分布于墨西哥南部。我国常见栽培1种。

14

翁柱

Cephalocereus senilis (Haw.) Pfeifler, Allg. Gartenzeitung (Otto & Dietrich) 6: 142. 1838.

植株　　　　　　　　　　　　　　　　　　　　　　　　　　　　植株

自然分布

原产墨西哥的瓜纳华托和伊达尔戈等干旱地区。世界各地栽培。我国引种栽培。

迁地栽培形态特征

多年生肉质乔木，基部分枝；根系浅，开展，呈辐射状在地下蔓延；茎直立，圆柱状，椭圆形，不分段，茎中间不易分枝，一般在地表面处分枝，可形成丛生状，茎高可达15m，一般高为5～10m，直径约为40cm；幼株棱12～15，成株棱25～30；幼株时茎颜色为灰绿色，逐渐变为灰色。小窠沿棱排列，排列紧密，圆形至椭圆形，中刺1～5枚，长1～2cm，多年生的植株上可达5cm，坚硬，黄色至灰色，周刺20～30枚，细长，头发状，长6～12cm；密被白毛，毛较长。假花座在一边生长，后覆盖顶端；花漏斗形，钟状，黄白色至红色，中脉红色，长8～10cm，直径7～8cm；花被管和花被片外面被毛或少量的鳞片。果倒卵形，高2.5～3cm，外面稍被鳞。

引种信息

　　厦门市园林植物园　引种记录不详，长势一般。

　　中国科学院植物研究所北京植物园　引种号1974-w0204，1974年引种，引种地、引种材料不详，长势一般。

　　南京中山植物园　引种号NBG2007F-21，2007年引自福建漳州，引种材料为植株，长势一般。

　　辰山植物园　引种号20102530，2010年引自福建漳州，引种材料为植株，长势良好。

　　龙海沙生植物园　引种号LH-015，1997年引自福建漳州，引种材料为植株，长势良好。

物候

　　厦门市园林植物园　温室内栽培，未见开花结果。

　　中国科学院植物研究所北京植物园　温室内栽培，未见开花结果。

　　南京中山植物园　温室内栽培，生长缓慢，未见开花结果。

　　辰山植物园　温室内栽培，未见开花结果。

　　龙海沙生植物园　温室内栽培，未见开花结果。

迁地栽培要点

　　一般播种繁殖为主，亦可嫁接繁殖。本种喜光，生长缓慢，盛夏适当遮阴有利生长。对栽培基质要求较严，宜选用排水性好、透气性强的石灰质土壤，盆栽亦可选用赤玉土。水分管理应适当控制，生长季节酌情给水，冬季保持盆土干燥；病虫害发生较少，以防为主。

主要用途

　　观赏。

　　CITES附录II。

植株　　　　植株　　　　小窠、毛

天轮柱属

Cereus P. Miller, Gard. Dict. Abr. ed. 4, sine pag. 1754

多年生肉质灌木或乔木；根系浅，纤维状或块状；茎直立，圆柱状，具棱，通常4～6，稀三角柱状，维管组织木质化，表皮和角质层厚而坚硬，常被白色或淡蓝色蜡质。小窠沿棱排列，常具刺和绵毛，具花小窠与无花小窠同形；茎干颜色呈绿色，嫩茎呈蓝绿色，老茎呈墨绿色。花单生，夜间开放，侧生，漏斗形，花大型，呈白色或淡白色；花托和花托筒圆柱状或稍具角，具少数小鳞片，鳞片腋部无毛或具小的毛簇；花被片内面白色，外轮花被片淡绿色、淡红色或淡褐色，内轮花被片白色，于花后变黑；雄蕊多数，内藏；子房下位，柱头具多数裂片。果卵球形至椭圆体形，红色或黄色，有时具白色蜡粉，于侧面或顶端开裂；花被宿存或脱落；种子多数，通常卵状肾形，黑色，有光泽，具小洼点。

约35种，原产阿根廷、巴拉圭、乌拉圭、巴西、玻利维亚和秘鲁。我国引种12种1亚种。常见栽培1种1亚种，在广东、福建等地可露地种植，长江流域及以北地区设施温室栽培。

天轮柱属分种检索表

15
鬼面角

Cereus hildmannianus K. Schum. subsp. *uruguayanus* (R. Kiesling) P. Taylor, Cactaceae Consensus Init. 6: 15. 1998.

植株

植株

植株

自然分布

原产乌拉圭。我国南北各地栽培。

迁地栽培形态特征

多年生肉质乔木或大灌木，呈树状；根系较深，呈辐射状展开；茎直立，多分枝，高可达5m，直径8～16cm；蓝灰色，新枝常绿色，被浓厚的白色蜡粉；棱6～8，棱背较尖，翅状，边缘钝齿状，具侧边槽。小窠分布在棱上，椭圆形、圆形或三角形，被褐色至灰色毡毛，毛很短，约1～2mm；新生小窠具刺1～3根；成熟小窠具刺8～12根，中刺长达2cm，周刺增长达8mm；刺初为黑色至深褐色，老后变灰色。花单生，着生在茎上端的小窠上，漏斗状，长约15～16cm，直径约10cm，筒部绿色，疏生半圆形至三角形鳞片；外轮花被片长圆状披针形至长圆状倒披针形，顶端圆至急尖，淡绿色，上部常具红褐色晕；内轮花被片白色，匙状长圆形，先端近圆形或截形，边缘及先端常啮齿状；雄蕊明显伸出口部，白色；花柱及柱头淡绿色，柱头裂片约12，狭条形。果椭圆形，直径4～5cm，成熟时红色，常自顶端开裂成2瓣；种子卵状肾形，黑色。

引种信息

厦门市园林植物园　引种信息不详，长势良好。

华南植物园　引种号20116025，2011年引自福建漳州，引种材料为植株，长势良好。

中国科学院植物研究所北京植物园　引种信息不详，长势良好。

北京植物园　无引种号，2017年引自福建，引种材料为植株，长势良好。

南京中山植物园　引种号NBG2007F-30，2007年引自福建漳州，引种材料为植株，长势良好。

上海辰山植物园　引种号20183765，2018年引自上海辰山植物园，引种材料为种子，长势良好。

龙海沙生植物园　引种号LH-017，1999年引自韩国，引种材料为植株，长势良好。

物候

厦门市园林植物园　温室内栽培，花期4~6月，果期8~10月；露地栽培，花期4~6月，果期8~10月。

华南植物园　温室内栽培，花期4~6月，果期8~10月；露地栽培，花期4~6月，果期8~10月。

中国科学院植物研究所北京植物园　温室内栽培，花期6月，果期7月。

北京植物园　温室内栽培，未见开花结果。

南京中山植物园　温室内栽培，初花期5月，单朵花期2~3天，一年开花4~5次，人工授粉可结实，果期10~11月。

上海辰山植物园　温室内栽培，未见开花结果。

龙海沙生植物园　露地栽培，花期5~10月，果期10~12月。

迁地栽培要点

露地栽培，在福建、广东等地逸为野生，或栽培于房前屋后。长江流域及以北地区在温室栽培，但有些种类易受介壳虫危害，应及时防治。它广泛用于室外景观和温室的布置。

主要用途

观赏、果可食用。

CITES附录II。

果实

花　　　　花　　　　果实

花　　　　花

花

73

16

残雪

Cereus spegazzinii F. A. C. Weber., 1899.

植株

自然分布

原产巴拉圭。20世纪20代年我国南方各地开始引种，长江流域及以北地区在温室栽培。

迁地栽培形态特征

多年生肉质灌木；茎在近地面分枝，常形成丛生状，枝条横卧或直立，长圆柱形，至茎顶逐步变尖，高1~2m，直径2~3cm；亮绿色、灰绿色或带褐色；棱4~6。小窠生于棱上，排列稀疏，圆形或椭圆形；中刺1枚或缺，长3~4cm，褐色或深褐色；周刺4~8枚，呈辐射状排列，长1~2cm，灰色或灰白色；花单生于小窠上，夜间开放，第二天日出前闭合，芳香，白色，长10~12cm，直径6~8cm；外轮花被片绿色，光滑；内轮花被片中间呈粉红色，其他部位呈绿色。浆果肉质，果皮红色，肉质白色；种子黑色、黑褐色或深褐色，有光泽，种皮光滑。

引种信息

厦门市园林植物园 引种记录不详，长势一般。

北京植物园　无引种编号，引种日期不详，引自日本，引种材料为植株，长势良好。

南京中山植物园　引种号NBG2007F-33，2007年引自福建漳州，引种材料为植株，长势良好。

龙海沙生植物园　引种号LH-016，1995年引自上海，引种材料为茎段，长势良好。

物候

厦门市园林植物园　温室内栽培，未见开花结果。

北京植物园　温室内栽培，未见开花结果。

南京中山植物园　温室内栽培，初花期4月，单朵花期1～2天，一年开花3～4次，未见结果。

龙海沙生植物园　温室内栽培，花期8月，果期10月。

迁地栽培要点

我国南方各省可栽植在富含有机质不积水砂质土壤中，长江流域及以北地区在设施温室内。栽培基质为：粗沙∶园土∶泥炭=1∶1∶0.5，冬季温度5度以上，夏季半阴，不能高于40℃，通风。繁殖，常用扦插繁殖。

主要用途

观赏、果可食用。

CITES附录II。

花　　花

花蕾

管花柱属

Cleistocactus Lem., Illustr. Hort. 8:misc. 35. 1861

  多年生肉质灌木，有时乔木状；茎单生或丛生，细长，圆柱状，直立、上升、横卧或下垂；棱5～30，罕见具瘤突，通常有横向的沟纹或缺口。小窠密集，开花时具绵毛和刚毛；刺浓密而整齐，形态变化，针状、篦齿状或刚毛状。花单生，数量多，生于茎顶端的侧面，有的形成假花冠；红色、橙色、黄色或绿色；花被管狭窄，细长，细管状，外被鳞片和刚毛或有浓密的绵毛，直立或弯曲；内轮花被片短，有些种类的花不能完全开放；雄蕊伸出花被，通常两列；柱头伸出花被片。浆果球形，具毛，花被宿存；种子小，黑色。

  约48种1自然杂种，分布于厄瓜多尔、秘鲁、玻利维亚、巴西、乌拉圭、巴拉圭和阿根廷。我国栽培约10种，常见5种。

管花柱属分种检索表

17

凌云阁

别名: 黄金柱

Cleistocactus baumannii (Lem.) Lem., Ill. Hort. 8.misc. 35. 1861.

植株　植株　植株　开花植株

自然分布

原产阿根廷、巴拉圭和乌拉圭。我国各地引种栽培。

迁地栽培形态特征

多年生肉质灌木；根系浅，呈辐射状展开；茎基部分枝，常丛生，较少单生，直立或横卧，柱状、细长，不分段，长1~2m，直径4~10cm；金黄色、绿色或灰褐色；棱12~16。小窠着生在棱上，密集、圆状、椭圆状或三角状，着生细短毛，呈白色；中刺1枚，针状，坚硬，4~6cm，黄色、棕色、白色或黑色；周刺15~20根，针状，较柔软，长1~2cm。花单生，深红色，花冠筒细长，呈"S"形弯曲，长6~7cm，直径0.5~1cm；花被片不完全开放，外轮花被片被浓密的绵毛；内轮花被片花多，排列紧密；雄蕊多数，伸出花冠筒，花药黄色；柱头伸出花外，黄色，顶端8~10裂。

引种信息

厦门市园林植物园　引种记录不详，长势良好。

华南植物园　引种号20104125，2010年引自福建漳州，引种材料为植株，长势良好。

中国科学院植物研究所北京植物园　引种记录不详，长势良好。

南京中山植物园　引种号NBG2007F-35，2007年引自福建漳州，引种材料为植株，长势良好。

上海辰山植物园　引种号20122125，2012年引自上海植物园，引种材料为植株，长势良好。

龙海沙生植物园　引种号LH-018，2008年引自广东广州，引种材料为种子，长势良好。

物候

　　厦门市园林植物园　温室内栽培，花期3月，未见结果。

　　华南植物园　温室内栽培，花期3月，未见结果。

　　中国科学院植物研究所北京植物园　温室内栽培，花期7月，未见结果。

　　南京中山植物园　温室内栽培，未见开花结果。

　　上海辰山植物园　温室内栽培，花期6月，未见结果。

　　龙海沙生植物园　露地栽培，花期6~8月，果期7~9月。

迁地栽培要点

　　在设施温室内，栽培基质为：园土∶沙∶泥炭∶砾石∶煤渣=3∶2∶2∶1∶1。繁殖方法有扦插、嫁接繁殖。

主要用途

　　观赏。

　　CITES附录II。

花

花苞、刺

花、小窠、刺

18
白闪

Cleistocactus hyalacanthus (K. Schum.) Rol.-Goss., Bull. Mens. Soc. Centr. Agric. Hort.
Acclim. Nice Alpes-Marit. 44: 33. 1904.

植株

自然分布

原产阿根廷西北部和玻利维亚东南部。我国各地引种栽培，南方可露地栽培。

迁地栽培形态特征

多年生肉质灌木；根系呈辐射状展开；茎单生或丛生，直立，偶有横卧，圆柱状，长约1m，直径3~6cm；表皮呈绿色、淡绿色或灰褐色，因茎上分布有白毛，整体呈白色；棱16~20。小窠着生在棱上，圆形、椭圆形或三角形，分布密集，中刺通常3根，褐色或黄色，长约3cm；周刺20~30根，不等长，刚毛状，细长，白色。花单生，着生在小窠上，白天开放，紫红色至粉红色，长筒状，长3.5~4cm，直径约1cm，不完全展开，外被白色细毛，花被片紧密，长披针形，顶端尖或钝；雄蕊多数；柱头伸出花冠筒。果实小，成熟呈黄色。

引种信息

  厦门市园林植物园 引种记录不详，长势良好。

  华南植物园 引种号20104128，2010年引自福建漳州，引种材料为植株，长势良好。

  中国科学院植物研究所北京植物园 引种号2018-1179，2018年引自福建龙海，引种材料为植株，长势良好。

  北京植物园 无引种编号，2018年引自福建，引种材料为植株，长势良好。

  南京中山植物园 引种号NBG2007F-32，2007年引自福建漳州，引种材料为植株，长势良好。

  上海辰山植物园 引种号20102661，2010年引自上海浦东，引种材料为植株，长势良好。

  龙海沙生植物园 引种号LH-019，2008年引自广东广州，引种材料为种子，长势良好。

物候

  厦门市园林植物园 温室内栽培，未见开花结果。

  华南植物园 温室内栽培，未见开花结果。

  中国科学院植物研究所北京植物园 温室内栽培，未见开花结果。

  北京植物园 温室内栽培，未见开花结果。

  南京中山植物园 温室内栽培，7~8月为休眠期，9~12月为生长高峰期，形成浓密的刺，4~5月为次生长旺盛期，花期4~5月，未见结果。

  上海辰山植物园 温室内栽培，花期6月，未见结果。

  龙海沙生植物园 露地栽培，花期6~8月，果期7~9月。

迁地栽培要点

  繁殖栽培管理：我国南方各省可栽植在富含矿物质排水良好砂质土壤中，长江流域及以北地区在设施温室内，栽培基质为：园土：沙：泥炭：砾石=3：2：2：1。繁殖：扦插、嫁接繁殖。早春和夏季在傍晚适宜喷雾，越冬时保持干燥。

主要用途

  美丽的白毛，极高观赏价值。

  CITES附录II。

植株   植株   植株   植株

19
黄刺山吹雪

Cleistocactus morawetzianus Backeb., Jahrb. Deutsch. Kakteen-Ges. 1: 77. 1936.

自然分布

原产秘鲁中部。我国各地引种栽培，南方可露地栽培。

迁地栽培形态特征

多年生肉质灌木，有的呈乔木状；多分枝，高达2m；茎直立，圆柱状，直径4～8m，绿色或灰绿色；棱10～14，明显。小窠着生在棱上，圆形、椭圆形或三角形；刺金黄色，后变灰白色，具红色的顶端；中刺通常3根，锥状，长达5cm；周刺10～14枚，辐射状排列，长2～15mm。花被管直或稍弯，绿色或白色，偶有粉红色，长约5.5cm，直径约9mm；花被片分离；花柱伸出，顶端5～8裂。

引种信息

厦门市园林植物园　引种记录不详，长势良好。

南京中山植物园　引种号NBG2007F-37，2007年引自福建漳州，引种材料为植株，长势良好。

龙海沙生植物园　引种号LH-020，2008年引自广东广州，引种材料为种子，长势良好。

物候

厦门市园林植物园　温室内栽培，花期3月，未见结果；露地栽培，花期3月，未见结果。

南京中山植物园　温室内栽培，花期4～7月，未见结果。

龙海沙生植物园　露地栽培，花期6～8月，果期7～9月。

迁地栽培要点

在设施温室内，栽培基质为：园土：沙：泥炭：砾石 =3：2：2：1。繁殖方式为扦插、嫁接繁殖。

主要用途

观赏。

CITES附录II。

部分品种可开红花

红花品种

20
吹雪柱

Cleistocactus strausii (Heese.) Backeb., Kakteen-Freund 3: 121. 1934.

植株

植株

自然分布

原产玻利维亚南部和阿根廷北部。我国各地引种栽培，南方可露地栽培。

迁地栽培形态特征

多年生肉质灌木，基部分枝；茎直立，圆柱状，高1～3m，直径4～8cm；亮绿色或绿色，密被着白色的刺；棱25～30。小窠密集；中刺通常4根，淡黄色，长达2cm；周刺30～40根，毛发状，白色，长15～50mm。花深红色，稍弯曲，长8～9mm，花被管被丝质的毛发。果实圆球状，红色，直径约2cm。

引种信息

厦门市园林植物园 引种记录不详，长势良好。

中国科学院植物研究所北京植物园 引种号1959-30092，1959年引种，引种地、引种材料不详，植株在"文革"期间遗失；引种号1959-6077，1959年引种，引种地、引种材料不详，植株在"文革"期间遗失；引种号1978-w0185，1978年引种，引种地、引种材料不详，长势良好；引种号2018-1180，2018年引自福建龙海，引种材料为植株，长势良好。

北京植物园　无引种编号，2007年引自广东广州，引种材料为植株，长势良好。

南京中山植物园　引种号NBG2007F-36，2007年引自福建漳州，引种材料为植株，长势良好。

上海辰山植物园　引种号20160699，2016年引自美国，引种材料为植株，长势良好；引种号20110653，2011年引自美国，引种材料为植株，长势良好；引种号20110617，2011年引自美国，引种材料为植株，长势良好。

龙海沙生植物园　引种号LH-021，1999年引自广东广州，引种材料为植株，长势良好。

物候

厦门市园林植物园　温室内栽培，未见开花结果。

中国科学院植物研究所北京植物园　温室内栽培，未见开花结果。

北京植物园　温室内栽培，未见开花结果。

南京中山植物园　温室内栽培，花期6~7月，未见结果。

上海辰山植物园　温室内栽培，未见开花结果。

龙海沙生植物园　露地栽培，花期6~8月，果期7~9月。

迁地栽培要点

我国南方各省可栽植在富含矿物质排水良好砂质土壤中，长江流域及以北地区在设施温室内，栽培基质为：园土：沙：泥炭：砾石=3：2：2：1。繁殖方式为扦插繁殖、嫁接繁殖。

主要用途

观赏。

CITES附录II。

花

小窠、刺

小窠、刺

植株

花

植株

花

21

金钮

Cleistocactus winteri D. R. Hunt, Bradleya 6: 100. 1988.

自然分布

原产危地马拉及玻利维亚的圣克鲁斯。我国各地引种栽培。

迁地栽培形态特征

多年生肉质灌木；根系浅；茎细长，在基部多分枝，开始直立，后横卧，爬行或下垂，长可达1.5m，直径2~3cm；绿色；棱16~17，棱下凹。小窠密集，褐色，着生浓密而整齐的刺，刺弯曲，细长，金黄色；中刺约20根，坚硬，长5~10mm；周刺约30根，辐射状排列，长4~10mm。花单生，侧生或着生在茎的末端，白色至粉红色，外轮花被片橙红色，花筒细长，长3~6cm，直径5~7cm，内轮花被片卵圆形，顶端钝；外轮花被片线形，顶端尖或钝；花筒外围鳞片呈三角状；雄蕊多数，花药紫色；花柱伸出，柱头4~6裂。果实小，桶状或圆球形，绿色至红绿色，长和直径7~10cm。

引种信息

厦门市园林植物园　引种记录不详，长势良好。

中国科学院植物研究所北京植物园　引种号1949-0260，1949年引种，引种地、引种材料不详，植株在"文革"期间遗失；引种号1975-w0691，1975年引种，引种地、引种材料不详，已死亡。

北京植物园　引种信息不详，长势良好。

南京中山植物园　引种号NBG2007F-39，2007年引自福建漳州，引种材料为植株，长势良好。

龙海沙生植物园　引种号LH-022，1993年引自福建漳州，引种材料为植株，长势良好。

物候

厦门市园林植物园　温室内栽培，春秋开花，未见结果。

中国科学院植物研究所北京植物园　温室内栽培，花期果期未记录。

北京植物园　温室内栽培，花期5月，未见结果。

南京中山植物园　温室内栽培，花期全年，未见结果。

龙海沙生植物园　温室内栽培，花期6~9月，果期7~10月。

迁地栽培要点

在原产地攀附在悬崖上生长，喜生长于富含矿物质的沙砾土中，能耐0℃的低温。我国南方各省可栽植在富含矿物质排水良好砂质土壤中。繁殖方式为扦插。

主要用途

观赏

CITES附录II。

常见栽培的有猴尾柱［ *C. winteri* D. R. Hunt subsp. *colademono* (Diers & Krahn) D. R. Hunt ］。

亚种猴尾柱　　亚种猴尾柱的花　　花　　植株

花　　开花植株　　花

小窠，刺　　亚种猴尾柱的花　　亚种猴尾柱的花

龙爪球属

Copiapoa Britton & Rose, Cactaceae 3: 85. 1922.

植株单生或群生；直根系，具主根或具纤维根；茎球形至长圆柱形，顶端通常密生茸毛；具棱；被白蜡。小窠着生于棱上，刺常放射状，变化较大，硬而直。花着生茎的顶部，钟状至宽漏斗状，黄色，有时带有红色，花被管陀螺状，花被片短，外面光滑。果小，光滑，顶部保留绿色的鳞片；种子大，灰黑色，具种脐 。

26种，原产智利北部。我国南北引种约10种，常见栽培1种。

22

黑王丸

Copiapoa cinerea (Philippi) Britton & Rose, Cactaceae 3: 86. 1922.

植株

自然分布

原产智利的安托法加斯塔，美洲和亚洲多有种植。我国各地引种栽培。

迁地栽培形态特征

植株初时单生，后在基部和上端分枝成群生；茎多变化，球形或圆柱形，高可达1.3m，灰色，表面被一层白色的蜡质层，顶端密生茸毛；具棱，棱数变化，12～37。小窠着生于棱上，刺的颜色、数量和长度多有变化，初始黑色，随年龄增长变灰色；中央刺1～2根，长1～3cm；周刺1～7根，长

1～2cm。花漏斗状，具轻微香味，长1.5～2.5cm，直径1.5～2.5cm，黄色，带有粉红色或淡粉红色。果乳白色、粉红色至红色，被少量鳞片。

引种信息

厦门市园林植物园　引种号03337，2003年引自北京花乡，引种材料为植株，长势一般。

华南植物园　引种号20170596，2017年引自福建，引种材料为植株，长势良好。

中国科学院植物研究所北京植物园　引种号1977-w0159，1977年引种，引种地、引种材料不详，已死亡。

北京植物园　引种号20183368，2018年引自福建，引种材料为植株，长势良好。

上海辰山植物园　引种号20110705，2011年引自美国，引种材料为植株，长势一般。

龙海沙生植物园　引种号LH-023，2008年引自上海，引种材料为植株，长势良好。

物候

厦门市园林植物园　温室内栽培，未见开花结果。

华南植物园　温室内栽培，未见开花结果。

中国科学院植物研究所北京植物园　温室内栽培，花期果期未记录。

北京植物园　温室内栽培，未见开花结果。

上海辰山植物园　温室内栽培，未见开花结果。

龙海沙生植物园　温室内栽培，花期7～10月，果期10月至翌年1月。

迁地栽培要点

夏季为生长季。冬季适宜温度10℃左右。繁殖方式为播种、嫁接、分株。夏季需要适当遮阴，可少量多次浇水。冬季保持温暖和干燥。保持干燥可在0℃环境下越冬。长势极慢，且需要大量的阳光才会开花。

主要用途

观赏。

植株

植株

菠萝球属

Coryphantha Lem., Cactées 32. 1868

　　植株单生或在基部分枝而丛生；直根系，具主根或块根；茎肉质，球状、椭圆状至圆柱状，暗绿色或灰绿色；表面有瘤突，瘤突梨形，常一边隆起，表面有纵向浅沟，沟中常带灰白色或白色茸毛。小窠着生于瘤突顶端，小窠上着生硬刺。花着生顶部新生小窠的疣沟内，簇生；钟状或漏斗状，淡黄色、黄色、绿色、粉色、桃红色、紫色或红色；花管筒短，光滑或具少量的鳞片。果实圆形、椭圆形或倒卵形，光滑；花被片宿存；种子黑色，有时褐色。

　　约55种，原产美国西南部和墨西哥大部分地区，欧洲及亚洲各地常见栽培。我国常见栽培3种。

菠萝球属分种检索表

23
象牙丸

Coryphantha elephantidens (Lem.) Lem., Cactées 35. 1868.

植株

自然分布

原产墨西哥的米却肯和莫雷洛斯。世界各地栽培。我国南北各地栽培。

迁地栽培形态特征

植株单生或形成大的丛生；直根系，具主根；茎圆球或扁圆球状，高14cm，直径8~20cm，绿色或深绿色，无棱，具瘤突，瘤突表面有纵向浅沟，沟中带灰白色茸毛。小窠着生于瘤突顶端，无中刺，周刺8~10根，呈放射状；刺坚硬，弯曲但无钩，米黄色，末端黑色。花着生顶部新生小窠上，簇生，漏斗状，直径6~10cm，白色、米黄色、粉红色或紫色，有的中脉紫色，具香味；雄蕊多数；花柱头多。果椭圆形或卵圆形，褐绿色，2~3cm；种子黑色。

引种信息

厦门市园林植物园　引种记录不详，长势良好。

华南植物园　引种号20104389，2010年引自福建漳州，引种材料为植株，长势良好。

中国科学院植物研究所北京植物园　引种号1976-w0490，1976年引种，引种地、引种材料不详，已死亡。

北京植物园　无引种编号，2001年引自美国，引种材料为植株，长势良好。

南京中山植物园　引种号NBG2007F-5，2007年引自福建漳州，引种材料为植株，已死亡。

上海辰山植物园　引种号20160737，2016年引自美国，引种材料为植株，长势良好。

龙海沙生植物园　引种号LH-024，1993年引自福建漳州，引种材料为植株，长势良好。

物候

厦门市园林植物园　温室内栽培，花期7～8月，未见结果。

华南植物园　温室内栽培，花期7～8月，未见结果。

中国科学院植物研究所北京植物园　温室内栽培，花期果期未记录。

北京植物园　温室内栽培，未见开花结果。

南京中山植物园　温室内栽培，未见开花结果。

上海辰山植物园　温室内栽培，未见开花结果。

龙海沙生植物园　温室内栽培，花期5～10月，果期7～12月。

迁地栽培要点

繁殖方式为播种、嫁接。喜充足且不大强烈的光照。应注意保持通风和土壤透气性，适合亚热带半干旱气候，成球较耐高温。冬季建议保持盆土干燥并维持3℃以上。

主要用途

观赏。

开花植株

植株，果

花

花

植株

花

刺

花

植株

93

24

魔象

Coryphantha maiz-tablasensis Fritz Schwarz ex Backeb., Blätt. Sukkulentenk. 1:5. 1949.

群生植株

自然分布

原产墨西哥的圣路易斯波托西，世界各地引种栽培。我国各地栽培。

迁地栽培形态特征

植株单生，后形成低矮的丛生状；茎圆球状，绿色或蓝绿色，高3cm，直径5~6cm。球体无棱，瘤突圆锥形或卵圆形，长约17mm，通常无腺体。小窠着生于瘤突顶端，无中刺，周刺4~6根，呈放射状，直，白色，末端黑色，长7~13mm，坚硬。花着生顶部新生小窠的瘤突沟内，簇生，漏斗状，乳白色或黄色，长2.7cm，直径4~6cm。果椭圆形或椭圆形，褐绿色，长1~2cm。

引种信息

厦门市园林植物园　引种记录不详，长势良好。

华南植物园　引种号20170520，2017年引自福建，引种材料为植株，长势良好。

中国科学院植物研究所北京植物园　引种号1976-w0490，1976年引种，引种地、引种材料不详，已死亡；引种号2005-3148，2005年引自福建龙海，引种材料为植株，长势良好。

　　北京植物园　无引种编号，2001年引自美国，引种材料为植株，长势良好。

　　上海辰山植物园　引种号20171505，2017年引自福建漳州，引种材料为植株，长势良好。

　　龙海沙生植物园　引种号LH-025，1999年引自天津，引种材料为植株，长势良好。

物候

　　厦门市园林植物园　温室内栽培，花期7月，未见结果。

　　华南植物园　温室内栽培，花期7月，未见结果。

　　中国科学院植物研究所北京植物园　温室内栽培，花期8～9月，果期10月。

　　北京植物园　温室内栽培，未见开花结果。

　　上海辰山植物园　温室内栽培，花期8～9月，未见结果。

　　龙海沙生植物园　温室内栽培，几全年开花结果。

迁地栽培要点

　　繁殖方式为播种或嫁接。喜充足且不大强烈的光照，适应于疏松肥沃的砂壤土，同时注意保持通风。主要病虫害为红蜘蛛危害。适合亚热带半干旱气候，成球较耐高温。冬季建议保持盆土干燥并维持3℃以上。

主要用途

　　观赏。

植株　　　　　　　　　　　花　　花　　瘤突、刺、小窠　　果

25
巨象丸

Coryphantha pycnacantha (Mart.) Lem., Cactées 35. 1868.

植株

自然分布

原产墨西哥的瓦哈卡，濒临灭绝。世界各地引种栽培，我国南北各地栽培。

迁地栽培形态特征

植株单生或形成丛生；具主根；茎肉质，圆球形短圆柱形，亮绿色或蓝绿色，高5~9cm，直径5~7cm，无棱，瘤突锥形或长菱形，瘤突表面有纵向浅沟，沟中带灰白色茸毛。小窠着生于瘤突顶端；中刺2~4根，针状，下弯，白色或黄色，末端黄褐色或黑色，后刺变灰褐色，长13~19mm；周刺8~15根，弯曲，白色至黄色，年龄增大变灰色，长8~18mm。花着生茎的顶部新生小窠内，钟状，淡黄色或粉色，长4cm，直径5cm。果未见。

引种信息

厦门市园林植物园 引种记录不详，长势良好。

华南植物园　引种号20170080，2017年引自福建，引种材料为植株，长势良好。

中国科学院植物研究所北京植物园　引种号1959–30302，1959年引种，引种地、引种信息不详，植株在"文革"期间遗失；引种号1974–w0052，1974年引种，引种地、引种信息不详，已死亡。

上海辰山植物园　引种号20160738，2016年引自美国，引种材料为植株，长势良好；引种号20110703，2011年引自美国，引种材料为植株，长势良好。

龙海沙生植物园　引种号LH–026，2000年引自福建漳州，引种材料为植株，长势良好。

物候

厦门市园林植物园　温室内栽培，未见开花结果。

华南植物园　温室内栽培，未见开花结果。

中国科学院植物研究所北京植物园　温室内栽培，花期果期未记录。

上海辰山植物园　温室内栽培，花期6月，未见结果。

龙海沙生植物园　温室内栽培，几全年开花结果。

迁地栽培要点

繁殖方式：播种或嫁接。迁地栽培要点：喜充足且不大强烈的光照，适应于疏松肥沃的砂壤土，同时注意保持通风。主要病虫害为红蜘蛛危害。适合亚热带半干旱气候，成球较耐高温。冬季建议保持盆土干燥并维持3℃以上。

主要用途

观赏。

IUCN红色名录物种。

植株

植株

圆盘玉属

Discocactus Pfeiff., Allg. Gartenz. 5: 241. 1837.

　　植株单生，茎扁球形至球形；棱突出、均匀，基部稍宽，形成明显的结节。小窠着生于棱上，被多数刺遮蔽，刺粗壮，无中刺，周刺紧贴，表面呈栉齿状排列；开花时茎顶部出现密被绵毛和刚毛的花座，白色、淡黄色、灰白色等。花晚上开放，具香味；漏斗状或高脚碟状；花被片白或粉红；雄蕊多数，花药淡黄色。果球形、梨形、棒状至长圆柱状，果皮基部裸露，上面有鳞片，白色、粉红色至红色，稍肉质，垂直开裂，成熟后干枯。

　　7种，原产巴西、玻利维亚、巴拉圭。世界各地栽培。我国常见栽培的2种。

圆盘玉属分种检索表

26
寿盘玉

别名： 奇特球

Discocactus horstii Buining & Bred. ex Buining, Kakteen And. Sukk. 52: CVIf. 1973.

植株

棱，小窠，刺

自然分布

原产巴西米纳斯吉拉斯等地，常见生长在海拔800～1200m之间灌木下的石英砂和砾石中。世界各地栽培。我国南北有栽培。

迁地栽培形态特征

植株单生，小型；茎扁球形，高2～5cm，直径5～6cm；最初绿色，后随年龄增长转变为暗红色、棕色或黑色；棱12～22，突出，高直且宽度均匀，每个棱上有12～14个小窠。小窠直径1～2mm，具白色绵毛，无中刺，周刺8～10根，紧贴球茎表面呈栉齿状排列，褐色中带灰色，长2～8mm。花座高1.5cm，直径2cm，密被白色绵毛和褐色鬃毛；花夜间开放，芳香，着生于花座顶部，有时两朵花同时开自同一小窠；花管状，长6～7.5cm；花被片卵形，白色；雄蕊多数，花丝和花药淡黄色；柱头淡黄色。果实管状或棒状，白色，长3cm，直径0.4cm。

引种信息

厦门市园林植物园　引种号03349，2003年引自北京花乡，引种材料为植株，长势良好；引种号03371，2003年引自日本种植场，引种材料为植株，长势良好；引种号20180663，2018年引自福建漳州，引种材料为植株，长势良好。

华南植物园　引种号20116027，2011年引自福建，引种材料为植株，长势良好。

龙海沙生植物园　引种号LH-027，1999年引自福建漳州，引种材料为植株，长势良好。

物候

厦门市园林植物园　温室内栽培，花期10月，果期翌年2月。

华南植物园 温室内栽培，花期10月，果期翌年2月。

龙海沙生植物园 温室内栽培，花期7～9月，果期9～11月。

迁地栽培要点

播种繁殖为主，亦可嫁接繁殖。夏型种。生性强健，喜强光。种植宜选用排水性好、透气性强的石灰质土壤，盆栽亦可选用赤玉土。较耐干旱，生长季节可酌情加大浇水量以促生长，冬季保持盆土干燥；病虫害应注重红蜘蛛与介壳虫的防治。

主要用途

园林观赏。

CITES附录I。

植株　　嫁接植株　　花　　花苞　　花座

27
蜘蛛丸

Discocactus zehntneri Britton & Rose, Cactaceae 3: 218. 1922.

自然分布

原产巴西南部、巴伊亚中部至北部至皮奥伊东南部，生长在海拔400～1200m之间的岩石与草丛、灌木之间。世界各地栽培，我国各地引种栽培。

迁地栽培形态特征

植株单生，茎球形到扁球形，高7～10cm，直径约10cm，暗绿色；茎上具棱12～20，棱稍螺旋状，形成乳头状瘤突，高1cm，瘤突被刺覆盖；每条棱约有8个小窠。小窠卵圆形，下陷，表面具白色绵毛，无中刺，周刺11根，交错排列，长约4cm，柔韧，刺呈乳白色或淡黄色，尖端黑色、浅褐色至淡白色，向后弯曲，覆盖植物表面上。花座高1～2cm，直径3～4cm，乳白色至浅棕色，有黄色至褐色的刚毛；花着生于花座顶端，夜间开花，芳香，每一朵花只开一个晚上；花细长，漏斗状，长达9cm；花被片卵形，白色；雄蕊多数，花丝和花药淡黄色；柱头位置高于雄蕊顶端，淡黄色。果实棒状，红色，长2.5cm。

引种信息

厦门市园林植物园　引种记录不详，长势一般。

华南植物园　引种号20170721，2017年引自福建，引种材料为植株，长势良好。

龙海沙生植物园　引种号LH-028，1999年引自福建漳州，引种材料为植株，长势良好。

物候

厦门市园林植物园　温室内栽培，未见开花结果。

华南植物园　温室内栽培，未见开花结果。

龙海沙生植物园　温室内栽培，花期7～9月，果期9～11月。

迁地栽培要点

繁殖方式为播种、嫁接繁殖。适应性较强，是该属植物中最容易生长的种之一。夏型种，不耐寒，需要充足的阳光，但强阳时需适当遮阴。喜欢通风透气环境，喜排水良好土壤；水多容易腐烂，应节制浇水；但也不能忍受长时间的完全干燥。主要病虫害为介壳虫、红蜘蛛以及黑腐病。

主要用途

园林观赏。

植株

姬孔雀属

Disocactus Lindley, Bot. Reg. 31: t. 9. 1845.

　　附生及岩生灌木，有时具气生根；茎圆柱状具棱，或茎的基部通常圆形，上部扁平状或叶状。小窠着生于棱上或叶片状茎的边缘，具多层刺；刺刚毛状，或脱落。花白天开放，通常单生，大型，大小和形态变化很大，漏斗形或管形，两侧对称，少辐射对称，花色鲜艳，红色、橙红色、黄色或白色；雄蕊排成2列，上面一列形成明显的喉状环。浆果，光滑或有少量的鳞片。

　　约16种，主要分布于中美洲雨林地区，部分种类延至加勒比地区和南美洲的北部。我国引种3~4种，常见栽培的有2种。

姬孔雀属分种检索表

28

令箭荷花

Disocactus ackermannii (Haw.) Ralf Bauer, Cactaceae Syst. Init. 17: 16. 2003.

植株　　　　　　　　　　　　　　　　　　　　　　　　　　花

自然分布

原产墨西哥的韦拉克鲁斯和瓦哈卡。现在世界各地栽培，我国常见栽培，有许多品种和花色。

迁地栽培形态特征

植株没有主茎，近地分枝，拱形，高约1m；茎基部圆形，长10～18cm，逐渐过渡成扁平状，扁平部分叶片状，长10～75cm，宽5～7cm，边沿波状，带褐色，后变暗绿色。小窠着生在茎的边缘，小，多少被白色的毛，刺短或未见。花着生茎的缺刻处；花大型，漏斗状，长15～20cm，多少弯曲，外被苞片状的附属物，花深红色，喉部带绿色，内轮花被片长倒卵形；花丝多数，白色；花柱比花丝长，顶端8～12裂。果卵形至长圆形，绿色至红褐色，长4cm，直径2～2.5cm。

引种信息

厦门市园林植物园　　引种号20101231，2010年引自日本，引种材料为植株，长势良好。

南京中山植物园　　引种号NBG2007F-53，2007年引自福建漳州，引种材料为植株，长势良好。

　　上海辰山植物园　引种号20110354，2011年引自上海植物园，引种材料为植株，长势良好；引种号20102176，2010年引自上海植物园，引种材料为植株，长势良好；引种号20160512，2016年引自广东深圳，引种材料为植株，长势良好。

　　龙海沙生植物园　引种号LH-029，2004年引自福建漳州，引种材料为植株，长势良好。

物候

　　厦门市园林植物园　温室内栽培，花期4～5月，未见结果。

　　南京中山植物园　温室内栽培，花期4～6月，未见结果。

　　上海辰山植物园　温室内栽培，花期7月，未见结果。

　　龙海沙生植物园　温室内栽培，花期7～8月，果期8～9月。

迁地栽培要点

　　一般选用扦插繁殖。夏型种。喜半阴，忌高温闷热，宜通风凉爽环境；对土壤要求不严，种植选用普通砂壤土；生长季节可酌情加大水肥以促生长，冬季保持土壤干燥；病虫害应注重介壳虫的防治。

主要用途

　　观赏。

开花植株　　　　　　　花　　　　　　　　花

花　　　　　　　　　　花蕾　　　　　　　　花

29

鼠尾掌

Disocactus flagelliformis (L.) Barthlott, Bradleya 9: 87. 1991.

自然分布

原产墨西哥的瓦哈卡和伊达尔戈。现世界各地栽培，我国南北各地栽培。

迁地栽培形态特征

匍匐或下垂植物；茎细长，圆柱形，长达1m，直径12～20mm，灰绿色，棱13。小窠密布于棱上，被黄红色的毛，刺8～15根，刺近等长，黄色带红色，长约8mm。花侧生，着生处被长柔毛，花被管向上弯曲，两侧对称，红色至紫粉红色，长5～8cm，直径2.5～4cm；花被片长倒卵形；雄蕊20～30，花丝白色，花药花色；柱头与花丝近等长，带紫红色，顶端圆。果实圆球形，红色，被刚毛，直径约1cm。

引种信息

厦门市园林植物园　引种记录不详，长势良好。

华南植物园　引种号20032459，2003年引自福建，引种材料为植株，长势良好。

中国科学院植物研究所北京植物园　引种号1949-0259，1949年引种，引种地、引种材料不详，植株在"文革"期间遗失；引种号1955-5599，1955年引种，引种地、引种材料不详，植株在"文革"期间遗失；引种号1974-w0167，1974年引种，引种地、引种材料不详，已死亡。

北京植物园　引种记录不详，长势良好。

南京中山植物园　引种号NBG2007F-54，2007年引自福建漳州，引种材料为植株，长势良好。

上海辰山植物园　引种号20102426，2010年引自上海植物园，引种材料为植株，长势良好。

物候

厦门市园林植物园　温室内栽培，花期1～4月，未见结果。

华南植物园　温室内栽培，花期1～4月，未见结果。

中国科学院植物研究所北京植物园　温室内栽培，花期果期未记录。

北京植物园　温室内栽培，花期4月，未见结果。

南京中山植物园　温室内栽培，花期4～5月，未见结果。

上海辰山植物园　温室内栽培，未见开花结果。

迁地栽培要点

一般选用扦插繁殖。夏型种。生性强健，喜强光，也适合在半遮阴环境下生长；对土壤要求不严，种植选用普通砂壤土；生长季节可酌情给水以促进生长，冬季保持土壤干燥；本种抗性强，病虫害少见。

主要用途

观赏。

小窠、刺、果

花

植株、花

植株、花

花

花

植株

植株

花

花

花

金琥属

Echinocactus Link & Otto, Verh. Ver. Beförd. Gartenb. Preuss. Staaten 3: 420. 1827.

　　多年生肉质草本，植株体单生或基部分枝；茎通常大型，圆球形至短圆柱形，或扁球形至盘状；棱8～27，棱边缘薄或具瘤突。小窠大，沿棱排列，近圆形、椭圆形或纵向延长，初被绵毛；刺通常粗大，针状至钻形，直伸或弯曲，具横纹，横切面圆形至背腹扁，常具鲜艳的色彩。花多数，顶生，生于长绵毛丛中，钟状至钟状漏斗形，黄色或粉红色，白天开放；花托筒短而厚，与花托密被鳞片，鳞片先端尖，有时腋部密生绵毛；外轮花被片先端具尖头；雄蕊多数；子房下位。果长球形，密被鳞片，有时被绵毛，具宿存花被，成熟时干燥或肉质；种子圆形、肾形至倒卵形，黑色至深褐色，平滑、具瘤突或具皱纹。

　　约6种。原产美国南部和墨西哥。现世界各地栽培。我国引种5种，常见栽培3种。

　　本属种类不多，为经典种类，颇受人们关注与重视。

金琥属分种检索表

30

金琥

Echinocactus grusonii Hildm., Monatsschr. Kakteenk. 1: 4. 1891.

群生植株

植株

自然分布

原产墨西哥中部的克雷塔罗。当地海拔较高，阳光充足，时有阵雨，冬季气候温和。世界各地栽培。我国各地温室栽培，广州、深圳、厦门、龙海等地可以露天栽培。

迁地栽培形态特征

植株单生，稀于基部萌发子球，偶见植物体受伤后长出子球；茎圆球形，幼年期为扁球形，中年期为圆球，顶端略压扁，直径40~80（~130）cm，亮绿色，顶端密被白色或淡黄色绵毛和刺；棱20~37，齐整，幼体的棱多少具瘤状突起，后变平直，棱缘较薄。小窠大，相距1~2cm，绵毛初为黄色或淡黄色，后变白色和灰白色；新刺金黄色，老时变近白色，具细环纹；中刺3~5，钻形，微弯，斜展，下方1根长可达5cm；周刺8~10，长达3cm，针状，开展。花聚生茎顶，排成数环，长4~6cm，直径约5cm，筒部被长而尖的鳞片；外轮花被片长渐尖，淡褐色至浅黄色；内轮花被片亮黄色，狭披针形，先端长渐尖，短于外轮花被片；雄蕊多数，黄色，花药黄色，近圆形；花柱及柱头黄色；柱头裂片12~21，狭条形。果长球状至近球状，长1.2~2cm，密被白色绵毛，顶端具干燥宿存的花被；种子多数，倒卵形，长约1.5mm，棕黑色，有光泽。

引种信息

厦门市园林植物园 引种号19650339，1965年引自日本，引种材料为植株，长势良好；引种号

02583，2002年引自福建厦门，引种材料为植株，长势良好。

    华南植物园   引种号20082064，2008年引自福建，引种材料为植株，长势良好。

    中国科学院植物研究所北京植物园   引种号1959-30419，1959年引种，引种地、引种材料不详，植株在"文革"时期遗失；引种号1973-w1129，1973年引种，引种地、引种材料不详，已死亡；引种号1975-w0675，1975年引种，引种地、引种材料不详，已死亡；引种号1978-w0195，1978年引种，引种地、引种材料不详，已死亡；引种号2018-1184，2018年引自福建龙海，引种材料为植株，长势良好；引种号2018-1185，2018年引自福建龙海，引种材料为植株，长势良好；引种号2018-1186，2018年引自福建龙海，引种材料为植株，长势良好；引种号2018-1187，2018年引自福建龙海，引种材料为植株，长势良好。

    北京植物园   无引种编号，1999年引自荷兰，引种材料为植株，长势良好。

    南京中山植物园   引种号NBG2007F-36，2007年引自福建漳州，引种材料为植株，长势良好。

    上海辰山植物园   引种号20160798，2016年引自美国，引种材料为植株，长势良好；引种号20112063，2011年引自福建漳州，引种材料为植株，长势良好；引种号20110611，2011年引自美国，引种材料为植株，长势良好；引种号20102976，2010年引自美国，引种材料为植株，长势良好；引种号20102974，2010年引自美国，引种材料为植株，长势良好；引种号20102688，2010年引自福建漳州，引种材料为植株，长势良好；引种号20102581，2010年引自福建漳州，引种材料为植株，长势良好；引种号20102270，2010年引自上海植物园，引种材料为植株，长势良好。

    龙海沙生植物园   引种号LH-031，1993年引自福建漳州，引种材料为植株，长势良好。

物候

    厦门市园林植物园   温室内栽培，花期4～8月，果期7～12月；露地栽培，花期4～8月，果期7～12月。

    华南植物园   温室内栽培，花期4～8月，果期7～12月；露地栽培，花期4～8月，果期7～12月。

    中国科学院植物研究所北京植物园   温室内栽培，未见开花结果。

    北京植物园   温室内栽培，花期5～7月，未见结果。

    南京中山植物园   温室内栽培，花期6～10月，未见结果。

    上海辰山植物园   温室内栽培，花期7月，未见结果。

    龙海沙生植物园   温室内栽培，花期3～11月，果期5月至翌年1月。

迁地栽培要点

    播种繁殖为主，亦可嫁接繁殖。本种生性强健，喜强光。为使球体圆正、刺长得漂亮，宜选用排水性好、透气性强的石灰质土壤；金琥较耐干旱，但在生长季节可酌情多浇水。本种不同生长阶段，对水肥的需求有所不同，小苗至中苗阶段只要温度适宜，休眠现象几乎不明显。利用这一生长特点，该阶段加大水肥管理，有利植株迅速生长。本种抗性强，病虫害少见。但成年球常有锈斑病发生，可能与土壤缺素有关。

主要用途

    本种是栽培最广的仙人掌科植物。国内常见栽培有以下品种：1a. 白神琥（银琥）（*E. grusonii* 'Albispinus'）刺白色。1b. 金琥冠（*E. grusonii* 'Cristatus'）茎缀化。1c. 狂琥（*E. grusonii* 'Intertextus'）中刺长达6cm，背腹扁，明显弯曲。1d. 裸琥（*E. grusonii* 'Subinermis'）刺极短，长约1mm或不发育。经从长期栽培还出现一些园艺品种，如龟甲金琥、姬琥和金琥锦等。

    金琥是球形仙人掌的典型代表，适合盆栽观赏及园林造景。栽培要求肥沃、富含石灰质的砂壤土，性喜强光。繁殖可用播种，幼苗及小球阶段宜勤移植生长快。

花

植株

花

花

花

小窠、刺

金琥

金琥的果实

白刺金琥

龟甲金琥

金琥锦

狂刺金琥

王金琥

植株

裸琥

31

大平丸

Echinocactus horizonthalonius Lem., Cact. Gen. Sp. Nov. 19. 1839.

自然分布

原产美国得克萨斯州、亚利桑那州、新墨西哥州及墨西哥的圣路易斯波托西至奇瓦瓦沙漠。现世界各地栽培。我国南北各植物园和爱好者栽培。

迁地栽培形态特征

植株单生，偶见丛生；茎球形、扁球形至短圆柱形，高10~50cm，直径10~15(30)cm，蓝绿色，顶部被黄白色毡毛；棱8~10，棱直，棱脊低而圆。小窠排列稀疏，几乎连接在一起；中刺3~5根，灰色、紫红色至黑色，长2.5~3cm，扁平，坚硬，有的刺尖向下略弯曲；周刺5~7根，灰色，长2~2.5cm，刺尖向上弯曲。花顶生，漏斗状，粉红色，长5~6cm，直径5~6.5cm，花被片长倒卵形，顶端顿；雄蕊多数，花药黄色；柱头伸出花冠，顶端多裂。果少见，椭圆形，长2.5cm，红色，初时为浆果，成熟时干燥，被白色茸毛。

引种信息

厦门市园林植物园　引种号02080，2002年引自北京，引种材料为植株，长势良好。

北京植物园　无引种编号，2001年引自美国，引种材料为植株，长势良好。

上海辰山植物园　引种号20171479，2017年引自福建漳州，引种材料为植株，长势良好；引种号20160799，2016年引自福建漳州，引种材料为植株，长势良好。

龙海沙生植物园 引种号LH-032，2002年引自福建福州，引种材料为植株，长势良好。

物候

厦门市园林植物园 温室内栽培，未见开花结果。

北京植物园 温室内栽培，未见开花结果。

上海辰山植物园 温室内栽培，未见开花结果。

龙海沙生植物园 温室内栽培，花期7～9月，果期9～11月。

迁地栽培要点

播种繁殖，本种习性强健，喜光，生长缓慢；对温热及水肥要求不高。

主要用途

球体扁圆，花大色美，供观赏。

刺、小窠、花　　植株、花　　花

32
绫波

Echinocactus texensis Hopffer, Allg. Gartenzeitung (Otto & Dietrich) 10: 297. 1842

群生植株

植株、果

自然分布

　　原产美国的得克萨斯州、新墨西哥州和墨西哥北部的科阿韦拉、新莱昂和塔毛利帕斯。现世界各地栽培。我国南北植物园和爱好者常见栽培。

迁地栽培形态特征

　　植物体单生，茎扁球形，高12~20cm，直径约达30cm，表皮暗绿色到灰绿色；棱13~17。小窠较大，排列较稀，有浓密毡毛；刺较密，具横条纹；中刺1枚，扁平，长6.5cm，宽0.8cm，紫红色到暗红色，向下弯曲；周刺5~7枚，锥状，长2.5~5cm，黄色，先端红色。花顶生，钟状，粉红色、灰白色至白色，喉部红色，长5~6cm，直径5~6cm；花被片倒卵形，边缘睫毛状分裂。浆果球形或卵圆形，红色，长4~5cm，直径2.5~4cm，被鳞片和茸毛，不规则开裂；种子黑色。

引种信息

　　厦门市园林植物园　引种记录不详，长势良好。

　　华南植物园　引种号20082066，2008年引自福建，引种材料为植株，长势良好。

　　北京植物园　无引种编号，2001年引自美国，引种材料为植株，长势良好。

　　南京中山植物园　引种号NBG2007F-43，2007年引自福建漳州，引种材料为植株，长势良好。

　　上海辰山植物园　引种号20160801，2016年引自美国，引种材料为植株，长势良好。

　　龙海沙生植物园　引种号LH-033，1993年引自上海，引种材料为植株，长势良好。

物候

　　厦门市园林植物园　温室内栽培，花期2~4月，果期6~8月。

华南植物园　温室内栽培，花期2～4月，果期6～8月。

北京植物园　温室内栽培，花期5月，未见结果。

南京中山植物园　温室内栽培，花期5～6月，未见结果。

上海辰山植物园　温室内栽培，未见开花结果。

龙海沙生植物园　温室内栽培，花期3～5月，果期5～7月。

迁地栽培要点

栽培无特殊要求，值得推广。播种繁殖。栽培中产生一些园艺品种，具体表现在中刺当地昼夜温差大，阳光强烈，冬季夜晚有霜，每年有很长的干旱期。

主要用途

绫波球形端庄，刺威猛雄壮，独具特色。花和果都很美，尤其着果期长而红艳，观赏效果好。红色果之大在大球形仙人掌类中少见。

鹿角柱属

Echinocereus Engelmann in Wislizenus,mem. Tour Nmexico, 91. 1848.

植株单生，或分枝；根系纤维状，或有状块根；茎直立或匍匐，圆球形至圆柱形；棱4～26，有的分化为瘤突。小窠生于瘤突的顶端，通常有刺，刺的形态各异。花着生于植株近顶端，侧生或顶生，钟状或漏斗形，白天开放，白色、黄色、粉色、红色、紫红，花冠管和花被片外面分布小窠，花被片匙状倒披针形；柱头绿色。果为浆果，椭圆形至卵型，绿色至紫红色，具刺，有时刺脱落。

约有60种，分布墨西哥、美国西南部。世界各地有见栽培。我国各地常见栽培9种。

鹿角柱属分种检索表

1a. 植株直立或斜举，不蔓生或下垂。
  2a. 小窠具刺7根以下。
    3a. 细刺淡黄色，0.5～6cm；花被片粉红色、淡紫色或白色；花丝白色；柱头裂片6～9··········
    ···33. 宇宙殿 *E. knippelianus*
    3b. 初生细刺白色，极短，且很快脱落；花被片红色或橙色；花丝米黄色；柱头裂片10··········
    ···40. 鬼见城 *E. triglochidiatus* 'Inermis'
  2b. 小窠具刺10根以上。
    4a. 柱头裂片不少于8。
      5a. 雄蕊与雌蕊近等长。
        6a. 周刺白色、灰白色或粉色，辐射状排列；花被片粉红色、红色或深粉色··········
        ···34. 三光丸 *E. hexaedrophorus*
        6b. 周刺粉白色、粉红色、红色或红褐色，栉齿状排列；粉红色至洋红色··········
        ···39. 太阳 *E. rigidissimus* subsp. *rubispinus*
      5b. 雄蕊明显短于雌蕊··········38. 擢墨 *E. reichenbachii* subsp. *fitchii*
    4b. 柱头裂片不多于7。
      7a. 中刺基部膨大；周刺长可达2cm；花粉红色、橙红色或红色，无特殊香气··········
      ···36. 多刺虾 *E. polyacanthus*
      7b. 中刺基部不膨大；周刺长不足0.5cm；花淡黄绿色，花具柠檬香味··········
      ···41. 青花虾 *E. viridiflorus*
1b. 植株幼时直立，后蔓生、攀缘或下垂。
  8a. 刺基部不膨大；花丝黄色；柱头裂片10～11··········35. 美花角 *E. pentalophus*
  8b. 刺基部膨大；花丝白色；柱头裂片7··········37. 银纽 *T. poselgeri*

33

宇宙殿

Echinocereus knippelianus Liebm., Monatsschr. Kakteenk. 5: 170. 1895

自然分布

原产墨西哥马德雷山脉东部山脉的科阿韦拉和新莱昂，海拔2000~2200m的石灰岩土壤上，常生长于半暗色的岩石和松树林中。现美洲、欧洲、亚洲各地均有栽培。我国各地常见栽培。

迁地栽培形态特征

植株单生或群生；具块根；茎肉质，扁平或圆柱形，深绿色略带亮脊，高10cm，直径8cm；棱5~7。小窠着生于棱上，被白色毡毛，细刺0~4根，淡黄色，长0.5~6cm。花着生于植株顶部或中上部，漏斗状，长2~5cm，直径可达6cm；花被片粉红色、淡紫色或白色，倒卵形；花丝白色，花药黄色，花柱黄绿色，柱头顶端6~9裂。浆果球形，表面具刺及毡毛，初始绿色，成熟后紫色，开裂。

引种信息

厦门市园林植物园　引种记录不详，长势一般。

华南植物园　引种号20150976，2015年引自福建漳州，引种材料为植株，长势良好。

北京植物园　引种号C022，2001年引自美国，引种材料为植株，长势良好。

南京中山植物园　引种号NBG2007F-65，2007年引自福建漳州，引种材料为植株，长势良好。

上海辰山植物园　引种号20160807，2016年引自美国，引种材料为植株，长势良好。

龙海沙生植物园　引种号LH-034，2006年引自广东广州，引种材料为种子，长势良好。

物候

厦门市园林植物园　温室内栽培，春秋开花，未见结果。

华南植物园　温室内栽培，春秋开花，未见结果。

北京植物园　温室内栽培，花期5月，未见结果。

南京中山植物园　温室内栽培，花期5月，未见结果。

上海辰山植物园　温室内栽培，花期3月，未见结果。

龙海沙生植物园　温室内栽培，花期3~6月，果期4~7月。

迁地栽培要点

繁殖方式：以播种繁殖为主，也可分枝扦插或嫁接繁殖。喜阳光充足，相对干旱的亚热带环境，生长适宜温度15~35℃，冬季低于10℃建议保持土壤干燥。喜土壤疏松透气，基质肥沃可促进生长及开花。

主要用途

园林观赏。

植株

植株

植株

植株

棱、刺、小窠

34
三光丸

Echinocereus pectinatus (Scheidw.) Engelm., Mem. Tour N. mexico [Wislizenus] 109. 1848.

自然分布

原产墨西哥阿瓜斯卡连特斯、奇瓦瓦、科阿韦拉、杜兰戈、瓜纳华托、新莱昂、圣路易斯波托西、索诺拉、塔毛利帕斯和萨卡特卡斯等州，以及美国亚利桑那州、新墨西哥州和得克萨斯州，生长在海拔400～1900m的干燥多叶灌木地带、石灰岩丘陵和草原上。世界各地栽培。我国南北各地栽培。

迁地栽培形态特征

植株通常单生，具块根；肉质茎，球形至圆柱形，绿色，高8～35cm，直径3～13cm；棱12～23，分化成低的瘤突。小窠着生于棱上，椭圆形，长约0.3cm，间隔约0.5cm，具白色毡毛；中刺0～6根，淡黄色，长0.5～2.5cm，黄色、粉色或棕色；周刺12～30根，白色、灰白色或粉色，长0.5～1.5cm，放射性排列，紧密地贴在表面。花着生于植株顶部或中上部边侧，漏斗状，长6～12cm，直径可达10cm。花托筒上具白色长毛，花喉部白色，花被片粉红色、红色或深粉色，匙状，边缘尖长；雄蕊众多，花丝奶油色，花药白色；花柱头绿色，柱头裂片13。浆果球形至长球形，面具刺及毡毛，直径2～3cm，初始绿色，成熟后紫色，开裂。

引种信息

厦门市园林植物园 引种记录不详，长势一般。

华南植物园 引种号20170443，2017年引自福建，引种材料为植株，长势良好。

中国科学院植物研究所北京植物园 引种号1974-w0146，1974年引种，引种地、引种材料不详，已死亡。

北京植物园 引种号C027，2001年引自美国，引种材料为植株，长势良好。

南京中山植物园 引种号NBG2007F-62，2007年引自福建漳州，引种材料为植株，长势良好。

上海辰山植物园 引种号20171579，2017年引自福建漳州，引种材料为植株，长势良好。

龙海沙生植物园 引种号LH-035，2006年引自广东广州，引种材料为种子，长势良好。

物候

厦门市园林植物园 温室内栽培，未见开花结果。

华南植物园 温室内栽培，未见开花结果。

中国科学院植物研究所北京植物园 温室内栽培，花期4～7月，未见结果。

北京植物园 温室内栽培，未见开花结果。

南京中山植物园 温室内栽培，花期5月，未见结果。

上海辰山植物园 温室内栽培，未见开花结果。

龙海沙生植物园 温室内栽培，花期5月，果期6月。

迁地栽培要点

以播种繁殖为主。夏型种，喜阳光充足，相对干旱的环境。盛夏应适当控水，冬季尽量多晒阳光，并保持空气流通。浇水不宜从顶部浇淋。主要病虫害为红蜘蛛。

主要用途

园林观赏，果实可食用。

植株

刺

植株

小窠、刺

35
美花角

Echinocereus pentalophus (DC.) H. P. Kelsey & Dayton, Standard. Pl. Names, ed. 2. 71. 1942.

开花植株

自然分布

原产美国及墨西哥中部和东部，生长在近海平面到海拔1400m左右的沿海冲积平原的松树、橡树林中或砂质草地上，也有生长于石灰岩峭壁的岩石上。世界各地栽培，我国引种栽培。

迁地栽培形态特征

植株群生，有很多分枝，形成蔓生的丛生群落，整丛群生宽度可达近1m；茎直立或匍匐，高可达60cm，直径1～3cm，绿色、灰绿色、黄绿色或紫红色；棱4～6。小窠生于棱上，间隔1～2cm；中刺0～1根，周刺3～7根，褐色或灰白色，长0.5～2cm，硬。花宽漏斗状，淡粉色至粉色，喉部白色或黄色，长10～12cm，直径10～15cm；花被管具毛和刺，花被片匙状；雄蕊多数，花丝黄色，花药黄色；花柱绿色，柱头裂片10～11。果绿色，果肉白色。

引种信息

厦门市园林植物园　引种记录不详，长势良好。

中国科学院植物研究所北京植物园　引种号1956-1916，1956年引种，引种地、引种材料不详，植株在"文革"时期遗失；引种号1973-1197，1973引种，引种地、引种材料不详，已死亡；引种号2013-W0050，2013年引自北京，引种材料为植株，长势良好。

北京植物园　无引种编号，引种时间不详，引自北京，引种材料为植株，长势良好。

南京中山植物园　引种号NBG2007F-61，2007年引自福建漳州，引种材料为植株，长势良好。

上海辰山植物园　引种号20131597，2013年引自上海孙桥花市，引种材料为植株，长势良好。

龙海沙生植物园　引种号LH-036，2006年引自广东广州，引种材料为植株，长势良好。

物候

厦门市园林植物园　温室内栽培，花期4月，果期6月。

中国科学院植物研究所北京植物园　温室内栽培，花期3～4月及6～7月，未见结果。

北京植物园　温室内栽培，未见开花结果。

南京中山植物园　温室内栽培，花期5月，未见结果。

上海辰山植物园　温室内栽培，未见开花结果。

龙海沙生植物园　温室内栽培，花期4～6月，果期5～7月。

迁地栽培要点

以播种繁殖、扦插繁殖为主。夏型种，喜阳光充足的环境。保持空气流通。主要病虫害为介壳虫、红蜘蛛。

主要用途

园林观赏。

果　　果　　花　　花　　花蕾

36
多刺虾

Echinocereus polyacanthus Engelm., Mem. Tour N. Mexico [Wislizenus]104. 1848.

植株

自然分布

原产美国南部的亚利桑那州东南部、新墨西哥州西部，墨西哥西北部。现美洲、欧洲、亚洲各地均有栽培。我国南方地区常见栽培。

迁地栽培形态特征

植株单生或丛生；具块根；茎肉质，圆柱形，高可达30cm，直径5～10cm；淡绿色、绿色至深绿色，常见略带红色；棱9～13。小窠着生于棱上，被白色毡毛；中刺1～7根，黄色或深褐色，随着年龄增长变成灰色，基部膨大，长2～5cm；周刺6～15根，灰白色或红褐色，针状，不等长，可达2cm。花着生于植株顶部或中上部，漏斗状，粉红色、橙红色或红色，长3～15cm，直径3～5cm。花被管具毛及毛刺，花被片倒卵形；雄蕊众多，花丝白色，花药黄色；花柱绿色，柱头顶端7裂。果为浆果，卵形，绿色，成熟后不开裂。

引种信息

　　厦门市园林植物园　引种记录不详，长势良好。

　　华南植物园　引种号20104158，2010年引自福建漳州，引种材料为植株，长势良好。

　　上海辰山植物园　引种号20122036，2012年引自上海植物园，引种材料为植株，长势良好。

　　龙海沙生植物园　引种号LH-037，2006年引自广东广州，引种材料为种子，长势良好。

物候

　　厦门市园林植物园　温室内栽培，花期6月，未见结果。

　　华南植物园　温室内栽培，花期6月，未见结果。

　　上海辰山植物园　温室内栽培，未见开花结果。

　　龙海沙生植物园　温室内栽培，花期5~6月，果期6~7月。

迁地栽培要点

　　以播种繁殖为主，也可分枝扦插或嫁接繁殖；夏型种，喜阳光充足，相对干旱的环境。喜土壤疏松透气，基质肥沃可促进生长及开花。主要病虫害为介壳虫。

主要用途

　　园林观赏。果实可食用。

棱、刺、小窠

植株　　　　　　　　　　　　　　　　　植株

37

银纽

Echinocereus poselgeri Lem., Cactées 57. (1868).

开花植株

开花植株

自然分布

原产美国西部及西南部及墨西哥，常见于海拔1150m的旱生灌木中。现美洲、欧洲、亚洲均有栽培。我国南方地区常见栽培。

迁地栽培形态特征

肉质灌木，具块根，块根长6~10cm，直径1~2cm，褐色；茎细长，最初直立，后来蔓生、攀缘或下垂，分枝或不分枝，长达1.5m，直径1~2cm；棱6~12。小窠生于棱上，具白色毡毛，刺8~15根，白色，基部膨大，长可达1cm。花着生于植株枝条顶部或中上部，漏斗状，直径可达8cm，外轮花被片粉红色，内轮花被片洋红色或淡紫色，具深色中条纹，花被片倒卵形至匙状；雄蕊众多，花丝白色，花药黄色；花柱绿色，柱头顶端7裂。浆果卵形，深绿色，长达2cm，直径1~1.5cm，表面密布白色细长刺；种子椭圆形，黑色，长1.5mm。

引种信息

  厦门市园林植物园 引种记录不详，长势良好。

  华南植物园 引种号20104403，2010年引自福建漳州，引种材料为植株，长势良好。

  上海辰山植物园 引种号20171604，2017年引自福建漳州，引种材料为植株，长势良好。

  龙海沙生植物园 引种号LH-038，2006年引自广东广州，引种材料为种子，长势良好。

物候

  厦门市园林植物园 温室内栽培，花期4～5月，未见结果。

  华南植物园 温室内栽培，花期4～5月，未见结果。

  上海辰山植物园 温室内栽培，未见开花结果。

  龙海沙生植物园 温室内栽培，花期6月，果期7月。

迁地栽培要点

  以播种繁殖、扦插繁殖为主。夏型种，喜阳光充足，喜较大昼夜温差，喜相对干旱的环境。喜疏松透气土壤，适当加些石灰质生长更好。主要病虫害为介壳虫。

主要用途

  园林观赏。果实可食用。

枝条 花

花

花

花

花

38
擢墨

Echinocereus reichenbachii (Terscheck ex Walpers) Hort ex F. Haage subsp. *fitchii* (Britton & Rose) N. P. Taylor., 1997.

开花植株

自然分布

原产墨西哥和美国。多见于草原、荆棘灌丛。现美洲、欧洲、亚洲栽培。我国南方地区常见栽培。

迁地栽培形态特征

植株单生,通常具分枝;具块根;茎肉质,幼时球形,后逐渐伸长为圆柱形,高可达30~40cm,直径5~10cm,淡绿色、绿色至深绿色,具棱10~23,棱稍显波浪状。小窠着生于棱上,间距0.1~0.6cm,常带白色毡毛;中刺0~7根,黄褐色,长约0.9cm;周刺20~36根,紧靠棱排列,长0.5~1cm,白色、暗粉色、褐色或紫黑色。花着生于植株顶部或中上部,漏斗状,长5~12cm,直径5~15cm;花被管具白毡毛及毛状刺,长1~4cm,内轮花被片白色到浅紫红色,外轮花被片紫红色,花被片匙状;雄蕊众多,花丝白色至淡红色,花药米黄色至黄色;柱头绿色,裂片8~22。浆果卵形至近球形,绿色或深绿色,长1~3cm,直径1~3cm,密布白色细长刺;种子黑色,近球形,直径0.1~0.2cm。

引种信息

厦门市园林植物园　引种记录不详，长势良好。

华南植物园　引种号20171400，2017年引自福建，引种材料为植株，长势良好。

北京植物园　引种号C029，2001年引自美国，引种材料为植株，长势良好。

南京中山植物园　引种号NBG2007F-68，2007年引自福建漳州，引种材料为植株，长势良好。

龙海沙生植物园　引种号LH-039，2006年引自广东广州，引种材料为种子，长势良好。

物候

厦门市园林植物园　温室内栽培，花期3月，未见结果。

华南植物园　温室内栽培，花期3月，未见结果。

北京植物园　温室内栽培，未见开花结果。

南京中山植物园　温室内栽培，花期4~6月，未见结果。

龙海沙生植物园　温室内栽培，花期5~6月，果期6~7月。

迁地栽培要点

以播种繁殖为主。夏型种，喜阳光充足，相对干旱的环境。喜疏松透气土壤。主要病虫害为介壳虫、红蜘蛛。

主要用途

园林观赏。

植株

植株

花

棱、刺

花

花

植株

花

39
太阳

Echinocereus rigidissimus (Engelm.) Engelm. ex F. Haage subsp. *rubispinus* (G. Frank & A. B. Lau)
N. P. Taylor, Cactaceae Consensus Init. 3: 9. 1997.

植株

花

花蕾

自然分布

原产墨西哥和美国。美洲、欧洲、亚洲栽培。我国各地常见栽培。

迁地栽培形态特征

植株通常单生，球形至圆柱形状，高6~30cm，直径4~10cm，淡绿色至绿色，常被紧密相连的刺包围；棱18~23。小窠生于棱上，椭圆形，直径0.5cm；无中刺；周刺15~23根，直或略微向茎部弯曲，刺长0.5~1cm，粉白色、粉红色、红色或红褐色，栉齿状排列。花生于茎的顶部或近顶部，宽漏斗状，长6~7cm，直径6~10cm，粉红色至洋红色，喉部浅白色；花被片长3~4cm，匙状；雄蕊多数，短于花柱；柱头绿色，柱头裂片13；花托及子房具刺。果球形，绿色或深紫褐色，多刺，直径3cm，果肉白色；种子黑色，瘤状，直径0.1~0.2cm。

引种信息

厦门市园林植物园　引种记录不详，长势良好。

华南植物园　引种号20151731，2015年引自福建，引种材料为植株，长势良好。

中国科学院植物研究所北京植物园　引种号2005-3222，2005年引自福建龙海，引种材料为植株，长势良好。

北京植物园　引种记录不详，长势良好。

南京中山植物园　引种号NBG2007F-64，2007年引自福建漳州，引种材料为植株，长势良好。

上海辰山植物园　引种号20110701，2011年引自美国，引种材料为植株，长势良好。

龙海沙生植物园　引种号LH-040，2000年引自福建漳州，引种材料为植株，长势良好。

物候

厦门市园林植物园　温室内栽培，花期4～7月，未见结果。

华南植物园　温室内栽培，花期4～7月，未见结果。

中国科学院植物研究所北京植物园　温室内栽培，未见开花结果。

北京植物园　温室内栽培，未见开花结果。

南京中山植物园　温室内栽培，花期4～5月，未见结果。

上海辰山植物园　温室内栽培，未见开花结果。

龙海沙生植物园　温室内栽培，花期5～6月，果期6～7月。

迁地栽培要点

以播种繁殖为主。夏型种，喜阳光充足的环境。喜疏松透气、排水良好土壤。春秋两季可定期浇水，冬季保持干燥并充分见阳光。主要病虫害为介壳虫、红蜘蛛。

主要用途

园林观赏。

植株　　花　　花

小窠、刺　　花　　花

40
鬼见城

Echinocereus triglochidiatus Engelm., Mem. Tour N. Mexico [Wislizenus] 93. 1848. **'Inermis'**

开花植株

自然分布

原产美国，生于干旱、排水良好的砾石和岩石土壤上，是少刺虾（*Echinocereus triglochidiatus* Engelm.）的无刺品种。美洲、欧洲、亚洲栽培。我国南方地区常见栽培。

迁地栽培形态特征

植株丛生，肉质植物，随着年龄增长，多分枝；茎通常直立，球形到圆柱形，高5～40cm，直径约5cm，淡绿色至蓝绿色；棱6～8，略显波浪状，在小窠处膨大。小窠生于棱上，被白色毡毛，圆形，间隔1～4cm。无刺或初期具极短刺5～6根，白色或灰色，脱落。花着生于植株顶端，从植株上方小窠生长而出，漏斗状，花被片红色或橙色；雄蕊多数，花丝米黄色；花柱绿色，柱头裂片10。果实长圆形至圆柱形，长2～3.5cm，直径1.5cm。绿色或黄绿色，成熟时略带红色。

引种信息

厦门市园林植物园 引种记录不详，长势良好。

华南植物园　引种号20170486，2017年引自福建，引种材料为植株，长势良好。

上海辰山植物园　引种号20171577，2017年引自福建漳州，引种材料为植株，长势良好。

龙海沙生植物园　引种号LH-041，2010年引自福建漳州，引种材料为植株，长势良好。

物候

厦门市园林植物园　温室内栽培，花期4月，未见结果。

华南植物园　温室内栽培，花期4月，未见结果。

上海辰山植物园　温室内栽培，未见开花结果。

龙海沙生植物园　温室内栽培，花期6月，果期7月。

迁地栽培要点

以播种繁殖为主。夏型种，喜阳光充足的环境，喜昼夜温差大。冬季如保持干燥，能耐–12℃低温。主要病虫害为介壳虫、红蜘蛛。

主要用途

园林观赏。果实可食用。

花、小窠、棱　　花　　花　　花　　花　　花　　花

41

青花虾

Echinocereus viridiflorus Engelm., Mem. Tour N. Mexico [Wislizenus] 91. 1848.

自然分布

原产美国新墨西哥州北部、科罗拉多州、南达科他州等地。美洲、亚洲栽培。我国各地栽培。

迁地栽培形态特征

植株通常单生，少数具分枝；茎直立，球形至圆柱形，高2~5cm，直径2.5~4cm。棱10~16。小窠生于棱上，圆形至椭圆形，间隔0.3~0.6cm；中刺0~10根，白色、褐色或红色，长1~2.5cm；周刺8~40根，长不足0.5cm，白色、红色、褐色至灰色。花着生于植株顶部或中上部，具柠檬香味，漏斗状，淡黄绿色，花被片倒卵形，长2.5~3cm，直径2.5~3cm。雄蕊多数，花丝米黄色；花柱头绿色，柱头裂片5~7。果实球状，绿色，表皮多刺，不开裂。

引种信息

厦门市园林植物园　引种记录不详，长势良好。

华南植物园　引种号20171379，2017年引自福建，引种材料为植株，长势良好。

北京植物园　引种编号D004，2001年引自美国，引种材料为植株，长势良好。

南京中山植物园　引种号NBG2007F-63，2007年引自福建漳州，引种材料为植株，长势良好。

上海辰山植物园　引种号20122006，2012年引自上海植物园，引种材料为植株，长势良好。

龙海沙生植物园　引种号LH-042，2010年引自福建漳州，引种材料为植株，长势良好。

物候

厦门市园林植物园　温室内栽培，花期3月，未见结果。

华南植物园　温室内栽培，花期3月，未见结果。

北京植物园　温室内栽培，未见开花结果。

南京中山植物园　温室内栽培，花期4~5月，未见结果。

上海辰山植物园　温室内栽培，未见开花结果。

龙海沙生植物园　温室内栽培，花期6月，果期7月。

迁地栽培要点

以播种繁殖为主。夏型种，喜阳光充足的环境，喜昼夜温差大。冬季如保持干燥能耐-15℃低温。主要病虫害为介壳虫、红蜘蛛。

主要用途

园林观赏。果实可食用。

植株

花

海胆球属

Echinopsis Zucc., Abh. math.-Phys. Cl. Königl. Bayer. Akad. Wiss. 2 (3): 675. 1837.

　　多年生肉质草本或亚灌木，稀为小乔木；茎小型至大型，球形至圆柱状，单生或分枝而群生；具纵棱，棱边缘全缘、波状或圆齿状。小窠生于棱缘或位于瘤突之间，具短绵毛和刺，刺粗大至刚毛状。花着生于茎侧的小窠，无梗，漏斗状至钟状漏斗形，夜间或白天开放，白色、黄色、红色或紫色；花被管多少伸长，外面被鳞片，鳞片顶端尖，腋部有绵毛，少数兼有刚毛状刺；雄蕊多数，在喉部和筒部排成两列；子房下位，柱头多裂。果球形、卵球形至圆柱形，成熟时半干燥，外被绵毛，稀兼有刚毛状刺；种子多数，近球形至倒卵球形，黑色，有光泽或无光泽，具瘤突或具小洼点。

　　约130种，原产南美洲。我国引种60余种，常见栽培10种。

海胆球属分种检索表

42

光虹丸

Echinopsis arachnacantha (Buining & F. Ritter) H. Friedrich, Kakt. And. Sukk. 25 (4): 82. 1974.

群生植株

自然分布

原产玻利维亚的圣克鲁斯。美洲、欧洲、亚洲种植，我国南方常见栽培。

迁地栽培形态特征

植株通常群生，茎扁球形或球状，高2～4cm，直径2～4cm，绿褐色带紫色；棱14～16，略显螺旋状。小窠生于棱上，间隔3～5mm；中刺1根，长1～2mm，黑色，直立，或无中刺；周刺9～15根，长0.5～1cm，初为黄褐色或褐色，后变灰白。花着生于植株中上部边侧，漏斗状，直径5～8cm；花被管长达5cm以上，被绵毛及刺状鳞片；花被片匙状倒卵形，黄色、橙色、紫红色或红色；雄蕊多数，花药黄色，柱头黄色，裂片5。果实长圆形，长16mm，直径8mm，初时绿色，成熟后红色，干燥。

引种信息

厦门市园林植物园　引种记录不详，长势良好。

华南植物园　引种号20104173，2010年引自福建漳州，引种材料为植株，长势良好。

龙海沙生植物园　引种号LH-043，2006年引自福建漳州，引种材料为种子，长势良好。

物候

厦门市园林植物园　温室内栽培，未见开花结果。

华南植物园　温室内栽培，未见开花结果。

龙海沙生植物园　温室内栽培，花期4～6月，果期5～7月。

迁地栽培要点

喜阳光充足，温暖干燥气候。要求排水良好。春季到秋季为生长期，夏季不可暴晒，深秋之后不宜再多浇水，冬季只需要少量水，甚至不要水。可以忍受轻微的严寒，5℃以上可安全越冬。主要病虫害为介壳虫。

主要用途

园林观赏。

植株

139

43

湘阳丸

Echinopsis bruchii (Britton & Rose) H. Friedrich & Glaetzle, Gen. Sp. Pl. Argent. 1: 90, in obs. 1943.

植株　棱、小窠、刺

自然分布

　　原产阿根廷北部卡塔马卡、胡胡伊、拉里奥哈、门多萨、萨尔塔和圣胡安等地，生长在海拔1500～3500m平地、斜坡和山脊上的岩石间。全球各地栽培。我国常见栽培。

迁地栽培形态特征

　　植株单生，茎扁球形，直径20～50cm，深绿色，顶端稍凹陷呈脐状；棱15～50或更多。小窠生于棱上，具白色毡毛；中刺2～4根，刺长2～3cm；周刺8～10根，刺长2～3cm；刺通常淡黄或棕色。花漏斗状，长4～8cm，直径4～5cm；花梗短，着生处具毛，花被片披针形，深红色到橙色；雄蕊多数，花丝黄色，超过喉部，短于花被片；花药黄色；花柱黄色，柱头裂片15～18。

引种信息

厦门市园林植物园　引种记录不详，长势一般。

华南植物园　引种号20104486，2010年引自福建漳州，引种材料为植株，长势良好。

北京植物园　无引种编号，2001年引自美国，引种材料为植株，长势良好。

龙海沙生植物园　引种号LH-044，2006年引自福建漳州，引种材料为种子，长势良好。

物候

厦门市园林植物园　温室内栽培，花期5~6月，未见结果。

华南植物园　温室内栽培，花期5~6月，未见结果。

北京植物园　温室内栽培，未见开花结果。

龙海沙生植物园　温室内栽培，花期5~6月，果期6~7月。

迁地栽培要点

夏型种，喜含有少量有机物的矿物类透水透气土壤，夏天喜欢光照好的位置，但不能直晒，中午建议遮阴。冬季保持干燥可以承受零下温度。主要病虫害为介壳虫。

主要用途

园林观赏。

棱、小窠、刺

植株

植株

44
白坛

别名： 白檀

Echinopsis chamaecereus H. Friedrich & Glaetzle, Bradleya 1: 96. 1983.

植株

自然分布

原产于阿根廷图库曼和萨尔塔之间。美洲、欧洲、亚洲栽培，我国南部常见栽培。

迁地栽培形态特征

植株丛生，分枝多，交集成垫状；茎长圆柱形，初始直立，后呈匍匐状，长可达30cm，直径1~2cm，淡绿色、绿色或灰绿色；棱6~10。小窠着生于棱上；无中刺；周刺10~15根，白色，长

1～2cm。花侧生，白天开放夜晚闭合，漏斗状，长4～7cm，直径约5cm；花被管狭窄，外面被褐色或白色长的毛；花被片倒卵状，深红色或橙色；雄蕊多数，花药淡黄色，花柱白色，柱头裂片5。

引种信息

厦门市园林植物园　引种记录不详，长势良好。

中国科学院植物研究所北京植物园　引种号1949-0239，1949年引种，引种地、引种材料不详，植株在"文革"期间遗失；引种号1977-w0154，1977年引种，引种地、引种材料不详，已死亡。

北京植物园　无引种编号，引种时间不详，引自北京，引种材料为植株，长势良好。

南京中山植物园　引种号NBG2007F-81，2007年引自福建漳州，引种材料为植株，长势良好。

上海辰山植物园　引种号20122061，2012年引自上海植物园，引种材料为植株，长势良好。

龙海沙生植物园　引种号LH-045，1993年引自福建漳州，引种材料为植株，长势良好。

物候

厦门市园林植物园　温室内栽培，花期4～6月，未见结果。

中国科学院植物研究所北京植物园　温室内栽培，花期5～7月，果期未记录。

北京植物园　温室内栽培，未见开花结果。

南京中山植物园　温室内栽培，花期5～7月，未见结果。

上海辰山植物园　温室内栽培，未见开花结果。

龙海沙生植物园　温室内栽培，花期6～8月，果期7～9月。

迁地栽培要点

播种繁殖或分株繁殖。夏型种，喜阳光充足，夏季中午适当遮阴，喜相对干旱气候，喜土壤肥沃。常见病虫害为介壳虫。

主要用途

园林观赏。

花

花

植株

花

花

花

45
短毛丸

Echinopsis eyriesii (Turpin) Pfeiff. & Otto, Abbild. Beschr. Cact. 1: sub t. 4. 1839.

花　植株

自然分布

原产巴西南部、乌拉圭和阿根廷，原生于草甸平原或海拔1000m以上的低地丘陵地带。美洲、欧洲、亚洲栽培。我国常见栽培。

迁地栽培形态特征

植株单生或群生，茎基部分枝，分生小茎，形成直径0.5m以上的群落；茎扁圆球形、圆球形至圆柱形；高10~30cm，直径10~15cm；深绿色，具棱9~18。小窠着生于棱上，圆形，带白色或黄褐色毡毛，间隔1cm；中刺4~8根，圆锥状，长3~5mm，白色带黑色；周刺14~18根，长0.5~1cm，成株刺常脱落。花通常夜间开放，具香味，着生于植株中上部侧端，漏斗状，长可达25cm，直径5~10cm；花冠管外面覆盖鳞片，外轮花被片线形，白色略带绿色；内轮花被片倒卵形，白色，顶端尖，喉部绿色；雄蕊多数，花丝白色，花药白色；花柱白色，柱头裂片5。果绿色，可长达5cm，被毛；种子黑色。

引种信息

厦门市园林植物园　引种记录不详，长势良好。

华南植物园　引种号20104189，2010年引自福建漳州，引种材料为植株，长势良好。

中国科学院植物研究所北京植物园　引种号1956–1917，1956年引种，引种地、引种材料不详，植株在"文革"时期遗失；引种号1975-w0713，1975年引种，引种地、引种材料不详，已死亡；引种号2005-3372，2005年引自福建龙海，引种材料为植株，长势良好。

北京植物园　无引种编号，引种时间不详，引自福建，引种材料为植株，长势良好。

南京中山植物园　引种号NBG2007F-82，2007年引自福建漳州，引种材料为植株，长势良好。

上海辰山植物园　引种号20103070，2010年引自上海植物园，引种材料为植株，已死亡。

龙海沙生植物园　引种号LH-046，1997年引自福建漳州，引种材料为植株，长势良好。

物候

厦门市园林植物园　温室内栽培，花期4～6月，未见结果。

华南植物园　温室内栽培，花期4～6月，未见结果。

中国科学院植物研究所北京植物园　温室内栽培，花期4～7月，未见结果。

北京植物园　温室内栽培，花期7～8月，未见结果。

南京中山植物园　温室内栽培，花期4～5月，未见结果。

上海辰山植物园　温室内栽培，未见开花结果。

龙海沙生植物园　温室内栽培，花期4～9月，果期5～10月。

迁地栽培要点

播种或分株繁殖。夏型种，习性强健，我国南方地区可露天种植，喜温暖干燥气候，喜疏松透气土壤。冬季越冬保持干燥。常见介壳虫危害。

主要用途

园林观赏。最著名和最常见的仙人掌科植物之一，中国民间俗称"草球"。于4～6月开放，花的香味很浓。

花　花　花　花　花

46

阳盛球

Echinopsis famatimensis (Speg.) Werderm., Gartenflora 80: 301. 1931.

群生植株

自然分布

原产于阿根廷拉里奥哈，生长在海拔1000~3000m的高海拔草原石质土壤上。美洲、亚洲均有栽培。我国常见栽培。

迁地栽培形态特征

植株单生或群生；茎球形、椭圆球形或圆柱形，高3~15cm，直径2~6cm，顶端凹陷；灰绿色、暗绿色、橄榄绿或灰褐色，在强光下常略带紫色；棱24~40。小窠生于棱上，半球形，直径3mm，褐色；周刺7~12根，紧贴球体呈扁平状，刺长1~4mm，弯曲，透明状带白色、灰白色、黄色、琥珀色或带褐色，基部呈深色；无中刺。花着生于植株顶部或中上部，钟形至漏斗状，长3～4cm，直径3～5cm；花冠管短，外面被茸毛；外轮花被片倒卵形，黄色略带浅紫色；内轮花被片倒卵形，黄色，橙黄色至暗红色；雄蕊多数，花丝黄色，花药黄色；花柱黄白色，柱头裂片8～12。

引种信息

厦门市园林植物园　引种记录不详，长势一般。

华南植物园　引种号20104488，2010年引自福建漳州，引种材料为植株，长势良好。

南京中山植物园　引种号NBG2007F-84，2007年引自福建漳州，引种材料为植株，长势良好。

龙海沙生植物园　引种号LH-047，1999年引自福建漳州，引种材料为植株，长势良好。

物候

厦门市园林植物园　温室内栽培，未见开花结果。

华南植物园　温室内栽培，未见开花结果。

南京中山植物园　温室内栽培，花期4～5月，未见结果。

龙海沙生植物园　温室内栽培，花期4～9月，果期5～10月。

迁地栽培要点

播种或分株繁殖。夏型种，习性强健，喜温暖干燥气候，喜疏松透气土壤。不耐晒，夏季适当遮阴。建议冬季保持干燥温度保持0℃以上。

主要用途

园林观赏。

植株

植株

47

仁王丸

Echinopsis rhodotricha K. Schum., Monatsschr. Kakteenk. 10: 147. 1900.

开花植株

自然分布

　　原产阿根廷、玻利维亚、巴西南马托格罗索州、巴拉圭查科和东部地区和乌拉圭。常生长于在海拔0～500m的砂质土壤草原、森林、灌木和低矮植物的开阔地带。美洲、亚洲栽培。我国南北各地常见栽培。

迁地栽培形态特征

　　植株群生，茎直立或上升，多分枝，球形或圆柱状，先端稍凹陷，淡绿色或暗绿色，高30～80cm，直径9～12cm；棱8～13，棱略呈波状。小窠着生于棱上，具淡黄色或灰白色毡毛，小窠间距1.5～3cm，中刺0～1根，长1～3.5cm，红褐色，稍向上弯曲；周刺4～7根，长2cm，稍弯曲，黄色，顶端棕色至黑色。花着生于植株中上部侧端，长15～19cm，直径9cm，长漏斗形或长管状；花被管浅褐色，具鳞片；外轮花被片披针形，白色，中心具1褐色条纹；内轮花被片白色，倒卵形匙状，顶端锐尖。喉部亮绿色；雄蕊多数，花丝白色，花药淡黄色；花柱黄绿色，柱头裂片11。果实卵形，长

4.5cm，直径2.5cm，具红褐色毛。

引种信息

　　厦门市园林植物园　引种记录不详，长势良好。

　　华南植物园　引种号20082067，2008年引自福建漳州，引种材料为植株，长势良好。

　　中国科学院植物研究所北京植物园　引种号1959-30099，1959年引种，引种地、引种材料不详，植株在"文革"时期遗失。

　　北京植物园　引种记录不详，长势良好。

　　南京中山植物园　引种号NBG2007F-86，2007年引自福建漳州，引种材料为植株，长势良好。

　　上海辰山植物园　引种号20102290，2010年引自上海植物园，引种材料为植株，已死亡。

　　龙海沙生植物园　引种号LH-048，1999年引自福建漳州，引种材料为植株，长势良好。

物候

　　厦门市园林植物园　温室内栽培，花期9月，未见结果。

　　华南植物园　温室内栽培，花期9月，未见结果。

　　中国科学院植物研究所北京植物园　温室内栽培，花期果期未记录。

　　北京植物园　温室内栽培，未见开花结果。

　　南京中山植物园　温室内栽培，花期5~6月，未见结果。

　　上海辰山植物园　温室内栽培，花期果期未记录。

　　龙海沙生植物园　露地栽培，花期6~9月，果期7~10月。

迁地栽培要点

　　播种或分株繁殖。夏型种，习性强健，我国南方地区可露天种植，喜温暖干燥气候，喜疏松透气土壤。有一定的耐水肥能力。主要病虫害为介壳虫危害及炭疽病。

主要用途

　　园林观赏。

植株

花

48

鹰翔阁

Echinopsis tacaquirensis (Vaupel) Friedrich & G. D. Rowley, I. O. S. Bull. 3 (3): 98. 1974.

植株

自然分布

原产玻利维亚科恰班巴省，海拔2800～3100m的干燥山坡，见于安第斯山脉间季节性干旱、森林稀疏的山谷中。美洲、亚洲栽培。我国南方有见栽培。

迁地栽培形态特征

植株体灌木状，高30～250cm，直径6～15cm，基部分枝，分枝上举；茎圆柱状，直立或拱形，暗绿色；棱8～9。小窠着生于棱上，圆形至椭圆形，直径约0.5cm，被白色或褐色毡毛，小窠间距0.8～1.5cm；中刺2～3根，1根（或2根）向上生长，长3～5cm；1根向下生长，长7～8cm；周刺8～13根，长1.5～3cm；中刺及周刺都为针状，初为明亮的褐色，后显灰黄色。花白天开放，着生于植株中部侧端，漏斗状，长达20cm；花被管长10cm，直径0.15cm，具绿色，锐尖鳞片，密被白色和褐色毛；外轮花被片5～10cm长，线状，白色带绿色或紫红色；内轮花被片长7～12cm，匙形，白色，顶端尖，边缘波状；雄蕊多数，花丝绿色或黄色，花药黄色；花柱突出在花药之上，长达16cm，绿色或黄色，柱头裂片17。果实球形或卵形，直径约2cm，淡绿色，具少量小窠，表面具白色长毛。种子长约0.1cm，暗褐色。

引种信息

厦门市园林植物园 引种记录不详，长势良好。

龙海沙生植物园 引种号LH-049，2008年引自广东广州，引种材料为种子，长势良好。

物候

厦门市园林植物园 温室内栽培，花期9月，未见结果；露地栽培，花期9月，未见结果。

龙海沙生植物园 露地栽培，花期6~9月，果期7~10月。

迁地栽培要点

播种或扦插繁殖。夏型种，习性强健，我国南方地区可露天种植，喜温暖干燥气候，喜疏松透气土壤。主要病虫害为炭疽病。

主要用途

园林观赏。

花　　植株　　小窠、刺　　小窠、刺　　植株

49

北斗阁

Echinopsis terscheckii (Parm.) Friedrich & Rowley, I. O. S. Bull. 3 (3): 98. 1974.

植株　　　　　　　　　　　　　　　　　　　　　　　植株

自然分布

　　原产阿根廷及玻利维亚。通常生长在海拔800~2000m之间不同土壤类型的草地、灌丛带、亚热带落叶林等。美洲、亚洲有种植。我国常见栽培，闽南地区可露天种植。

迁地栽培形态特征

　　植株乔木状，大型，茎单生，圆柱形，具分枝；在原产地可高达10~12m，主干直径可达45cm，明显木质化；分枝圆筒状，直径10~20cm；绿色；棱8~18，顶端钝，突出，高2~4cm。小窠生于棱上，圆形或近圆形，直径1~1.5cm，被灰白色或褐色毡毛，小窠间距2~3cm；刺8~15根，黄色或褐色，长1~8cm。花侧生于植株中上部，钟形至漏斗状，长15~20cm，直径12cm；内轮花被片长圆形，长7cm，白色；外轮花被片暗红色带绿色，倒卵形；雄蕊多数，花丝浅黄色，花药浅黄色；花柱黄色，柱头裂片12~13。果球形或长圆形，绿色到蓝色，直径1.5~5cm，外被鳞片和绵毛；种子深褐色到黑色，卵形，长0.1~0.15cm。

引种信息

厦门市园林植物园 引种记录不详，长势良好。

华南植物园 引种号20104208，2010年引自福建漳州，引种材料为植株，长势良好。

北京植物园 无引种编号，2007年引自福建，引种材料为植株，长势良好。

南京中山植物园 引种号NBG2007F-89，2007年引自福建漳州，引种材料为植株，长势良好。

上海辰山植物园 引种号20130573，2013年引自美国，引种材料为植株，长势良好；引种号20110621，2011年引自美国，引种材料为植株，长势良好；引种号20102682，2010年引自福建漳州，引种材料为植株，长势良好；引种号20102568，2010年引自福建漳州，引种材料为植株，长势良好；引种号20102292，2010年引自上海，引种材料为植株，长势良好。

龙海沙生植物园 引种号LH-050，2006年引自广东广州，引种材料为植株，长势良好。

物候

厦门市园林植物园 温室内栽培，花期5月，未见结果；露地栽培，春秋开花，未见结果。

华南植物园 温室内栽培，花期5月，未见结果；露地栽培，春秋开花，未见结果。

北京植物园 温室内栽培，未见开花结果。

南京中山植物园 温室内栽培，未见开花结果。

上海辰山植物园 温室内栽培，未见开花结果。

龙海沙生植物园 露地栽培，花期7月，果期8月。

迁地栽培要点

播种或扦插繁殖。夏型种，习性强健，但相对不耐寒。喜温暖干燥气候，喜疏松透气土壤。主要病虫害为介壳虫。

主要用途

园林观赏。在原产地果实作为水果食用。

花

棱

花

植株

小窠、刺

花

花

花

50
黑凤

Echinopsis thelegona (F. A. C. Weber) Friedrich & G. D. Rowley, I. O. S. Bull. 3 (3): 98. 1974.

植株

自然分布

原产智利柯金博。美洲、亚洲栽培。我国各地栽培。

迁地栽培形态特征

植株单生，基部分枝；茎圆柱形，直立或匍匐，形成浓密的灌木丛状，高达1m，直径8～10cm。

棱12~13。小窠生于棱上，圆形，黄色或褐色；中刺2~4根，长5cm；周刺8~12根，长1~2cm。刺黄褐色，随植株年龄增长变灰色。花着生于植株顶端或中上部，钟形，长12cm；花被管被绿色鳞及褐色毡毛；花被片匙状倒卵形，外轮花被片白色略带淡紫色，内轮花被片白色；雄蕊多数，花丝白色，花药黄色；柱头黄色。果实球形，绿色。

引种信息

厦门市园林植物园　引种记录不详，长势一般。

北京植物园　引种记录不详，长势良好。

龙海沙生植物园　引种号LH-051，2018年引自福建莆田，引种材料为植株，长势良好。

物候

厦门市园林植物园　温室内栽培，花期5~7月，未见结果。

北京植物园　温室内栽培，未见开花结果。

龙海沙生植物园　温室内栽培，花期7月，果期8月。

迁地栽培要点

播种、嫁接或扦插繁殖。夏型种，习性强健，喜温暖干燥气候，喜疏松透气土壤。主要病虫害为红蜘蛛。

主要用途

园林观赏。在原产地果实作为水果食用。

植株

小窠，瘤突，刺

昙花属

Epiphyllum Haw. Syn. Pl. Succ, 197. 1812.

附生肉质灌木，植株披散，老茎基部圆柱状或具角，木质化；茎分枝多数，茎节叶状扁平，具一条两面突起的粗大中肋，有时具3翅，边缘波状、圆齿状、粗齿状或羽裂，悬垂或藉气根攀缘。小窠位于齿或裂片之间凹缺处，无刺。花单生于枝侧的小窠，无梗，两性，通常大型，漏斗状或高脚碟状，夜间开放，芳香或无味；花托与子房合生；花托筒细长；花被片多数，外轮花被片萼片状，线状披针形，绿白色，有时黄白色或粉红色，通常反曲；内轮花被片花瓣状，倒披针形至倒卵形，白色，呈辐状开展；雄蕊多数；子房下位，1室，侧膜胎座；花柱圆柱状，柱头8~20裂，裂片线形至狭线形。浆果球形至长球形，具浅棱脊或瘤突，红至紫色，常1侧开裂；种子多数，肾形，黑色；胚弯曲。

约12种，原产美洲的热带和亚热带地区，主要分布在美洲中部和墨西哥，部分种分布加勒比地区和南美洲北部。现世界各地栽培。我国栽培约有4种，常见的有1种。

51

昙花

Epiphyllum oxypetalum (DC.) Haw., Philos. Mag. 6: 109. 1829.

植株、花蕾

植株、花

自然分布

原产墨西哥、危地马拉、洪都拉斯、尼加拉瓜、苏里南和哥斯达黎加，世界各地广泛栽培；我国各省区常见栽培，在云南逸为野生。

迁地栽培形态特征

附生肉质灌木，具气生根；高2~6m，老茎圆柱状，木质化；茎多分枝，分枝叶状侧扁，披针形至长圆状披针形，长15~100cm，宽5~12cm，边缘波状或具深圆齿，深绿色，无毛，中肋粗大，在两面突起，老株分枝产生气生根。小窠排列于齿间凹陷处，小型，无刺，初时被少数绵毛，后变无毛。花单生于枝侧的小窠，漏斗状，夜间开放，芳香，长25~30cm，直径10~12cm；被丝托绿色，长13~18cm，多少弯曲；外轮花被片绿白色、淡琥珀色色或带红晕，线形至倒披针形；内轮花被片白色，倒卵状披针形至倒卵形；雄蕊多数，排成两列；花丝白色，花药淡黄色；花柱白色，柱头15~20裂，裂片狭线形，开展，黄白色。浆果长球形，具纵棱脊，无毛，紫红色；种子多数，卵状肾形，亮黑色，具皱纹。

引种信息

厦门市园林植物园 引种号03247，2003年引自北京市植物园，引种材料为茎段，长势良好。

华南植物园 引种号**270105，引种时间不详，引自福建漳州，引种材料为植株，长势良好。

中国科学院植物研究所北京植物园 引种号1949-0220，1949年引种，引种地、引种材料不详，植株在"文革"时期遗失；引种号1974-w0532，1974年引种，引种地、引种材料不详，长势良好。

北京植物园 无引种编号，2003年引自北京，引种材料为植株，长势良好。

南京中山植物园 引种号NBG2007F-4，2007年引自福建漳州，引种材料为植株，长势良好。

上海辰山植物园　引种号20102295，2010年引自上海植物园，引种材料为植株，长势良好；引种号20100131，2010年引自广东，引种材料为植株，长势良好。

龙海沙生植物园　引种号LH-052，1993年引自广东广州，引种材料为植株，长势良好。

物候

厦门市园林植物园　温室内栽培，花期5~6月，果期7~10月。

华南植物园　温室内栽培，花期5~6月，果期7~10月。

中国科学院植物研究所北京植物园　温室内栽培，花期6~8月，未见结果。

北京植物园　温室内栽培，未见开花结果。

南京中山植物园　温室内栽培，花期6~9月，未见结果。

上海辰山植物园　温室内栽培，花期6~8月，未见结果。

龙海沙生植物园　温室内栽培，花期7~9月，果期8~10月。

迁地栽培要点

一般选用扦插繁殖。夏型种。生性强健，喜半遮阴环境；对土壤要求不严，种植选用富含有机质砂壤土；生长季节可酌情加大浇水量以促生长，冬季保持土壤干燥；病虫害应注重介壳虫的防治。

主要用途

观赏花卉。

花　　花　　植株　　花　　花　　花　　花

月世界属

Epithelantha F. A. C. Weber ex Britton & Rose, Cactaceae 3: 92. 1922.

　　低矮植物，植株的形态、大小、疣状突起、颜色多变化；茎单生或多茎丛生，直立，扁圆球形或倒卵形，具瘤突；瘤突小，通常被刺掩盖。小窠小，着生于瘤突顶端，刺19~38根，分为几列着生，难分中刺和周刺，白色至淡灰或黄色。花着生于茎的顶部的瘤突上，钟形，白色、淡橙红色或粉色；花被片和被丝托光滑；花被裂片少；雄蕊少量；柱头3~4裂。果棍棒状圆柱形，红色，浆果状，不开裂，花被片掉落；种子少量，头盔状，黑褐色，有光泽，种脐中等大，基生，不明显。

　　约7种，分布于美国西南部和墨西哥东北部。世界各地引种栽培，我国常见栽培1种。

52
月世界

Epithelantha micromeris (Engelmann) F. A. C. Weber ex Britton & Rose, Cactaceae. 3: 93, fig 102. 1922.

植株

自然分布

原产美国西南部和墨西哥东北部，生于林地、沙漠、草地的岩石裂缝、砾石、岩壁等处，海拔500~1800m。世界各地栽培，我国各地常见栽培。

迁地栽培形态特征

茎单生或丛生，球形或倒卵形，顶端下陷，直径约6cm，具瘤突；瘤突长1~4mm，通常被刺掩盖。小窠小，着生于瘤突顶端，刺20~26根，白色，长1~2cm，分3层着生，成熟时被茸毛。花着生于具茸毛的瘤突顶端，钟形，白天开放，白色至粉色，直径3~10mm；花被片和被丝托外面光滑，没有鳞片，外轮花被片全缘或有不规则的缘毛，内轮花被片5~8枚，全缘；雄蕊15~16；子房光滑，柱头3~4裂，白色。果狭圆柱形，鲜红色，长3~20mm，直径2~3（~5）mm，不裂，肉质，后变干燥，花被片掉落；种子少量，卵形，黑褐色，有光泽，种脐中等大，基生，不明显。

引种信息

厦门市园林植物园　引种号19650347，1965年引自日本，引种材料为植株，长势良好；引种号02259，2002年引自河北沧州青县盘古园艺，引种材料为植株，长势良好；引种号03376，2003年引自日本种植场，引种材料为植株，长势良好。

华南植物园　引种号20170463，2017年引自福建漳州，引种材料为植株，长势良好。

中国科学院植物研究所北京植物园　引种号1977-w0148，1977年引种，引种地、引种材料不详，已死亡。

北京植物园　引种记录不详，长势良好。

南京中山植物园　引种号NBG2015M-5，2015年引自墨西哥，引种材料为植株，长势良好。

上海辰山植物园　引种号20112311，2011年引自日本，引种材料为植株，长势良好；引种号20151802，2015年引自上海西萍园艺，引种材料为植株，长势良好

龙海沙生植物园　引种号LH-053，1999年引自广东广州，引种材料为植株，长势良好。

物候

厦门市园林植物园　温室内栽培，花期3月，果期6月。

华南植物园　温室内栽培，花期3月，果期6月。

中国科学院植物研究所北京植物园　温室内栽培，花期6~7月，未见结果。

北京植物园　温室内栽培，未见开花结果。

南京中山植物园　温室内栽培，花期5~7月，未见结果。

上海辰山植物园　温室内栽培，未见开花结果。

龙海沙生植物园　温室内栽培，花期4~6月，果期6~8月。

迁地栽培要点

播种繁殖为主，亦可嫁接繁殖。本种生长缓慢，盛夏适当遮阴有利生长。对栽培基质要求较严，性喜排水性好、透气性强的沙砾土，盆栽亦可选用赤玉土。水分管理宜适当控制，冬季保持盆土干燥；病虫害应着重防治介壳虫等。

主要用途

观赏。

植株

花

小窠、刺

植株

开花植株

植株

果

植株

极光球属

Eriosyce Philippi, An. Univ. Chile 41: 721. 1872.

植株单生；根纤维状，或具主根；茎肉质，近圆球形、圆球形或圆柱状，大小变化很大，基部收缩，与根连接；暗绿色、灰绿色或黑褐色；具瘤突和棱，棱7~30或更多，在瘤突和小窠连接处下凹。小窠着生瘤突上，通常具刺和毛；刺坚硬，针状或刚毛状。花着生茎的顶部，通常每个小窠生1花，漏斗状或管状，黄色至桃红色、红色、深红色、洋红色；外轮花被片被鳞片和密生的茸毛，有时具刚毛状刺。浆果内空，外被茸毛，花被片宿存，基部开裂；种子有时没有珠孔。

约35种，原产智利、秘鲁和阿根廷。全世界各地栽培，我国引种4~6种，常见栽培2种。

极光球属分种检索表

53
五百津玉

Eriosyce aurata (Pfeiff.) Backeb., Cact. J. (London) 5: 9. 1936.

自然分布

原产智利。世界各地栽培，我国南北各地栽培。

迁地栽培形态特征

植株单生；茎球形、近球形或伸长成圆柱形；在原产地成株直径可达10～50cm，绿色；茎顶光滑或具稀疏的茸毛；棱30～42或更多，在两个小窠之间下凹。小窠着生于棱端，被白色或黄褐色短绵毛；具刺，刺针状，前端弯曲，新刺黄绿色，老刺黑褐色；中刺4～8根，坚硬，长25～45mm，周刺12～16根，25～40mm。花簇生于茎顶部老的小窠中，钟状或漏斗状，黄色至红色，长3～3.5cm，直径约2.2cm；花被片和花被管覆盖密的茸毛和鳞片。果长圆形，被茸毛和鳞片，基部开裂。

引种信息

厦门市园林植物园　引种记录不详，长势良好。

华南植物园　引种号20161128，2016年引自福建，引种材料为植株，长势良好。

中国科学院植物研究所北京植物园　引种号1973–w1150，1973年引种，引种地、引种材料不详，已死亡；引种号1977–w0149，1977年引种，引种地、引种材料不详，已死亡。

北京植物园　无引种编号，引种时间不详，引自福建，引种材料为植株，长势良好。

上海辰山植物园　引种号20171518，2017年引自福建漳州，引种材料为植株，长势良好。

龙海沙生植物园　引种号LH–054，1999年引自广东广州，引种材料为植株，长势良好。

物候

厦门市园林植物园　温室内栽培，未见开花结果。

华南植物园　温室内栽培，未见开花结果。

中国科学院植物研究所北京植物园　温室内栽培，花期果期未记录。

北京植物园　温室内栽培，未见开花结果。

上海辰山植物园　温室内栽培，未见开花结果。

龙海沙生植物园　温室内栽培，花期5～6月，果期6～7月。

迁地栽培要点

播种或嫁接繁殖。其生长缓慢，极其容易腐烂，应注意保持通风和土壤透气性。生长期在夏季，很耐热，夏季可稍微遮阴。夏季浇水频率应该多一些，可以忍受–5～–3℃低温。

主要用途

观赏。

植株

植株

植株

刺、小窠

54

银翁玉

Eriosyce senilis (Pfeiff.) Katt., Eriosyce (Cactac.) Gen. Revis. Ampl. 119. 1994.

植株

自然分布

原产智利的里约峭帕谷。世界各地栽培，我国各地栽培。

迁地栽培形态特征

植株单生；主根大，块根状；茎近圆球形、球形或圆柱状，高可达20cm，直径4~15cm，紫色。棱13~21，棱间具凹陷。小窠着生于球体棱端，披白色或黄褐色短绵毛；密生刺，刺白色、灰色、黄色或褐色，针状，直或扭曲，有的头发状，中刺15~40根，柔软，卷曲向上，银白、灰白、褐色至黑色。花簇生于茎顶部新生的小窠中，管状至狭漏斗状，桃红色，长和直径1~3cm；花被片和花被管被茸毛。果实长椭圆形，肉质，中空，长2~3cm，宽1~2cm，初为绿色，成熟后转红色，成熟时由基部开裂。

引种信息

　　厦门市园林植物园　引种记录不详，长势良好。

　　华南植物园　引种号20104216，2010年引自福建漳州，引种材料为植株，长势良好。

　　上海辰山植物园　引种号20122051，2012年引自上海植物园，引种材料为植株，长势良好。

　　龙海沙生植物园　引种号LH-055，2006年引自广东广州，引种材料为种子，长势良好。

物候

　　厦门市园林植物园　温室内栽培，花期3~4月，未见结果。

　　华南植物园　温室内栽培，花期3~4月，未见结果。

　　上海辰山植物园　温室内栽培，未见开花结果。

　　龙海沙生植物园　温室内栽培，花期5~7月，果期6~8月。

迁地栽培要点

　　播种或嫁接繁殖。应注意保持通风和土壤透气性。喜阳光，耐高温。喜充足且不大强烈的光照。冬天保持0℃以上时可以忍受短暂的零下低温，但是要保持干燥。

主要用途

　　观赏。

植株　　　　植株　　　　群生植株　　　　花　　　　花蕾

花　　　　花

角鳞柱属

Escontria Britton & Rose, Contrib. U. S. Natl. Herb. 10: 125. 1906

　　肉质乔木，具明显是主干，多分枝，形成树状，高大；棱7~8，棱脊窄。小窠长圆形，暗灰色，排列紧密或与相邻小窠相连；中刺1；周刺10~20，近梳状排列。花近顶生，白天开放，管状或钟状；被丝托被宽三角形苞片；外轮花被片宽三角形；内轮花被片条状披针形；雄蕊多数；雌蕊柱头黄色。果球形至卵形，紫色、褐色至暗红色，肉质；外被宿存的宽三角形半透明膜质鳞片。果外被膜质宽三角形鳞片。

　　1种，分布于墨西哥的格雷罗州、米却肯州、瓦哈卡州及普埃布拉州南部。世界各地栽培，我国南方常见栽培。

55
白焰柱

Escontria chiotilla (F. A. C. Weber) Rose, Contr. U. S. Natl. Herb. 10: 126, pl. 43. 1906.

植株

自然分布

原产墨西哥中部及西南部的普埃布拉州、瓦哈卡州、格雷罗州、米却肯州。我国南方栽培。

迁地栽培形态特征

肉质乔木，多分枝，高4～7m，植株顶端相对较平，具明显主干；茎圆筒状，亮绿色，直径8～12cm；棱7～8，截面三角形，基部宽，棱脊薄，不呈瘤状，棱边缘笔直。小窠长圆形，暗灰色，紧密排列于棱脊处，相邻小窠常相连；中刺1根，橙红色至黄色，老刺灰色，长可达2cm；周刺10～20根，近梳状排列，淡黄灰色，老刺灰白色，长1.2cm。花近顶生，日间开放，管状或钟状；花黄色；花被丝托被宽三角形苞片，褐色，半透明膜状；外轮花被片宽三角形，先端渐尖，黄色，中脉颜色较深，先端具紫红色至褐色色晕；内轮花被片条状披针形，黄色，先端渐尖，具紫红色色晕；雄蕊黄色，多数；雌蕊柱头黄色。果球形至卵形，直径可达5cm，紫色至褐色，肉质；外被宿存的宽三角形半透明膜质鳞片。

引种信息

厦门市园林植物园　引种记录不详，长势良好。

物候

厦门市园林植物园　温室内栽培，花期4～7月，未见结果。

迁地栽培要点

一般选用扦插繁殖。生性强健，喜强光。对土壤要求不严，种植选用砂壤土。夏型种。较耐干旱，生长季节可酌情加大浇水量以促生长，冬季保持盆土干燥；病虫害应注重介壳虫的防治。

主要用途

观赏。果可食用，6～7月在瓦哈卡州的市场上有售卖。

花

小窠，棱

花蕾

小窠、刺

棱

植株

老乐柱属

Espostoa Britton & Rose, Cactaceae, 2: 60. 1920.

　　肉质灌木或小乔木，株高可达 4m，常具分枝，分枝位置不定，地上部分均可产生分枝。茎直立，圆柱状；棱多，棱脊低。小窠具刺，被长绵毛，覆盖于茎上；刺多数，部分粗壮，其余毛发状。花座侧生，宽可覆盖数条棱，常被长绵毛；花生于侧花座上，常夜间开放，管状或钟状，淡红色至白色；花被管较短；花被丝托与花被管外被细小的尖锐鳞片及柔毛，无刺；花被片短，平展或向下卷曲。果球状或卵状，多汁，绿色至红色，无附着物或具少量柔毛，花被宿存；种子多样，椭圆形至近帽型，暗褐色。

　　16种，分布于厄瓜多尔南部的赤道以南、秘鲁、玻利维亚。世界各地栽培。我国栽培近 10种，常见3种。

老乐柱属分种检索表

56
老乐

Espostoa lanata (Kunth) Britton & Rose, Cactaceae 2: 61, fig. 87-91. 1920.

植株

自然分布

原产厄瓜多尔南部、秘鲁北部，大多生长在安第斯山脉西隅。世界各地栽培。我国南北植物园和爱好者栽培。

迁地栽培形态特征

肉质小乔木，圆柱状，生长缓慢，随着种植年限增加，植株顶部会产生分枝，呈树状，高可达7m。全株被白色至淡黄色茸毛和刺，棱脊低，钝圆形，沟笔直，深5~8mm。小窠椭圆形，相邻小窠间距7~10mm，被白色或黄色茸毛和刺，小窠藏于茸毛之下；中刺1根，有时脱落，长1~5cm；周刺30~40根，针状，平展，新刺淡红色至淡黄褐色，老刺灰色，长0.3~0.8cm。侧花座长1m，宽4~5棱，被亮褐色至灰色绵毛和刺，绵毛长约3cm；花夜间开放，漏斗状，白色、淡紫色至紫色，长4.5~5.5cm，直径3~3.5cm；子房外侧及花被管外被长丝状毛，早落。果肉质，近球形，顶部尖，紫红色，长2.5cm，直径2.5cm。种子极小，亮黑色。

引种信息

厦门市园林植物园 引种号19650349，1965年引自日本，引种材料为植株，长势良好。

华南植物园 引种号20082068，2008年引自福建，引种材料为植株，长势良好。

中国科学院植物研究所北京植物园 引种号1959-30100，1959年引种，引种地、引种材料不详，植株在"文革"时期遗失；引种号1959-6088，1959年引种，引种地、引种材料不详，植株在"文革"时期遗失。

南京中山植物园 引种号NBG2007F-71，2007年引自福建漳州，引种材料为植株，长势良好。

辰山植物园 引种号20110698，2011年引自美国，引种材料为植株，长势良好；引种号20102536，2010年引自福建漳州，引种材料为植株，长势良好；引种号20102303，2010年引自上海植物园，引种材料为植株，长势良好。

龙海沙生植物园 引种号LH-057，1999年引自福建福州，引种材料为植株，长势良好。

物候

厦门市园林植物园 温室内栽培，未见开花结果。

华南植物园 温室内栽培，未见开花结果。

中国科学院植物研究所北京植物园 温室内栽培，花期果期未记录。

南京中山植物园 温室内栽培，花期5~7月，未见结果。

辰山植物园 温室内栽培，未见开花结果。

龙海沙生植物园 露地栽培，花期5~6月，果期7~8月。

迁地栽培要点

一般选用扦插繁殖。生性强健，喜好强光。夏型种。种植宜选用排水性好、透气性强的石灰质沙砾土。耐干旱，忌涝，尽管是生长季节亦应适当控制浇水量。为保持株型美观，浇水时不宜直接喷淋柱体，防止污染毛刺，冬季务必保持盆土干燥；抗性强，病虫害少见。

主要用途

观赏；果甜，可食用；侧花座绵毛可用于填充枕头。

栽培品种：晓裳（*Espostoa lanata* 'Mocapensis'）。

植株

幼苗

植株

植株

毛、刺、小窠

小窠，毛，刺

植株

植株

晓裳开花

晓裳花、果

晓裳

晓裳果实

57

幻乐

Espostoa melanostele (Vaupel) Borg, Cacti 112. 1937.

植株

植株

毛、小窠、刺

自然分布

原产秘鲁中北部地区。世界各地栽培。我国引种栽培。

迁地栽培形态特征

肉质灌木，丛生，基部开始分枝，生长缓慢；全株被白色或淡黄色柔毛，茎尖被毛更为浓密。

茎直立或斜举，圆柱状，高可达2m，直径可达10cm，灰绿色；棱16～25，棱脊钝圆形。小窠着生棱脊，椭圆形，白色或黄色，排列紧密，被浓密白色至浅褐色长绵毛，长可达1cm，可覆盖整个茎干；幼刺黄色，老刺变黑；中刺1～3根，长4～10cm；周刺40～50根，长0.5～1cm，辐射状排列。侧花座白色、淡黄色或褐色，长50～70cm，宽可覆盖8条棱。花钟状，白色，长5～6cm，直径5cm；花被丝托被细小鳞片，花被管外鳞片大，多毛。果近球形，淡绿色、白色至淡红色，长5cm，直径5cm。

引种信息

厦门市园林植物园　引种号19650377，1965年引自日本，引种材料为植株，长势良好。

上海辰山植物园　引种号20160839，2016年引自美国，引种材料为植株，长势良好；引种号20102304，2010年引自上海植物园，引种材料为植株，长势良好。

龙海沙生植物园　引种号LH–058，1997年引自福建漳州，引种材料为植株，长势良好。

物候

 厦门市园林植物园 温室内栽培，未见开花结果。

 上海辰山植物园 温室内栽培，未见开花结果。

 龙海沙生植物园 露地栽培，花期5～6月，果期7～8月。

迁地栽培要点

  一般选用扦插繁殖。种性与老乐相似，夏型种。生长强健，喜好强光。种植宜选用排水性好、透气性强的石灰质沙砾土。耐干旱，忌涝，尽管是生长季节亦应适当控制浇水量。为保持株形美观，浇水时不宜直接喷淋柱体，防止污染毛刺，冬季务必保持盆土干燥；抗性强，病虫害少见。

主要用途

  观赏。

植株 植株 植株

毛，小窠，刺

58
越天乐

Espostoa mirabilis F. Ritter, Taxon 13 (4): 143. 1964.

自然分布

分布于秘鲁中部，生长在安第斯山脉的马拉尼翁峡谷中。世界各地栽培。我国南北各地栽培。

迁地栽培形态特征

肉质灌木或小乔木，多分枝；茎圆柱状，高2～3m，直径可达9cm，茎顶部密被白色绵毛；棱多数，紧密排列，有时呈螺旋状上升。小窠生于棱上，中刺针状，白色，具红色尾尖；周刺常刚毛状，紧密排列交错，形如毛发。侧花座黄褐色至浅红褐色；花白色，长可达5.5cm。

引种信息

厦门市园林植物园 引种号20180683，2018年引自福建漳州，引种材料为植株，长势良好。

华南植物园 引种号20082069，2008年引自福建，引种材料为植株，长势良好。

中国科学院植物研究所北京植物园 引种号2005-3162，2005年引种福建龙海，引种材料为植株，长势良好。

南京中山植物园 引种号NBG2007F-73，2007年引自福建漳州，引种材料为植株，已死亡。

上海辰山植物园 引种号20102527，2010年引自福建漳州，引种材料为植株，长势良好；引种号20102305，2010年引自上海植物园，引种材料为植株，长势良好。

龙海沙生植物园 引种号LH-059，1997年引自福建漳州，引种材料为植株，长势良好。

物候

厦门市园林植物园 温室内栽培，未见开花结果。

华南植物园 温室内栽培，未见开花结果。

中国科学院植物研究所北京植物园 温室内栽培，花期11月至翌年1月，果期翌年1～2月。

南京中山植物园 温室内栽培，未见开花结果，已死亡。

上海辰山植物园 温室内栽培，未见开花结果。

龙海沙生植物园 温室内栽培，花期7～9月，果期9～11月。

迁地栽培要点

一般选用扦插繁殖。种性与老乐相似，夏型种。生长强健，喜好强光。种植宜选用排水性好、透气性强的石灰质沙砾土。耐干旱，忌涝，尽管是生长季节亦应适当控制浇水量。为保持株形美观，浇水时不宜直接喷淋柱体，防止污染毛刺，冬季务必保持盆土干燥；抗性强，病虫害少见。

主要用途

园林观赏。

植株

植株

植株

植株

小窠、刺

侧花座

植株

植株

侧花座

强刺球属

Ferocactus Britton & Rose, Cactaceae, 3: 123. 1922.

　　多年生肉质草本；根为直根系；茎单生或中部以下萌发子球，扁球状、球状至短圆柱状，具多数棱，棱上有时具瘤突。小窠大，近圆形、椭圆形至长圆形，常纵向延长；刺发达，有中刺和周刺，或只具中刺，中刺顶端通常钩状，少数无钩。花顶生或近顶生，钟状至漏斗状，红色、黄色或紫色，白天开放；花托筒短，花托与外轮花被片被各种鳞片；内轮花被片具光泽；雄蕊多数；子房下位。果球形或椭圆体形，肉质，或干燥，密被卵形至半圆形鳞片，自基部开裂或不规则开裂；种子倒卵球形至近肾形，黑色，密生小瘤突。

　　约29种。原产墨西哥北部和中部及美国西南部干旱半干旱地区。现在世界各地引种栽培；我国引种约25种，常见栽培有11种。

强刺球属分种检索表

1a. 棱多，大于10。
　2a. 具明显周刺。
　　3a. 花红色、黄色或橙色。
　　　4a. 花钟状，不完全开放。
　　　　5a. 中刺4~10，扁平、弯曲或钩状 ·················· 59. 金冠龙 *F. chrysacanthus*
　　　　5b. 中刺1，针状 ·················· 69. 黄彩玉 *F. schwarzii*
　　　4b. 花漏斗状，完全开放。
　　　　6a. 中刺不具环纹。
　　　　　7a. 柱头非黄色。
　　　　　　8a. 周刺7~9根；柱头红色 ·················· 60. 江守玉 *F. emoryi*
　　　　　　8b. 周刺10~12根；柱头绿色 ·················· 63. 文鸟丸 *F. histrix*
　　　　　7b. 柱头黄色。
　　　　　　9a. 中刺1根，周刺6~7根 ·················· 61. 王冠龙 *F. glaucescens*
　　　　　　9b. 中刺4根，周刺8~12根 ·················· 62. 大虹 *F. hamatacanthus* subsp. *sinuatus*
　　　　6b. 中刺具环纹 ·················· 66. 巨鹫玉 *F. peninsulae* var. *townsendianus*
　　3b. 花紫色、淡紫色、紫蓝色或粉红色。
　　　10a. 茎浅绿色；中刺扁平带状，宽厚 ·················· 64. 日出丸 *F. latispinus*
　　　10b. 茎蓝绿色至墨绿色；中刺圆锥状 ·················· 65. 赤城 *F. macrodiscus*
　2b. 周刺退化成刚毛状或脱落 ·················· 67. 赤凤 *F. pilosus*
1b. 棱少，8 ·················· 68. 勇壮丸 *F. robustus*

59
金冠龙

Ferocactus chrysacanthus (Orcutt) Britton & Rose, Cactaceae 3: 127. 1922.

植株

自然分布

原产墨西哥西北部的下加利福尼亚半岛。欧洲、亚洲引种栽培。我国各地栽培。

迁地栽培形态特征

植株单生，偶有分生；茎初时圆球状，长大后逐渐成圆筒状，高100cm，直径可达30~40cm，绿色或暗绿色；通常棱13~22。小窠长于棱的顶端，具多数刺，刺白色、黄色，有时红色或灰色，中刺4~10根，长5~10cm，扁平、弯曲或钩状，周刺4~12根，长约5cm，针状或刚毛状，纤细，刺末端稍弯曲。花着生顶部，钟形，高2.5~4.5cm，直径4~5cm，红色、黄色或橙色，外轮花被片红褐色，内轮花被片黄色或橙色。果肉质，黄色，长约3cm，基部孔裂。

引种信息

厦门市园林植物园　引种记录不详，长势一般。

华南植物园　引种号20116118，2011年引自福建，引种材料为植株，长势良好。

中国科学院植物研究所北京植物园　引种号1978-w0181，1978年引种，引种地、引种材料不详，已死亡。

北京植物园　引种号C049，2001年引自美国，引种材料为植株，长势良好。

南京中山植物园　引种号NBG2007F-92，2007年引自福建漳州，引种材料为植株，长势良好。

上海辰山植物园　引种号20152187，2015年引自美国，引种材料为植株，长势良好；引种号20112312，2011年引自日本，引种材料为植株，长势良好；引种号20112148，2011年引自上海西萍园艺，引种材料为植株，长势良好。

龙海沙生植物园　引种号LH-060，1999年引自福建福州，引种材料为植株，长势良好。

物候

  厦门市园林植物园 温室内栽培，花期2～3月，未见结果。

  华南植物园 温室内栽培，花期2～3月，未见结果。

  中国科学院植物研究所北京植物园 温室内栽培，花期果期未记录。

  北京植物园 温室内栽培，未见开花结果。

  南京中山植物园 温室内栽培，未见开花结果。

  上海辰山植物园 温室内栽培，未见开花结果。

  龙海沙生植物园 温室内栽培，花期4～10月，果期6～12月。

迁地栽培要点

  常见播种繁殖。喜阳光充足的温暖干燥气候，喜通风透气环境。尽量避免水直接浇洒球体，避免产生黄斑或刺色退化。冬季最好保持干燥环境下5℃以上。

主要用途

  观赏。

花   植株

植株   棱、小窠、刺

60

江守玉

Ferocactus emoryi (Engelm.) Orcutt, Cactography 5. 1926.

植株

植株

植株

自然分布

原产美国的亚利桑那州和墨西哥的索洛拉省、下加利福尼亚半岛等处。现世界各地引种栽培。我国各地常见栽培

迁地栽培形态特征

植株单生，直立；茎球形至圆柱形，高30~90cm，直径30~60cm，绿色或灰绿色，初时具瘤突；棱15~30，有的更多。小窠生于棱的顶端，形成缺口，被白色的绵毛；刺白色或红色刺，中刺1根，长可达4~10cm，坚硬，扁平，顶端弯曲状或钩状；周刺7~9根，长5~6cm，末端直或弯曲。花顶生，宽漏斗型，红褐色，红色，红色间淡黄色或黄色，高6~7.5cm，直径5~7cm；雄蕊多数，花丝细长；柱头裂片7~12枚，红色。果卵形至长圆形，浅黄色，革质或肉质，长约5cm，直径2.5~3.5cm，基部开裂；种子直径2mm，黑色。

引种信息

　　厦门市园林植物园　引种记录不详，长势良好。

　　华南植物园　引种号20082072，2008年引自福建，引种材料为植株，长势良好。

　　北京植物园　引种号C050，2001年引自美国，引种材料为植株，长势良好。

　　南京中山植物园　引种号NBG2007F-90，2007年引自福建漳州，引种材料为植株，长势良好。

　　上海辰山植物园　引种号20122147，2012年引自上海植物园，引种材料为植株，长势良好；引种号20110618，2011年引自美国，引种材料为植株，长势良好。

　　龙海沙生植物园　引种号LH-061，1999年引自福建福州，引种材料为植株，长势良好。

物候

　　厦门市园林植物园　温室内栽培，花期2～3月，未见结果。

　　华南植物园　温室内栽培，花期2～3月，未见结果。

　　北京植物园　温室内栽培，未见开花结果。

　　南京中山植物园　温室内栽培，未见开花结果。

　　上海辰山植物园　温室内栽培，未见开花结果。

　　龙海沙生植物园　温室内栽培，花期7～8月，果期9～10月。

迁地栽培要点

　　播种繁殖。喜阳光充足的温暖干燥气候，喜通风透气环境。生长期通常在夏季，生长期需水量较大，需适当遮阴。尽量避免水直接浇洒球体，避免产生黄斑或刺色退化。冬季最好保持干燥环境下10℃以上。

主要用途

　　观赏。

小苗的棱、小窠、刺

小窠，刺

棱，刺

小苗

小苗

植株

61

王冠龙

Ferocactus glaucescens (DC.) Britton & Rose, Cactaceae 3: 137. 1922.

自然分布

原产墨西哥的伊达尔戈。欧洲、亚洲各地有栽培。我国各地有见栽培。

迁地栽培形态特征

植株单生或多分生子球；茎球形至圆柱形，高45～60cm，直径约50cm，灰绿色或灰白色；棱11～21，棱急尖，顶端着生长方形相连的小窠。小窠中刺1根，周刺6～7根，中刺和周刺通常不易区分，刺锥状，黄色，顶端尖。花顶生，长绕球体顶端一圈着生，漏斗型，花被片黄色，长圆形披针状，光滑有光泽，边缘具缺刻；雄蕊多数，花药黄色；花柱和柱头黄色，柱头裂片12～15。果球形，长宽约2.5cm，肉质，白色或黄色，带红色，外面被黄色的鳞片。

引种信息

厦门市园林植物园 引种记录不详，长势良好。

华南植物园 引种号20082074，2008年引自福建，引种材料为植株，长势良好。

中国科学院植物研究所北京植物园 引种号731148，1973年引种，引种地、引种材料不详，已死亡；引种号790453，1979年引种，引种地、引种材料不详，已死亡。

北京植物园 无引种编号，2018年引自福建，引种材料为植株，长势良好。

南京中山植物园 引种号NBG2007F-91，2007年引自福建漳州，引种材料为植株，长势良好。

上海辰山植物园 引种号20110707，2011年引自美国，引种材料为植株，长势良好；引种号20102583，2010年引自福建漳州，引种材料为植株，长势良好；引种号20110619，2011年引自美国，引种材料为植株，长势良好；引种号20110707，2011年引自福建漳州，引种材料为植株，长势良好。

龙海沙生植物园 引种号LH-062，1999年引自福建福州，引种材料为植株，长势良好。

物候

厦门市园林植物园 温室内栽培，花期3～4月，果期4～6月。

华南植物园 温室内栽培，花期3～4月，果期4～6月。

中国科学院植物研究所北京植物园 温室内栽培，花期果期未记录。

北京植物园 温室内栽培，未见开花结果。

南京中山植物园 温室内栽培，花期4月，未见结果。

上海辰山植物园 温室内栽培，花期5～6月，未见结果。

龙海沙生植物园 温室内栽培，花期4～6月，果期6～8月。

迁地栽培要点

常见播种繁殖，子球扦插繁殖。喜阳光充足的温暖干燥气候，喜通风透气环境。生长期在夏季，生长期需要较多水，生长期可以施少量肥料，植料不可包含太多有机质。尽量避免环境太潮湿，以免产生黄斑，甚至感染真菌。冬季保持干燥可以忍受短暂的0℃左右的低温。

主要用途

观赏。

果实

花、花蕾

花

植株

花

花

花

群生植株

果

无刺王冠龙

植株

62

大虹

Ferocactus hamatacanthus (Muehlenpf.) Britton & Rose subsp. *sinuatus* (Dietr.) N. P. Taylor, Cactaceae Consensus Init. 5: 13. 1998.

开花植株　　植株　　群生植株

自然分布

原产美国得克萨斯及墨西哥。现欧洲、亚洲各地有栽培。我国各地常见栽培。

迁地栽培形态特征

植株通常单生，茎球形到圆柱形，高10~30cm，直径7~20cm，深绿色到灰绿色；棱13~17，棱顶部末端尖锐，稍具结节。小窠着生于棱的顶端，圆形至椭圆形，长宽约1~3cm，具白色或米黄色毡毛；中刺4根，长5~10cm，黄色，圆柱状或稍扁弯曲或稍弯；周刺8~12根，圆柱状，灰色，略带红色，长3~7cm。花着生于近顶端，围成环形，花冠漏斗状，淡黄色或黄色，高6~7cm，宽7~9cm；花被片多；花丝黄色到橙黄色，花药黄色；柱头黄色，裂片8~10。果实球状，长2~5cm，直径1~4cm，初为绿色或黄绿色，成熟时呈暗褐色红色；种子长1mm，亮黑色。

引种信息

厦门市园林植物园　引种记录不详，长势良好。

华南植物园　引种号20082076，2008年引自福建，引种材料为植株，长势良好。

北京植物园　引种记录不详，长势良好。

南京中山植物园　引种号NBG2007F-96，2007年引自福建漳州，引种材料为植株，长势良好。

上海辰山植物园　引种号20160905，2016年引自美国，引种材料为植株，长势良好。

龙海沙生植物园　引种号LH-063，1999年引自福建福州，引种材料为植株，长势良好。

物候

　　厦门市园林植物园　温室内栽培，花期7月，未见结果。

　　华南植物园　温室内栽培，花期7月，未见结果。

　　北京植物园　温室内栽培，花期7~8月，未见结果。

　　南京中山植物园　温室内栽培，未见开花结果。

　　上海辰山植物园　温室内栽培，未见开花结果。

　　龙海沙生植物园　温室内栽培，花期5~8月，果期7~10月。

迁地栽培要点

　　常见播种繁殖。喜阳光充足的温暖干燥气候，喜通风透气环境。生长期在春季、夏季。花期在夏末至秋季，花朵中午开放，夜间部分关闭，几天后重新开放。

主要用途

　　大虹的果实不同于该属的大多数其他种及品种，果肉多汁。主要为园林观赏，也可以作为水果食用。

植株　植株　花　棱、刺

191

63

文鸟丸

Ferocactus histrix (DC.) G. E. Linds., Cact. Succ. J. (Los Angeles) 27: 171. 1955.

植株

植株幼苗

自然分布

原产墨西哥中部的杜兰戈至伊达尔戈。欧洲、亚洲有栽培。我国南北各地栽培。

迁地栽培形态特征

植株通常单生，茎扁球形或短圆柱形，在原产地最高可达1.2m，直径可达80cm，通常茎顶大而扁平，多少木质化；棱20~40，棱端具小窠，有时小窠几乎连接在一起。小窠具刺，刺黄色，逐渐变为褐色；中刺1~4根，钩状，位于植株顶端的中刺较短，2~3.5cm；底部中刺4~6cm，周刺10~12根，锥状，略弯曲。花顶生，花绕球体顶端一圈，漏斗形，长2~3cm，直径2.5cm，花被片黄色，常具桃红色中纹，内轮花被片线形、长圆形，尖锐，稍展开；柱头裂片6，线形，绿色；子房卵形，2~4mm长，稍具缘毛。果实椭圆形，长2~3cm。粉色，成熟后开裂；种子长1mm，深棕色，被细密点。

引种信息

厦门市园林植物园 引种记录不详，长势良好。

华南植物园 引种号20082077，2008年引自福建，引种材料为植株，长势良好。

中国科学院植物研究所北京植物园 引种号1975-w0205，1975年引种，引种地、引种材料不详，已死亡。

北京植物园 引种记录不详，长势良好。

南京中山植物园 引种号NBG2007F-95，2007年引自福建漳州，引种材料为植株，长势良好。

上海辰山植物园 引种号20122156，2012年引自上海植物园，引种材料为植株，长势良好。

龙海沙生植物园 引种号LH-064，1995年引自上海，引种材料为植株，长势良好。

物候

厦门市园林植物园 温室内栽培，花期7~9月，果期8~10月。

华南植物园　温室内栽培，花期7～9月，果期8～10月。

中国科学院植物研究所北京植物园　温室内栽培，花期果期未记录。

北京植物园　温室内栽培，未见开花结果。

南京中山植物园　温室内栽培，未见开花结果。

上海辰山植物园　温室内栽培，未见开花结果。

龙海沙生植物园　温室内栽培，花期6～7月，果期8～9月。

迁地栽培要点

常见播种繁殖。喜阳光充足的温暖干燥气候，喜通风透气环境。生长期在夏季。生长期需要较多水，生长期应适当追肥。环境太潮湿时容易产生黄斑或感染真菌。冬季保持干燥可以忍受短暂的0-5℃左右的低温。

主要用途

园林观赏，少量作为水果食用。

植株　　小窠、刺　　棱、小窠、刺

64

日出丸

Ferocactus latispinus (Haw.) Britton & Rose, Cactaceae3: 143, pl. 13. 1922.

植株

自然分布

原产墨西哥中部的杜兰戈、萨卡特卡斯、阿瓜斯卡连特斯、圣路易斯波托西、哈利斯科、瓜纳华托、克雷塔罗、伊达尔戈和普埃布拉。欧洲、亚洲有栽培。我国各地栽培。

迁地栽培形态特征

植株通常单生，茎球形或扁球形，不分枝，浅绿色；高30~35cm，直径可达40cm；棱13~23，急尖。小窠灰色，具刺；刺通常红色、黄色至白色；中刺4根，上部的3根直，扁平成带状，上举，长3~4cm，宽约4mm；最低的1根宽厚，弯曲或倒钩，具横纹，长约5cm，宽约9mm；周刺6~12根，直刺，辐射状散开，较小，黄色至红色。花顶生，钟状，芳香，紫色、淡紫色或紫蓝色，外密被鳞片，长2.5~5cm，宽4cm；花被片狭长圆形，顶端尖锐。浆果球形，初为绿色，成熟后变紫红色，长3~8cm，宽2~2.5cm，外被鳞片；种子深棕色，肾形，稍凹，长1.2~1.5mm。

厦门市园林植物园　引种记录不详，长势良好。

中国科学院植物研究所北京植物园　引种号1973–w1280，1973年引种，引种地、引种材料不详，已死亡；引种号1973–w1280，1973年引种，引种地、引种材料不详，已死亡。

北京植物园　引种号C051，2001年引自美国，引种材料为植株，长势良好。

龙海沙生植物园　引种号LH–065，1995年引自上海，引种材料为植株，长势良好。

物候

厦门市园林植物园　温室内栽培，花期1月，果期3月。

中国科学院植物研究所北京植物园　温室内栽培，花期果期未记录。

北京植物园　温室内栽培，未见开花结果。

龙海沙生植物园　温室内栽培，花期11～12月，果期翌年1～2月。

迁地栽培要点

种子繁殖。生长较缓慢。喜排水良好土壤，在夏季生长期需要大量的水。潮湿可能导致疾病或真菌感染，甚至死亡。冬季保持干燥通风，较不耐寒。

主要用途

观赏。

小窠、刺

植株

花

开花植株

花

花

花蕾

65

赤城

Ferocactus macrodiscus (Mart.) Britton & Rose, Cactaceae 3: 139. 1922.

植株 植株

自然分布

原产墨西哥圣路易斯波托西、克雷塔罗、瓜纳华托、瓦哈卡和普埃布拉，生于丘陵地区。现世界各地引种。我国有栽培。

迁地栽培形态特征

植株单生，主根强大；茎圆盘状，高10～20cm，直径30～40cm，原产地植株常埋在土壤中；蓝绿色至墨绿色；棱13～35，尖锐。小窠着生于棱上，长5～10mm，具黄色毡毛；中刺1～4根，长3.5cm，圆锥状，通常具有带状纹，稍向下弯曲，基部红色；周刺6～8根，长2～3cm，浅黄色。花着生于茎顶，钟形，高和直径3～4cm，紫色至粉红色，有白色条纹，外轮花被片具光泽；内轮花被片线形至宽线形，顶端尖，边缘浅裂。浆果近球形，初为绿色，成熟时洋红色，直径3～4cm；种子直径2mm，深棕色。

引种信息

厦门市园林植物园 引种记录不详，长势良好。

华南植物园 引种号20082079，2008年引自福建，引种材料为植株，长势良好。

中国科学院植物研究所北京植物园 引种号1973-w1281，1973年引种，引种地、引种材料不详，已死亡；引种号1979-w0386，1973年引种，引种地、引种材料不详，已死亡。

上海辰山植物园 引种号20160906，2016年引自美国，引种材料为植株，长势良好；引种号20122121，2012年引自上海植物园，引种材料为植株，长势良好。

龙海沙生植物园 引种号LH-066，1993年引自上海，引种材料为植株，长势良好。

物候

厦门市园林植物园 温室内栽培，花期4月，果期4月。

华南植物园　温室内栽培，花期4月，果期4月。

中国科学院植物研究所北京植物园　温室内栽培，花期果期未记录。

上海辰山植物园　温室内栽培，未见开花结果。

龙海沙生植物园　温室内栽培，花期3～4月，果期5～6月。

迁地栽培要点

种子繁殖。生长较缓慢。喜排水良好土壤，在夏季生长期需要大量的水。潮湿可能导致黄斑病。冬季保持干燥通风，可短暂忍受0-5℃低温。

主要用途

常作为园林观赏，极少数以果实作为水果食用。

66

巨鹫玉

Ferocactus peninsulae (F. A. C. Weber) Britton & Rose var. *townsendianus* (Britton & Rose) N. P. Taylor, Bradleya 2: 28. 1984.

植株　　　　　　　　　　　　　　　　　　　　　　　　　　刺

自然分布

原产墨西哥下加利福尼亚半岛。美洲、欧洲、亚洲多地栽培，我国南北各地栽培。

迁地栽培形态特征

植株单生；茎卵形、棍棒形，从基部向上逐渐变细，高70cm，栽培的高可达2.5m，直径达40～50cm，体色青绿色；棱12～20，高且薄，棱顶端生小窠。小窠大且突出，圆形，长宽约2cm，被褐色毡状毛；中刺4根，形成一个十字形，略带红色，尖端黄色、灰白色或棕色，呈扁锥形，有环纹，弯曲，末端具钩；周刺6～13根，新刺红褐色，老刺灰褐色或紫褐色。花顶生，多数，漏斗状，长4～6cm，红色、淡黄色或黄色，花被片中间橙色或红色的中脉；雄蕊多数，花药黄色；柱头多裂。果卵形至球形，长宽2.5～3.5cm，外部被鳞，初为绿色，成熟后黄色；种子黑色，长1.2～2mm。

引种信息

　　厦门市园林植物园　引种记录不详，长势良好。

　　华南植物园　引种号20082151，2008年引自福建，引种材料为植株，长势良好。

　　中国科学院植物研究所北京植物园　引种号1973-w1274，1973年引种，引种地、引种材料不详，已死亡；引种号1976-w0089，1976年引种，引种地、引种材料不详，已死亡；引种号2005-3390，2005年引自福建龙海，引种材料为植株，长势良好。

　　北京植物园　无引种编号，2018年引自福建，引种材料为植株，长势良好。

　　南京中山植物园　引种号NBG2007F-99，2007年引自福建漳州，引种材料为植株，长势良好。

　　上海辰山植物园　引种号20102324，2010年引自上海植物园，引种材料为植株，长势良好；引种号20102543，2010年引自福建漳州，引种材料为植株，长势良好。

　　龙海沙生植物园　引种号LH-067，1993年引自福建厦门，引种材料为植株，长势良好。

物候

　　厦门市园林植物园　温室内栽培，花期6～9月，果期翌年2～3月。

　　华南植物园　温室内栽培，花期6～9月，果期翌年2～3月。

　　中国科学院植物研究所北京植物园　温室内栽培，未见开花结果。

　　北京植物园　温室内栽培，未见开花结果。

　　南京中山植物园　温室内栽培，花期5～6月，未见结果。

　　上海辰山植物园　温室内栽培，未见开花结果。

　　龙海沙生植物园　温室内栽培，几全年开花结果。

迁地栽培要点

　　主要播种繁殖。喜阳光充足、排水良好的环境。耐旱，不耐暴晒，不耐寒。冬季保持盆土干燥，短时间能耐0℃低温。春夏生长期干透给水，成株尽量少浇水。

主要用途

　　园林观赏。

花、果

花

花、花蕾

果

花

花

果

植株

67

赤凤

别名： 有毛玉

Ferocactus pilosus (Galeotti ex Salm-Dyck) Werderm., Repert. Spec. Nov. Regni Veg. Sonderbeih. C: t.72. 1933.

老龄植株　　　　　　　　　　　　　植株幼苗

自然分布

原产墨西哥圣路易斯波托西、萨卡特卡斯、杜兰戈、新莱昂、科阿韦拉和塔毛利帕斯。现美洲、欧洲、亚洲多地栽培，我国各地栽培。

迁地栽培形态特征

植株单生，或形成较大型的群体；茎圆形、椭圆形或或圆柱形，高80～150cm，直径40～60cm，在原产地高可达3m；绿色或暗绿色；棱13～20，幼年时棱尖，成熟时变钝，长满几乎相连接的小窠。小窠密被白色细长毡毛，刺红色、黄色或两者兼有，中刺6～12根，具横纹，略弯曲，周刺退化成刚毛状或掉落。花着生于茎的顶端，形成环状，橙黄色或红色，长4～5cm，直径2.5cm；花被片倒披针形；雄蕊多数；柱头多裂，黄色。果实卵形，黄色，3～4cm；种子长5mm，棕色。

引种信息

厦门市园林植物园　引种号19650353，1965年引自日本，引种材料为植株，长势良好。

华南植物园　引种号20082080，2008年引自福建，引种材料为植株，长势良好。

中国科学院植物研究所北京植物园　引种号1975-w0754，1975年引种，引种地、引种材料不详，已死亡。

北京植物园　无引种编号，2018年引自福建，引种材料为植株，长势良好。

南京中山植物园　引种号NBG2007F-94，2007年引自福建漳州，引种材料为植株，长势良好。

上海辰山植物园　引种号20102325，2010年引自上海植物园，引种材料为植株，长势一般；引种号20110610，2011年引自美国，引种材料为植株，长势良好。

龙海沙生植物园　引种号LH-068，1997年引自福建福州，引种材料为植株，长势良好。

物候

厦门市园林植物园　温室内栽培，花期4～6月，未见结果。

华南植物园　温室内栽培，花期4～6月，未见结果。

中国科学院植物研究所北京植物园　温室内栽培，花期果期未记录。

北京植物园　温室内栽培，未见开花结果。

南京中山植物园　温室内栽培，未见开花结果。

上海辰山植物园　温室内栽培，未见开花结果。

龙海沙生植物园　温室内栽培，花期4～10月，果期6～12月。

迁地栽培要点

喜温暖干燥、排水良好的环境，避免因环境潮湿引起的黄斑，甚至感染病菌。较耐旱，不耐暴晒。生长期通常为春夏，需水较多。不耐寒，干燥情况下冬季可短暂忍受0～5℃低温。

主要用途

园林观赏。

花

花蕾、刺

植株

植株

植株

刺、小窠、棱

花

68
勇壮丸

Ferocactus robustus Britton & Rose, Cactaceae 3: 135, fig. 141. 1922.

植株

植株

自然分布

原产墨西哥的普埃布拉。美洲、欧洲、亚洲栽培，我国台湾、福建、北京有种植。

迁地栽培形态特征

植株簇生，子球分生多，在原产地形成高1m、宽5m的群体；茎球形、棍棒状或圆柱状，青绿色或深绿色；棱8，尖而薄，棱顶生有小窠。小窠直径约8mm，具白色毡毛；中刺4～6根，红褐色，呈扁锥形，直立放射状，长可达6cm；周刺10～14根，细针状，新刺白色，老刺灰色。花顶生，漏斗状，黄色或橙黄色，长3～4cm，直径3～4cm；外轮花被片覆盖到底部逐渐淡去的粉红色直条纹；内轮花被片黄色，长圆形，顶端尖锐；雄蕊多数，花药黄色；柱头裂片10。果肉质，球形或卵形，高2～3cm，直径2cm，外部被鳞片，初为绿色，成熟后黄色；种子黑色，长1.5mm，宽1mm。

引种信息

厦门市园林植物园　引种号03340，2003年引自北京花乡，引种材料为植株，长势良好；引种号20180638，2018年引自福建漳州，引种材料为植株，长势良好。

华南植物园　引种号20104241，2010年引自福建漳州，引种材料为植株，长势良好。

龙海沙生植物园　引种号LH-069，引种时间2006，引种地不详，引种材料为种子，长势良好。

物候

厦门市园林植物园　温室内栽培，未见开花结果。

华南植物园　温室内栽培，未见开花结果。

龙海沙生植物园　温室内栽培，未见开花结果。

迁地栽培要点

喜阳光充足、排水良好的环境。耐旱，不耐暴晒，不耐寒。冬季保持盆土干燥，短时间能耐5℃低温，可以容忍短暂的0℃低温。春夏生长期需要较多水。

主要用途

园林观赏。

小篓、刺

植株

植株

植株

植株

植株

植株

69

黄彩玉

Ferocactus schwarzii G. E. Linds., Cact. Succ. J. (Los Angeles) 27: 70, fig. 42-46. 1955.

植株

群生植株

自然分布

原产墨西哥锡那罗亚北部。美洲、欧洲、亚洲栽培，我国各地栽培。

迁地栽培形态特征

植株单生；茎圆球形、椭圆形至宽卵形，可高达80cm，直径30~50cm，淡绿色或灰绿色；棱13~19，有明显横肋，棱高5~6cm。小窠在棱上排列紧密，顶部附生淡褐色茸毛；中刺1根。新刺黄色，老刺淡褐色；周刺初期3~5根，后随年龄增长退化至1~3根，针状，长2~5cm。花顶生，形成环状，钟状，不完全开放，橙黄色，长5cm，直径4cm；雄蕊多数，花药黄色；柱头多裂，裂片有时反卷，淡黄色，长1~2cm。果实少见，长约1.5cm，不裂。

引种信息

厦门市园林植物园　引种记录不详，长势良好。

中国科学院植物研究所北京植物园　引种号1961-w0111，1961年引种，引种地、引种材料不详，植株在"文革"时期遗失；引种号2005-3399，2005年引自福建龙海，引种材料为植株，长势良好；引种号2018-1191，2018年引自福建龙海，引种材料为植株，长势良好。

北京植物园　引种号C055，2001年引自美国，引种材料为植株，长势良好。

上海辰山植物园　引种号20160910，2016年引自美国，引种材料为植株，长势良好；引种号20171588，2017年引自福建漳州，引种材料为植株，长势良好。

龙海沙生植物园　引种号LH-070，1999年引自福建福州，引种材料为植株，长势良好。

物候

厦门市园林植物园　温室内栽培，花期4~5月，未见结果。

中国科学院植物研究所北京植物园 温室内栽培，花期3~5月，果期4~6月。

北京植物园 温室内栽培，花期7月，未见结果。

上海辰山植物园 温室内栽培，未见开花结果。

龙海沙生植物园 温室内栽培，花期4~5月，果期6~7月。

迁地栽培要点

喜温暖干燥、排水良好的环境。耐旱，不耐暴晒，不耐寒。冬季保持土壤干燥，短时间能耐5℃低温。春夏生长期需要较多水。

主要用途

园林观赏。

花　花　植株

花　花

花　棱、小窠、刺

开花植株　植株　花

裸萼球属

Gymnocalycium Pfeiff. ex Mittler, Abbid. Beschr. Cact. 2: sub tt. 1, 12. 1845.

植株低矮，单生或基部分生子球，有的丛生；直根系，具主根；茎肉质，小型，稀中型，无节，扁圆球形或圆柱形，暗绿色或灰绿色，具棱，棱纵向或螺旋状排列。小窠着生于棱脊，椭圆形至圆形，具各式刺，初被短绵毛。花着生于植株顶部的小窠，钟状漏斗形至漏斗形，花托和花被管具鳞片，鳞片光滑，宽阔，鳞片自下而上渐变大，过渡成花被片；雄蕊多数；子房下位；柱头黄色或白色。果小型，长球形，具鳞片，多数红色，顶端具宿存花被，肉质或半肉质，熟时开裂；种子近球形、倒卵球状或近双凸镜状，常有明显的种阜，褐色至黑色，有光泽。

约60种，原产巴西南部、玻里维亚、阿根廷、乌拉圭和巴拉圭。世界各地常见栽培，中国引种约42种，其中常见栽培11种。

裸萼球属分种检索表

70
翠晃玉

Gymnocalycium anisitsii (K. Schum.) Britton & Rose, Cactaceae 3: 59. 1922.

嫁接植株

刺、小窠

自然分布

原产玻利维亚、巴西和巴拉圭。世界各地栽培。我国各地也常见栽培。

迁地栽培形态特征

植株单生或丛生；直根系；茎扁球形至短圆球形，高5~10cm，直径8~10cm，灰绿色或暗绿色，通常染以红色或紫红色的斑，棱11~13。小窠生于棱上，周刺5~7根，刺细针状，直或稍微卷曲，长1~6cm，新刺白色或淡黄色，后逐渐变浅灰色。花顶生，漏斗状，白色、粉色或淡粉色，长4~6cm，花被管上具鳞片，鳞片光滑。果实长圆柱形，长2.5cm，直径0.5~1cm，初为绿色，成熟为红色；种子球形，直径约1mm，浅褐色。

引种信息

厦门市园林植物园　引种记录不详，长势良好。

华南植物园　引种号20116120，2011年引自福建，引种材料为植株，长势良好。

中国科学院植物研究所北京植物园　引种记录不详，长势一般。

南京中山植物园　引种号NBG2007F-113，2007年引自福建漳州，引种材料为植株，已死亡。

上海辰山植物园　引种号20171491，2017年引自福建漳州，引种材料为植株，长势良好。

龙海沙生植物园　引种号LH-071，2004年引自福建漳州，引种材料为植株，长势良好。

物候

厦门市园林植物园　温室内栽培，花期7月，未见结果。

华南植物园　温室内栽培，花期7月，未见结果。

中国科学院植物研究所北京植物园　温室内栽培，花期6~7月，果期7~8月。

南京中山植物园　温室内栽培，未见开花结果，已死亡。

上海辰山植物园　温室内栽培，花期7~8月，未见结果。

龙海沙生植物园　温室内栽培，几全年开花结果。

迁地栽培要点

播种繁殖，子球扦插，嫁接繁殖。喜阳光充足，温暖湿润气候。夏季为生长期。

主要用途

园林观赏。

嫁接植株　开花植株　花　花　植株

71

绯花玉

Gymnocalycium baldianum (Speg.) Speg., Anales Soc. Ci. Argent. 94: 135. 1925.

植株群生

自然分布

原产阿根廷安第斯山脉，海拔500~2000m的地区。世界各地栽培。我国各地常见栽培。

迁地栽培形态特征

植株初时单生，后丛生；具块根；茎扁球形至圆球形，高4~10cm，直径可达15cm，灰绿色至蓝绿色。棱7~11，被深的凹槽分割成瘤突状。小窠生于棱上，周刺5~9根，刺细针状，直或弯向茎，浅棕色、灰色或白色稍带红尖。花顶生，漏斗状，白色、紫红色或粉色，长3~5cm，直径2~3cm；雄蕊多数，花药黄色。果实纺锤形，深灰绿色，种子黑色。

引种信息

厦门市园林植物园　引种号20180667，2018年引自福建漳州，引种材料为植株，长势良好。

华南植物园　引种号20116041，2011年引自福建，引种材料为植株，长势良好。

中国科学院植物研究所北京植物园　引种号2005-3517，2005年引自福建龙海，引种材料为植株，长势良好。

北京植物园　无引种编号，1999年引自荷兰，引种材料为植株，长势良好。

南京中山植物园　引种号NBG2007F-110，2007年引自福建漳州，引种材料为植株，长势良好。

上海辰山植物园　引种号20160944，2016年引自美国，引种材料为植株，长势良好；引种号20122009，2012年引自上海植物园，引种材料为植株，长势良好；引种号20102341，2010年引自上海植物园，引种材料为植株，长势良好；引种号20112052，2011年引自上海植物园，引种材料为植株，长势良好；引种号20111985，2011年引自福建漳州，引种材料为植株，长势良好。

龙海沙生植物园　引种号LH-072，1993年引自福建漳州，引种材料为植株，长势良好。

物候

厦门市园林植物园　温室内栽培，花期6~7月，未见结果。

华南植物园　温室内栽培，花期6~7月，未见结果。

中国科学院植物研究所北京植物园　温室内栽培，花期4~5月，果期5~6月。

北京植物园　温室内栽培，花期7~8月，未见结果。

南京中山植物园　温室内栽培，花期4~5月，未见结果。

上海辰山植物园　温室内栽培，花期4~5月及8月，未见结果。

龙海沙生植物园　温室内栽培，几全年开花结果。

迁地栽培要点

播种繁殖，子球扦插，嫁接繁殖。夏型种。喜温暖、干燥和阳光充足，耐短期半阴，忌长期光照不足，耐干旱，忌积水，较耐寒。夏季高温时适当遮光，避免强烈的阳光灼伤球体表面。

主要用途

园林观赏。

植株

花蕾

瘤突、刺

花

花

花

花

缀化

72
罗星丸

Gymnocalycium bruchii (Speg.) Hosseus, Revista Centro Estud. Farm. 2 (no. 6): reprint pp. 16, 22. 1926.

自然分布
原产阿根廷。我国各地栽培。

迁地栽培形态特征
植株容易长侧芽，很多小茎组合形成垫状的集群，集群直径可达15cm；茎扁圆球至圆球形，高3.5cm，直径6cm，暗绿色；棱12，较低，圆钝，具瘤突。小窠生于棱上，中刺1～3根，有时缺如，白色或褐色，周刺12～14根，弯曲向后，刚毛状，灰白色，长6mm。花顶生，漏斗状，粉紫色至白色，长宽3～5cm。果圆球形，带蓝色至白色，种子黑色。

引种信息
厦门市园林植物园　引种号03392，2003年引自日本种植场，引种材料为植株，长势良好。

华南植物园　引种号20104464，2010年引自福建漳州，引种材料为植株，长势良好。

中国科学院植物研究所北京植物园　引种号1973–w1287，1973年引种，引种地、引种材料不详，已死亡；引种号1978–w004，1978年引种，引种地、引种材料不详，已死亡。

南京中山植物园　引种号NBG2007F–115，2007年引自福建漳州，引种材料为植株，长势良好。

上海辰山植物园　引种号20160945，2016年引自美国，引种材料为植株，长势良好；引种号20171499，2017年引自福建漳州，引种材料为植株，长势良好；引种号20112171，2011年引自上海西萍园艺，引种材料为植株，长势良好。

龙海沙生植物园　引种号LH–073，1999年引自福建漳州，引种材料为植株，长势良好。

物候
厦门市园林植物园　温室内栽培，花期3月，未见结果。

华南植物园　温室内栽培，花期3月，未见结果。

中国科学院植物研究所北京植物园　温室内栽培，花期4～7月，果期未记录。

南京中山植物园　温室内栽培，花期4～5月，未见结果。

上海辰山植物园　温室内栽培，花期4～5月，未见结果。

龙海沙生植物园　温室内栽培，花期5～6月，果期6～7月。

迁地栽培要点
播种繁殖，子球扦插，嫁接繁殖。夏型种。喜温暖、干燥和阳光充足，冬季应保持干燥。是南美洲最耐寒的品种之一，可耐–15℃或者更低温度。

主要用途
观赏。

花

植株

植株群生

73

瑞云丸

Gymnocalycium mihanovichii (Frič ex Gürke) Britton & Rose, Cactaceae 3: 153. 1922.

植株　　　　　　　　　　　　　　　　　　　　　　　　　植株

自然分布

原产巴拉圭干旱的亚热带地区。世界各地栽培。我国各地常见栽培。

迁地栽培形态特征

植株单生；直根系；茎宽圆球形，高3～5cm，直径5～6cm；灰绿色，常带红色或红褐色；棱8，稍凹，顶端尖锐，成熟时表面平坦，每一处都有一个褶。小窠生于棱上，下部突起；周刺5～6根，黄灰色，弯曲，0.8～1cm。花顶生，漏斗状，黄绿色或亮绿色，长4～5cm。果实纺锤形，灰绿色；种子黑色。

引种信息

厦门市园林植物园　引种号20180665，2018年引自福建漳州，引种材料为植株，长势良好；引种号20180681，2018年引自福建漳州，引种材料为植株，长势良好。

华南植物园　引种号20104469，2010年引自福建漳州，引种材料为植株，长势良好。

中国科学院植物研究所北京植物园　引种号1974-w0011，1974年引种，引种地、引种材料不详，已死亡。

北京植物园　引种记录不详，长势良好。

南京中山植物园　引种号NBG2007F-114，2007年引自福建漳州，引种材料为植株，长势良好。

上海辰山植物园　引种号20122116，2012年引自上海植物园，引种材料为植株，长势良好。

龙海沙生植物园　引种号LH-074，1997年引自福建漳州，引种材料为植株，长势良好。

物候

厦门市园林植物园　温室内栽培，花期5～7月，未见结果。

华南植物园　温室内栽培，花期5～7月，未见结果。

中国科学院植物研究所北京植物园 温室内栽培，花期3～6月，果期未记录。

北京植物园 温室内栽培，未见开花结果。

南京中山植物园 温室内栽培，花期4～5月，未见结果。

上海辰山植物园 温室内栽培，未见开花结果。

龙海沙生植物园 温室内栽培，几全年开花结果。

迁地栽培要点

播种繁殖，扦插，嫁接繁殖。夏型种。喜温暖、干燥和阳光充足，耐干旱，忌积水，不耐寒。夏季高温时适当遮光，避免强烈的阳光灼伤球体表面。

主要用途

园林观赏。

常见栽培的变种有：绯牡丹（*G. mihanovichii var. friedrichii* 'Rubra'）：日本园艺家1941年选育出来的园艺品种。茎扁球形，红色，具脊瘤突棱8，辐射刺短或脱落，成熟球体会群生子球。花漏斗状，粉红色或淡粉色；果实纺锤形，红色。种子黑褐色。无法进行光合作用，需嫁接栽培。

嫁接植株

花

绯牡丹

绯牡丹锦

绯牡丹锦

花蕾

花蕾

花

74

云龙

别名: 多花玉

Gymnocalycium monvillei Pfeiff. ex Britton & Rose, Cactaceae 3: 161. 1922.

植株子球　　植株

自然分布

原产阿根廷，生长在海拔500～2700m的草原地区。世界各地栽培。我国各地常见栽培。

迁地栽培形态特征

植株单生；茎扁圆球至圆球形，绿色或灰绿色，高6～8cm，直径可达30cm；棱10～15，宽钝，棱上有瘤突，颚状突出。小窠生于棱端，约1cm长，被白色茸毛，无中刺，偶有中刺1～3根；周刺7～13根，微微弯曲，新刺黄色，老刺灰绿色至红褐色，长3～4cm。花顶生或近顶生，漏斗状，白色或带有粉色，长4～8cm，直径5～7cm；外轮花被片绿色，与花被管具宽而圆的鳞片。果实纺锤状，灰绿色，被鳞片，成熟后变成淡黄色，直径达2cm；种子棕红色，直径约1mm。

引种信息

厦门市园林植物园　引种记录不详，长势一般。

华南植物园　引种号20143074，2014年引自福建，引种材料为植株，长势良好。

上海辰山植物园　引种号20122111，2012年引自上海植物园，引种材料为植株，长势良好。

龙海沙生植物园　引种号LH-075，1999年引自广东广州，引种材料为植株，长势良好。

物候

厦门市园林植物园　温室内栽培，未见开花结果。

华南植物园　温室内栽培，未见开花结果。

上海辰山植物园　温室内栽培，未见开花结果。

龙海沙生植物园　温室内栽培，花期5～6月，果期6～7月。

迁地栽培要点

  播种繁殖，扦插，嫁接繁殖。夏型种。喜温暖、干燥和阳光充足，耐干旱，忌积水，不耐寒。夏季高温时适当遮光，避免强烈的阳光灼伤球体表面。

主要用途

  园林观赏。

植株

植株

植株顶部刺

小窠、刺

小窠、刺

小窠，刺

花

花

群生植株

75

春秋之壶

Gymnocalycium ochoterenae Backeb. subsp. *vatteri* (Buining) Papsch, Gymnocalycium 6 (1): 79. 1993.

自然分布

原产阿根廷的科尔多瓦。世界各地栽培。我国各地常见栽培。

迁地栽培形态特征

茎扁球形，高达9cm，宽4~10cm；灰绿色、橄榄绿色至褐色；棱10~16，宽，扁平。小窠生于棱上；无中刺，周刺1~3根，向后弯曲，褐黄色或黄白色，基部黑色，老刺灰白色。花生于茎的顶端，漏斗状，白色，喉部粉红色，长4~5cm，宽4cm。果实桶状或纺锤形，绿色，成熟时红色，长2~3cm，直径1.5~2cm；种子黑褐色。

引种信息

厦门市园林植物园　引种号20180671，2018年引自福建漳州，引种材料为植株，长势良好。

龙海沙生植物园　引种号LH-076，2002年引自上海，引种材料为植株，长势良好。

物候

厦门市园林植物园　温室内栽培，未见开花结果。

龙海沙生植物园　温室内栽培，花期6~8月，果期7~9月。

迁地栽培要点

播种繁殖、嫁接繁殖。因其成熟球体基本无子球，故少有扦插繁殖。夏型种。喜温暖、干燥和阳光充足。开花需强阳光。

主要用途

园林观赏。

原种武勋丸（*G. ochoterenae*）也常见栽培。

棱、刺、小窠

植株

76

莺鸣玉

Gymnocalycium pflanzii (Vaupel) Werderm., Repert. Spec. Nov. Regni Veg. Sonderbeih. Ct. 94. 1935.

自然分布

原产玻利维亚东南部、巴拉圭西北部和阿根廷北部的萨尔塔、胡胡伊和图库曼，在海拔500～2500m地区分布。世界各地栽培。我国各地常见栽培。

迁地栽培形态特征

植株幼时单生，随年龄增长易蘖生子球，形成丛生；茎扁球形，高10cm，直径10～25cm，浅绿色、绿色或橄榄绿色，在全阳光下呈现淡紫色；棱8～12，成株棱常出现瘤突。小窠着生于棱顶或瘤突顶端，卵圆形，被白色毡毛；中刺1根，长2～3cm；周刺6～9根，锥状弯曲，长2～3cm，坚硬，淡黄色或白色，刺尖端或为红褐色，顶端黑色。花着生于茎的顶端，漏斗状，具短的花被管，直径4～5cm，粉红色或浅橙红色，花被片中间有褐色条纹。果实球形，绿色，成熟后胭脂红色；种子黑褐色，微半明型，0.6mm×0.4mm。

引种信息

厦门市园林植物园　引种号2012498，2012年引自北京，引种材料为植株，长势良好。

华南植物园　引种号20082084，2008年引自福建，引种材料为植株，长势良好。

北京植物园　引种号C078，2001年引自美国，引种材料为植株，长势良好。

上海辰山植物园　引种号20122118，2012年引自上海植物园，引种材料为植株，长势良好；引种号20103009，2010年引自上海植物园，引种材料为植株，长势良好。

龙海沙生植物园　引种号LH-077，1997年引自上海，引种材料为植株，长势良好。

物候

厦门市园林植物园　温室内栽培，花期5月，未见结果。

华南植物园　温室内栽培，花期5月，未见结果。

北京植物园　温室内栽培，未见开花结果。

上海辰山植物园　温室内栽培，未见开花结果。

龙海沙生植物园　温室内栽培，花期6～7月，果期7～8月。

迁地栽培要点

播种、扦插、嫁接繁殖。夏型种。喜温暖、干燥和阳光充足。

主要用途

园林观赏。

棱、刺、小窠

植株

77

龙头

Gymnocalycium quehlianum (F. Haage ex Quehl) Vaupel ex Hosseus, Revist. Cent. Estud. Farm. Cordoba 2. No. 6, reimpr. p. 22. 1926.

植株

自然分布

原产阿根廷。世界各地栽培。我国各地常见栽培。

迁地栽培形态特征

植株单生，有的丛生；茎扁球形，高可达4cm或更高，直径约10~15cm，暗红色、绿色或灰绿色；棱11~15，低矮，棱上具凸起的圆形瘤突和沟纹。小窠生于瘤突上，周刺3~7根，刺长0.5~2cm，尖端白色，基部褐色，下弯，紧贴瘤突，或直立，不紧贴瘤突。花着生于茎的顶端，白色或粉色，喉部红色，长4~6cm，具很短的花被管。果细长，棍棒状，灰褐色。

引种信息

厦门市园林植物园　引种号20180680，2018年引自福建漳州，引种材料为植株，长势良好。

华南植物园　引种号20116127，2011年引自福建，引种材料为植株，长势良好。

北京植物园　引种记录不详，长势良好。

南京中山植物园　引种号NBG2007F-117，2007年引自福建漳州，引种材料为植株，长势良好。

上海辰山植物园　引种号20171608，2017年引自福建漳州，引种材料为植株，长势良好。

龙海沙生植物园　引种号LH-078，1997年引自上海，引种材料为植株，长势良好。

物候

厦门市园林植物园　温室内栽培，花期6月，未见结果。

华南植物园　温室内栽培，花期6月，未见结果。

北京植物园　温室内栽培，花期8月，未见结果。

南京中山植物园　温室内栽培，花期4~5月，未见结果。

上海辰山植物园　温室内栽培，花期5月，未见结果。

龙海沙生植物园　温室内栽培，花期6~8月，果期7~9月。

迁地栽培要点

播种、扦插、嫁接繁殖。夏型种。喜温暖、干燥和阳光充足。耐干旱，忌积水。它们会在很小的时候开花。

主要用途

园林观赏。

棱、小窠、刺

花

花

78
新天地

Gymnocalycium saglionis (Cels) Britton & Rose, Cactaceae 3: 157. 1922.

开花植株

植株

自然分布

原产阿根廷北部，海拔240～2600m。世界各地栽培。我国各地常见栽培。

迁地栽培形态特征

植株较大型，单生；茎扁球形，高15～20cm，直径25～30cm，绿色、暗绿色或蓝色；棱10～30，棱上具凸起的圆形瘤突，以波状的间隔隔开排列。小窠生于棱上或瘤突上，中刺1～3根，向球体弯曲，周刺8～15根，锥形，弯曲，刺长3～4cm，新刺黄褐色，老刺紫红色至灰黑色。花生于茎的顶端，漏斗状，长3.5cm，直径2～3cm，具短花被管，白色或粉红色，喉部红色。果实球形，绿色，成熟后红色；种子褐色。

引种信息

厦门市园林植物园　引种记录不详，长势良好。

华南植物园　引种号20082085，2008年引自福建，引种材料为植株，长势良好。

中国科学院植物研究所北京植物园　引种号1973-w1252，1973年引种，引种地、引种材料不详，已死亡；引种号2005-3580，2005年引自福建龙海，引种材料为植株，长势良好。

北京植物园　无引种编号，引种时间不详，引自福建，引种材料为植株，长势良好。

南京中山植物园　引种号NBG2007F-118，2007年引自福建漳州，引种材料为植株，长势良好。

上海辰山植物园　引种号20123509，2012年引自上海辰山植物园，引种材料为种子，长势良好；引种号20102522，2010年引自福建漳州，引种材料为植株，长势良好；引种号20102347，2010年引自上海植物园，引种材料为植株，长势良好。

龙海沙生植物园　引种号LH-079，1993年引自福建漳州，引种材料为植株，长势良好。

物候

    厦门市园林植物园　温室内栽培，花期4～5月，果期6月；露地栽培，花期4～5月，果期6月。

    华南植物园　温室内栽培，花期4～5月，果期6月；露地栽培，花期4～5月，果期6月。

    中国科学院植物研究所北京植物园　温室内栽培，花期4～6月，未见结果。

    北京植物园　温室内栽培，花期7～8月，未见结果。

    南京中山植物园　温室内栽培，花期4～5月，未见结果。

    上海辰山植物园　温室内栽培，未见开花结果。

    龙海沙生植物园　温室内栽培，花期4～5月，果期5～6月。

迁地栽培要点

    播种、扦插、嫁接繁殖。夏型种。喜温暖、干燥和阳光充足耐干旱，忌积水。

主要用途

    园林观赏。

79

光琳玉

Gymnocalycium spegazzinii Britton & Rose subsp. *cardenasianum* (F. Ritter) Kiesling & Metzing, Darwiniana 34: 404. 1996.

嫁接植株

开花植株

自然分布

原产玻利维亚。世界各地栽培。我国各地常见栽培。

迁地栽培形态特征

植株单生；茎扁圆球形，高6~12cm，直径10~14cm，灰绿色至褐色；棱10~15，低矮，宽，在两个小窠之间下凹。小窠着生于棱上，无中刺，周刺5~8根，坚硬，弯向茎的表面，刺褐色至灰褐色，长2~5.5cm。花着生于茎的顶端，白色至淡粉色，喉部紫红色，长达7cm，直径5cm。果球形至长圆形。

引种信息

厦门市园林植物园　引种号19650357，1965年引自日本，引种材料为植株，长势良好；引种号20180668，2018年引自福建漳州，引种材料为植株，长势良好。

华南植物园　引种号20143111，2014年引自福建，引种材料为植株，长势良好。

中国科学院植物研究所北京植物园　引种号2005-3319，2005年引自福建龙海，引种材料为嫁接苗，长势良好。

上海辰山植物园　引种号20160952，2016年引自美国，引种材料为植株，长势良好。

龙海沙生植物园　引种号LH-080，1997年引自上海，引种材料为植株，长势良好。

物候

厦门市园林植物园　温室内栽培，花期8~12月，果期8~12月。

华南植物园　温室内栽培，花期8～12月，果期8～12月。

中国科学院植物研究所北京植物园　温室内栽培，花期7～8月，未见结果。

上海辰山植物园　温室内栽培，未见开花结果。

龙海沙生植物园　温室内栽培，花期7～8月，果期8～9月。

迁地栽培要点

播种、扦插、嫁接繁殖。夏型种。喜温暖、干燥和阳光充足。耐干旱，忌积水。

主要用途

园林观赏。

花

花

花蕾、果

瘤突、小窠、刺

80
凤头

Gymnocalycium stellatum Speg., Anales Soc. Ci. Argent. 99: 142. 1925.

植株　　　　　　　　　　　　　　　　　　　植株

自然分布

原产阿根廷。世界各地栽培。我国各地常见栽培。

迁地栽培形态特征

植株初时单生，后变丛生；茎扁球形，直径7～10cm，灰绿色至褐绿色；棱7～11，扁平，圆钝，具瘤突。小窠生于棱上，周刺3～5根，暗褐色，随着年龄的增长变成灰色，直或稍弯曲，或匍匐在球体上。花白色，长和直径6～6.5cm。果圆柱状。

引种信息

厦门市园林植物园　引种号19650358，1965年引自日本，引种材料为植株，长势良好；引种号20180679，2018年引自福建漳州，引种材料为植株，长势良好。

华南植物园　引种号20116043，2011年引自福建，引种材料为植株，长势良好。

中国科学院植物研究所北京植物园　引种号2005-3348，2005年引自福建龙海，引种材料为嫁接苗，长势良好。

龙海沙生植物园　引种号LH-081，2002年引自上海，引种材料为植株，长势良好。

物候

厦门市园林植物园　温室内栽培，花期7月，未见结果。

华南植物园　温室内栽培，花期7月，未见结果。

中国科学院植物研究所北京植物园　温室内栽培，花期4～5月，未见结果。

龙海沙生植物园　温室内栽培，花期7～8月，果期8～9月。

迁地栽培要点

播种、扦插、嫁接繁殖。冬季保持干燥则较耐寒。喜温暖、干燥和阳光充足，耐干旱，忌积水。夏季正午需要遮阴，直接晒太阳会变成青铜色或褐色。

主要用途

园林观赏。

棱、小窠、刺

开花植株

小窠、刺、花蕾

植株

卧龙柱属

Harrisia Britton, Bull. Torrey Bot. Club 35: 561. 1908.

植株具块根；通常具主干，乔木状或灌木，有时攀缘，平卧或几乎俯卧状，细长；茎通常纤细，不具气生根，多分枝，分枝直立或拱形；圆柱形，具棱，不分节；棱3～12，瘤突小或退化。小窠长于棱的突出部或瘤突的顶端；刺数根至多数，变化较大。花晚间开放，漏斗形，白色，花冠管和被丝托外面被毛状刺或茸毛；花被管细长，围合。果实肉质，黄色至橙色，有时开裂，外被小窠，小窠具鳞片或刺；种子阔卵形，黑色，有疣状突起，具较深的种脐。

约20种，分布于美国，经加勒比至南美洲的巴西、巴拉圭、玻利维亚和阿根廷。部分种类在世界各地栽培，我国常见栽培的有1种。

81

新桥

Harrisia martinii (Labour.) Britton, Addisonia 2: 55, pl. 68. 1917.

植株　果

自然分布

原产阿根廷的查科省、恩特雷里奥斯省、福莫萨省、圣菲省。现澳大利亚、非洲、美洲和亚洲等地栽培。我国各地引种栽培。

迁地栽培形态特征

攀缘植物，高达2m或以上，多分枝；幼茎直立，具4~5棱，老茎圆，下垂，直径2~2.5cm；绿色至灰绿色。小窠着生棱上的突出处，被白色茸毛；中刺1根，坚硬，带黄色，顶端变暗，长2~3cm，边刺无，或者5~7根，较短。花单生，从小窠中长出；花被管细长，长达20cm，外被小窠和棕色鳞片，小窠具白色茸毛；花直径4~5cm；外轮花被片绿色至黄绿色，披针形，长2~3cm，宽4~5mm，顶端尖；内轮花被片多数，白色，匙状倒卵形，长3~4cm，宽5~10mm，顶端急尖，边缘多少皱褶。果近球形，成熟时红色，直径约3.5cm，常被宿存的花被管，外被鳞片和小窠、小窠刺和白色茸毛。

引种信息

　　厦门市园林植物园　　引种记录不详，长势良好。

　　中国科学院植物研究所北京植物园　　引种号2010-2715，2010年引自福建厦门市园林植物园，引种材料为茎段，长势良好。

　　南京中山植物园　　引种号NBG2007F-97，2007年引自福建漳州，引种材料为植株，长势良好。

　　龙海沙生植物园　　引种号LH-082，2018年引自福建漳州，引种材料为植株，长势良好。

物候

　　厦门市园林植物园　　温室内栽培，花期8月，果期10月；露地栽培，花期8月，果期10月。

　　中国科学院植物研究所北京植物园　　温室内栽培，花期6月，果期6~7月。

　　南京中山植物园　　温室内栽培，花期5~6月，未见结果。

　　龙海沙生植物园　　温室内栽培，未见开花结果。

迁地栽培要点

　　一般选用扦插，也可播种繁殖。生性强健，喜强光。对土壤要求不严，种植选用砂壤土。夏型种。较耐干旱，生长季节可酌情加大浇水量以促生长，冬季保持盆土干燥；病虫害应注重介壳虫的防治。

主要用途

　　园林观赏。

植株　　　　　植株　　　　　果

小窠、刺　　　　　熟果

念珠掌属

Hatiora Britton & Rose, L. H. Bailey, Stand. Cycl. Hort. 3: 1432. 1915.

　　附生或岩生植物，灌木状，多分枝；初时直立，后平铺或成拱形，最后下垂；茎分节段，茎节棍棒状、圆形或扁平形，具角或有翅，节段短，通常小于5cm，单生或与小窠在老节段上端混合丛生，无瘤突。小窠小，被刺软刚毛状或缺失。花生于小窠的顶端或与茎节混生，白天开花，辐射对称，漏斗状或钟形，黄色，粉红色或红色；花被片外面光滑，被丝管短。果实小，外部光滑；种子褐色或黑色。

　　5种，分布于巴西东南部。现世界各地栽培，我国常见栽培2种。

念珠掌属分种检索表

82
落花之舞

Hatiora rosea (Lagerheim) W. Barthlott, Bradleya 5: 100. 1987.

自然分布

　　原产巴西的巴拉那至南里奥格兰德一带，海拔1000~2000m。世界各地栽培，我国少数植物园和仙人掌爱好者栽培。

迁地栽培形态特征

　　植株直立，具1~3短分枝；茎节长2~4cm，红色，后变暗绿色，棍棒状，多少扁平或具3~5条棱，边缘下凹，有2~3个缺口。小窠小，生于茎节边缘或顶端，有少量刚毛。花顶生，宽漏斗形，长3~4cm，直径3~4cm，粉红色，喉部红色，花被片长倒卵形；雄蕊多数，花药黄色；柱头顶端5~7裂。果实圆球形，带黄色。

引种信息

　　厦门市园林植物园　引种记录不详，长势一般。

物候

　　厦门市园林植物园　温室内栽培，未见开花结果。

迁地栽培要点

　　扦插与嫁接繁殖均可。冬型种。生性较强，喜半遮阴，忌高温闷热，宜通风凉爽环境；对土壤要求一般，种植选用富含有机质的砂壤土；生长季节可酌情加大浇水量以促生长，冬季保持土壤湿润；病虫害应注重介壳虫的防治。

主要用途

　　园林观赏。

植株

植株

237

83

猿恋苇

Hatiora salicornioides (Haw.) Britton & Rose, L. H. Bailey, Standard Cycl. Hortic. 1433. 1915.

自然分布

原产巴西北部的里约热内卢、巴拉那、圣保罗和米纳斯吉拉斯等处。世界各地栽培，我国南北各地普遍栽培。

迁地栽培形态特征

植株直立，拱形或下垂，多少木质化，高达1m，多分枝；茎节通常2~6个成螺旋排列，深绿色，有时带红色，长1.5~5cm，棍棒状，通常基部明显变窄。小窠很小，具短刚毛。花着生于较嫩的茎节顶端，花冠狭钟形，长1~2cm，直径1~2cm，花被片金黄色至橙色，外轮花被片较短，内轮花被片卵圆形，顶端钝。果实陀螺状，成熟时白色，半透明。

引种信息

厦门市园林植物园 引种记录不详，长势良好。

中国科学院植物研究所北京植物园 引种号1957-5172，1957年引种，引种地、引种材料不详，植株在"文革"时期遗失；引种号1957-5288，1957年引种，引种地、引种材料不详，植株在"文革"时期遗失；引种号1973-w1683，1973年引种，引种地、引种材料不详，已死亡。

南京中山植物园 引种号NBG2007F-101，2007年引自福建漳州，引种材料为植株，长势良好。

上海辰山植物园 引种号20110223，2011年引自上海植物园，引种材料为植株，长势良好。

物候

厦门市园林植物园 温室内栽培，花期4~5月，未见结果。

中国科学院植物研究所北京植物园 温室内栽培，花期果期未记录。

南京中山植物园 温室内栽培，花期3~4月，未见结果。

上海辰山植物园 温室内栽培，未见开花结果。

迁地栽培要点

扦插与嫁接繁殖均可。冬型种。生性较强，喜半遮阴，忌高温闷热，宜通风凉爽环境；栽培管理可参照落花之舞。对土壤要求一般，种植选用富含有机质的砂壤土；生长季节可酌情加大浇水量以促生长，冬季保持土壤湿润；病虫害应注重介壳虫的防治。

主要用途

观赏，常作小盆栽。

植株

植株

植株

植株

植株

花

植株

枝条

量天尺属

Hylocereus (A. Berger) Britton & Rose, Contrib. U. S. Natl. Herb. 12: 428. 1909.

攀缘肉质灌木，具气生根；茎多分枝，分枝具3个角、棱或翅状棱；节缢缩。小窠生于角、棱边缘凹缺处，有1至少数粗短的硬刺。花单生于枝侧的小窠上，无梗，两性，通常大型，漏斗状，于夜间开放，白色或略具红晕；花托与子房合生，上部延伸成长的被丝托；外面覆以多数叶状鳞片；花被片多数，螺旋状聚生于花托筒上部；外轮花被片细长，萼片状，常反曲；内轮花被片较宽，花瓣状，开展；雄蕊多数，着生于被丝托内面及喉部；子房下位，1室，侧膜胎座；花柱圆柱形；柱头20~24裂，裂片线形至狭线形。浆果球形、椭圆球形或卵球形，通常红色；种子多数，卵形至肾形，黑色，有光泽。

约18种，分布于中美洲、西印度群岛以及委内瑞拉、圭亚那、哥伦比亚及秘鲁北部。我国常见引种栽培1种。

84

量天尺

Hylocereus undatus (Haw.) Britton & Rose, Fl. Bermuda, 256. 1918.

植株

自然分布

原产中美洲至南美洲北部，世界各地广泛栽培，在夏威夷、澳大利亚东部逸为野生；我国各地常见栽培，在福建、广东、海南、台湾以及广西逸为野生。

迁地栽培形态特征

攀缘肉质灌木，长3~15m，具气生根；茎多分枝，具3角或棱，棱常翅状，边缘波状或圆齿状，无毛。小窠沿棱排列，直径约2mm；每个小窠具1~3根开展的硬刺；刺锥形，长2~5（~10）mm，灰褐色至黑色。花漏斗状，长25~30cm，直径15~25cm，夜间开放；被丝托密被淡绿色或黄绿色鳞片，鳞片卵状披针形至披针形；外轮花被片黄绿色，线形至线状披针形，边缘全缘，通常反曲；内轮花被片白色，长圆状倒披针形。浆果红色，长球形，长7～12cm，直径5～10cm。

引种信息

厦门市园林植物园　引种号20130309，2013年引自云南西双版纳，引种材料为茎段，长势良好；引种号20170265，2017引自台湾屏东，引种材料为茎段，长势良好。

华南植物园　引种号20082585，2008年引自福建，引种材料为植株，长势良好。

中国科学院植物研究所北京植物园　引种号1953–5227，1953年引种，引种地、引种材料不详，植株在"文革"时期遗失；引种号1974–w0531，1974年引种，引种地、引种材料不详，长势良好。

北京植物园　无引种编号，引种时间不详，引自广东，引种材料为植株，长势良好。

南京中山植物园　引种号NBG2007F–103，2007年引自福建漳州，引种材料为植株，长势良好。

上海辰山植物园　引种号20102356，2010年引自上海植物园，引种材料为植株，长势良好；引种号20181505，2018年引自海南文昌，引种材料为植株，长势良好。

龙海沙生植物园　引种号LH–085，1993年引自福建漳州，引种材料为植株，长势良好。

物候

厦门市园林植物园　温室内栽培，花期7～8月，未见结果；露地栽培，花期7～8月，未见结果。

华南植物园　温室内栽培，花期7～8月，未见结果；露地栽培，花期7～8月，未见结果。

中国科学院植物研究所北京植物园　温室内栽培，未见开花结果。

北京植物园　温室内栽培，花期7～8月，果期7～8月。

南京中山植物园　温室内栽培，未见开花结果。

上海辰山植物园　温室内栽培，花期7～8月，未见结果。

龙海沙生植物园　温室内栽培，花期6～8月，果期7～9月。

迁地栽培要点

借助气生根攀缘于树干、岩石或墙上。栽培创造温暖湿润的环境。

主要用途

观赏；花可作饮料、蔬菜。

常作其他仙人掌的砧木，嫁接易成活。

本种的栽培品种火龙果（*H. undatus* 'Foo-Lon'）为热带亚热带水果，常见栽培。

火龙果

火龙果

开花植株

花

植株

作为砧木

枝条

花

枝条、小窠

碧塔柱属

Isolatocereus (Backeb.) Backeb. Cact. Jahrb. Deutsch. Lakt.-Ges. 1941: 76. 1941.

高大乔木，具明显木质化主干，多分枝；茎直立，略微向内弯曲，蓝绿色；棱常6，偶5或7，棱脊浅，钝三角形。小窠着生于脊上；刺数量长度多变；中刺1~4根；周刺6~9根。花顶生，着生在茎尖生殖小窠中，夜间开放，花朵可持续开放至第二天白天；有时会形成花冠状；花被丝托和花被管外被细小的卵状鳞片，被稀刚毛。果实卵圆形；果实成熟后开裂并脱落；种子黑色，粗糙无光泽。

1种，分布于墨西哥，世界各地栽培，我国南方露地栽培，北方温室栽培。

85

碧塔柱

Isolatocereus dumortieri (Scheidw.) Backeb., Cactaceae (Berlin) 1941, Pt. 2, 47. 1942.

自然分布

原产于墨西哥境的阿瓜斯卡连特斯州、墨西哥联邦区、瓜纳华托州、伊达尔戈州、哈利斯科州、米却肯州、莫雷洛斯州、瓦哈卡州、普埃布拉州、克雷塔罗州、圣路易斯波托西州和韦拉克鲁斯州，生长在热带草原、枯灌丛、热带落叶林中。世界各地栽培。我国栽培。

迁地栽培形态特征

肉质高大乔木，烛台状，具明显木质化主干；主干高可达1m以上，直径30cm，多分枝，茎直立，略微向内弯曲，蓝绿色，被白色蜡粉，长可达10m，直径5~15cm。棱常6，偶5或7，老节上偶有9，棱脊浅，钝三角形，深约2cm，排列笔直。小窠长椭圆形，着生于脊上，新生小窠离生，老龄小窠逐渐伸长并相连，呈灰色毡垫状；刺数量长度多变；中刺1~4根，白色，黄色，或枯草色，基部红褐色，长达5cm；周刺6~9根，或更多，白色、黄色或枯草色，基部红褐色，老刺颜色加深，长达1cm。花顶生，着生在茎尖生殖小窠中，开放一次或多次，有时会形成花冠状；花夜间开放，持续开到第二天中午；花无味；管状或漏斗状，花短，浅灰绿色至白色，长5cm，直径2.5cm；花被丝托和花被管外被细小的卵状鳞片，被稀刚毛。果实卵圆形，红色，长2.5~3.5cm，果肉橙红色，果皮无刺，果皮小窠近相连；果实成熟后开裂并脱落；种子黑色，粗糙无光泽。

引种信息

厦门市园林植物园　引种记录不详，长势良好。

上海辰山植物园　引种号20110652，2011年引自美国，引种材料为植株，长势良好。

龙海沙生植物园　引种号LH-086，2006年引自广东广州，引种材料为种子，长势良好。

物候

厦门市园林植物园　温室内栽培，花期4~5月，未见结果；露地栽培，花期4~5月，未见结果。

上海辰山植物园　温室内栽培，未见开花结果。

龙海沙生植物园　温室内栽培，未见开花结果。

迁地栽培要点

扦插繁殖为主，亦可播种或嫁接繁殖。本种生性强健，喜强光。对土壤要求不严，种植选用砂壤土。夏型种。较耐干旱，生长季节可酌情加大浇水量以促生长，冬季保持盆土干燥；病虫害防治应注重介壳虫的防治。

主要用途

果实可食用，也可观赏、材用，在原产地常被用做篱笆木桩或当柴火。

植株

植株

花蕾

棱、刺

植株

花蕾

植株

棱

小窠、刺

光山属

Leuchtenbergia Hook., Curtis's Bot.mag. 74: t. 4393. 1848.

　　植株单生，偶有丛生的；低矮植物，少见高达 70cm；根茎肉质；茎球形至短圆柱形，呈瘤突状；长三角状，瘤突灰白色。小窠顶生在瘤突上；刺细长，纸质，多少下垂，波状弯曲。花着生于新生小窠的上缘，黄色，漏斗状，有香味。果卵圆状长圆形，灰绿色，花被脱落；种子宽卵圆形，黑褐色，边缘龙骨状突起，种脐小。

　　1 种，产于墨西哥北部和中部。世界各地栽培，我国引入栽培，南北各地温室种植。

86

光山

Leuchtenbergia principis Hook., Bot. Mag. 74: t. 4393. 1848.

植株

自然分布

原产墨西哥北部和中部奇瓦瓦沙漠等地，生于岩石风化的土壤上，目前世界各地栽培，我国南北各地常见栽培。

迁地栽培形态特征

低矮植物，植株单生，偶有丛生的，高20～35cm，少见高可到70cm；根茎大，肉质；茎球形至短圆柱形，瘤突明显，近三角状，多少呈叶片状，灰白色，长10～12cm，宽1.5～3cm。小窠顶生；刺细长，纸质，波状弯曲，黄白色，长达15cm。花着生于新生小窠的内缘，白天开放，花淡黄色至黄色，漏斗状，有香味，长达8cm，直径5～6cm，外轮花被片带绿色，具鳞片，内轮花被片长倒卵形；雄蕊多数，花药黄色；柱头顶端10～14裂。果卵圆状至长圆形，灰绿色，成熟时干燥，花被脱落；种子宽卵圆形，长2.4mm，宽2mm，黑褐色。

引种信息

　　厦门市园林植物园　引种号19650361，1965年引自日本，引种材料为植株，长势良好。

　　华南植物园　引种号20170125，2017年引自福建，引种材料为植株，长势良好。

　　中国科学院植物研究所北京植物园　引种号1977–w0442，1977年引种，引种地、引种材料不详，已死亡。

　　北京植物园　引种记录不详，长势良好。

　　南京中山植物园　引种号NBG2007F–221，2007年引自福建漳州，引种材料为植株，长势良好。

　　上海辰山植物园　引种号20161001，2016年引自美国，引种材料为植株，长势良好；引种号20102364，2010年引自上海植物园，引种材料为植株，长势良好；引种号20110712，2010年引自美国，引种材料为植株，长势良好。

　　龙海沙生植物园　引种号LH–087，1999年引自福建漳州，引种材料为植株，长势良好。

物候

　　厦门市园林植物园　温室内栽培，花期7月，未见结果。

　　华南植物园　温室内栽培，花期7月，未见结果。

　　中国科学院植物研究所北京植物园　温室内栽培，花期果期未记录。

　　北京植物园　温室内栽培，未见开花结果。

　　南京中山植物园　温室内栽培，花期7~9月，未见结果。

　　上海辰山植物园　温室内栽培，未见开花结果。

　　龙海沙生植物园　温室内栽培，花期6~8月，未见结果。

迁地栽培要点

　　在温暖、阳光充足的温室中生长良好。春、夏季为生长盛期，冬季休眠。光山宜盆栽观赏。

主要用途

　　园林观赏。

　　濒危物种，列入华盛顿公约（CITES）的附录I名单，但在未列入华盛顿公约（CITES）的附录II的名单。

花

花

开花植株

花

植株

开花植株

植株

乌羽玉属

Lophophora J. M. Coult., Contr. U. S. Natl. Herb. 3 (1): 131. 1894.

低矮植物；块根大，长圆柱形，上部粗圆下部细长；茎圆盘形，丛生，棱不明显，棱角状，无刺。小窠被白色绵毛。花着生于茎的顶部，钟形，花被片和被丝托光滑；雄蕊多数，围绕着花柱，自花授粉。果圆柱形至棍棒状，粉红色或红色，光滑，成熟时多汁，随后干燥；种子阔卵形，暗褐色，无光泽，种脐大。

2种，分布于墨西哥东部、北部和美国西南部，我国常见栽培1种。

87

乌羽玉

Lophophora williamsii (Lem. ex Salm-Dyck) J. M. Coult., Contr. U. S. Natl. Herb. 3(1): 131. 1894.

自然分布

原产美国和墨西哥，生于石灰岩地带。世界各地栽培，我国的植物园和仙人掌爱好者常见栽培。

迁地栽培形态特征

植株单生，或丛生，丛生宽可达1m；茎圆球形至圆盘形，高2~6cm，直径4~11cm，稍坚硬，蓝绿色，偶有红绿色；棱4~14，明显，变化较大，有时只形成突出的角。花通常粉红色或粉白色，有时红色，直径1~2.2cm；外轮花被片窄椭圆形至倒披针形，顶端急尖，内轮花被片椭圆形，边缘白色或绿白色；子房3~4.5mm，柱头白色5~14mm。果圆柱形至棍棒状，花后1年成熟，有的更长；种子长1.5mm，宽1.1mm。

引种信息

厦门市园林植物园　引种号19650363，1965年引自日本，引种材料为植株，长势良好；引种号02261，2002年引自天津杨柳青，引种材料为植株，长势良好；引种号03348，2003年引自北京花乡，引种材料为植株，长势良好。

华南植物园　引种号20170586，2017年引自福建，引种材料为植株，长势良好。

中国科学院植物研究所北京植物园　引种号1959-30463，1959年引种，引种地、引种材料不详，植株在"文革"时期遗失；引种号1973-w1610，1973年引种，引种地、引种材料不详，已死亡；引种号1975-w0011，1975年引种自日本，引种材料为植株，长势良好；引种号1978-w0001，1978年引种，引种地、引种材料不详，已死亡；引种号1980-w0195，1980年引种，引种地、引种材料不详，已死亡。

北京植物园　引种记录不详，长势良好。

南京中山植物园　引种号NBG2007F-223，2007年引自福建漳州，引种材料为植株，长势良好。

龙海沙生植物园　引种号LH-088，1999年引自福建漳州，引种材料为植株，长势良好。

物候

厦门市园林植物园　温室内栽培，花期3月，未见结果。

华南植物园　温室内栽培，花期3月，未见结果。

中国科学院植物研究所北京植物园　温室内栽培，花期4~8月及10~11月，果期11~12月。

北京植物园　温室内栽培，未见开花结果。

南京中山植物园　温室内栽培，花期5~7月，未见结果。

龙海沙生植物园　温室内栽培，花期4~10月，未见结果。

迁地栽培要点

播种繁殖为主，亦可嫁接繁殖。本种生长缓慢，盛夏适当遮阴有利生长。对栽培基质要求较严，喜排水性好、透气性强的石灰质土壤，盆栽亦可选用赤玉土。水分管理宜适当控制，冬季保持盆土干燥；病虫害应着重防治红蜘蛛和介壳虫。

主要用途

观赏；植物体的提取物含有生物碱，有致幻作用，也常药用。

植株单生，或有的在基部有许多茎而成为地下芽植物，聚集成堆状生长的状态；茎不萌生子球或在基部萌发子球，球形、卵球形、短圆柱形或陀螺状，直立或倾卧，部分种类具乳汁；无棱，具瘤突，瘤突螺旋状排列，圆锥状至圆柱状，无沟。小窠位于瘤突顶端，具各式刺，部分种类有白色星状绵毛，至少幼时被毛；中刺直伸或钩状。花着生于近顶端瘤突与瘤突之间隐匿的小窠上，钟形至短漏斗状，稀高脚碟状，无梗，白天开放；花托裸露，稀具少数腋部裸露的鳞片；花被管多与花被片同色，有时绿色；花被片匙状倒披针形，紫红色、粉色、红色、白色或黄色；雄蕊多数；子房下位。果长球形、棍棒状或倒卵球形，稀近球形，肉质，红色、紫色或淡绿色，通常不开裂；种子近球形至倒卵球形，黑色至褐色。

150~200种，大部分原产墨西哥，向北达美国西南部，南达哥伦比亚北部和委内瑞拉。我国引种130余种，南北各地均有栽培，常见栽培28种。

乳突球属分种检索表

1a. 小窠无中刺（全手指中有1~2根），或中刺与周刺难于区分。
  2a. 无中刺，周刺明显。
    3a. 周刺少，通常2~6根。
      4a. 瘤突呈龙骨状，瘤腋具白色绵毛；周刺4~6根；花成环状着生……94. **白龙丸***M. compressa*
      4b. 瘤突圆锥状，瘤腋具密集的白色茸毛；周刺2~6根；花着生茎的顶端…105. **梦幻城***M. magnimamma*
    3b. 周刺多，超过15根。
      5a. 无中刺，或稀1~2根，周刺15~25根；花白色至淡黄……………………97. **金手球***M. elongate*
      5b. 无中刺，周刺通常超过30根；花白色、淡黄色、粉红色至紫红色。
        6a. 植株簇生，或单生，至少栽培时单生。
          7a. 花白色。
            8a. 成年后周刺30~40根，刺白色或淡黄色；柱头橄榄绿……………103. **白绢丸***M. lenta*
            8b. 成年后周刺110~120根，刺淡黄色或白色，基部黄色；柱头淡黄色………112. **明星***M. schiedeana*
          7b. 花白色、粉红色或紫红色。
            9a. 周刺白色；花较大，直径2~4cm。
              10a. 周刺40~80根；花白色或粉红色，长3.5cm；果实粉色………88. **白鹭***M. albiflora*
              10b. 周刺100根左右；花粉红色至紫红色，长2~3cm；果实白色…101. **白鸟***M. herrerae*
            9b. 周刺白色或淡黄色；花小，长和直径1.1cm……………………93. **嘉文丸***M. carmenae*
        6b. 植株簇生。
          11a. 周刺约80根；花洋红色………………………………………102. **春星***M. humboldtii*
          11b. 周刺约40根；花白色至淡黄色………………………………110. **白星***M. plumosa*

88

白鹭

Mammillaria albiflora (Werderm.) Backeb., Blätt. Kakteenf., No. 2, p. 3. 1937.

刺和小窠

自然分布

原产墨西哥瓜纳华托州以南,通常在海拔2200m左右地域。美洲、欧洲、亚洲有栽培,我国常见栽培。

迁地栽培形态特征

植株单生,有时簇生;具块根;茎球形或圆柱形,高5～7cm,直径2～3cm;无棱;瘤突圆锥状至圆柱形,螺旋状排列。小窠位于瘤突顶端,无中刺,周刺40～80根,长6～10mm,呈放射状,白色,细而交错。花着生于植物的顶部,白色,或粉红色,长3.5cm,直径2～3cm,花被片匙状倒披针形,先端常具细尖头;花药椭圆形,黄色。果实粉色;种子黑色。

引种信息

    厦门市园林植物园   引种号19650365，1965年引自日本，引种材料植株，长势良好。

    龙海沙生植物园   引种号LH-089，2006年引自福建漳州，引种材料为植株，长势良好。

物候

    厦门市园林植物园   温室内栽培，未见开花结果。

    龙海沙生植物园   温室内栽培，未见开花结果。

迁地栽培要点

    以播种繁殖为主。喜阳光，生长季节要求阳光充足，排水良好。但不耐高温，不可在强阳光下暴晒。冬季宜冷凉并保持干燥。

主要用途

    观赏。

带分枝植株

植株

89
希望丸

Mammillaria albilanata Backeb., Kakteenkunde 47. 1939.

植株

自然分布

原产墨西哥西南部的恰帕斯州、科利马州、格雷罗州、瓦哈卡州和普埃布拉州等地，通常生长于海拔500～2200m的热带落叶和温带森林，介于石灰岩和腐殖土垂直悬崖之间。美洲、欧洲、亚洲有栽培，我国常见栽培。

迁地栽培形态特征

植株单生或簇生，茎球形或圆柱形，顶部略凹陷，高15cm，直径约8cm。无棱；瘤突为短圆锥状，瘤腋具短而卷曲的白色粗茸毛。小窠位于瘤突顶端，初时具白色短茸毛，后转灰色或脱落；中刺2～4根，坚硬，刚直，长2～3mm，白色、奶油色或淡黄色，尖端带红褐色；周刺15～25根，坚硬，直或稍弯曲，白色，基部红褐色，长2～4mm。花小，围绕植物的顶部开花，胭脂红、紫红色或粉红色，长和直径7～8mm，花被片匙状倒披针形，先端常具细尖头；花药椭圆形，黄色。果实棒状，粉红色至红色；种子褐色。

引种信息

　　厦门市园林植物园　引种号20180652，2018年引自福建漳州，引种材料为植株，长势一般。
　　华南植物园　引种号20170495，2017年引自福建，引种材料为植株，长势良好。
　　北京植物园　引种记录不详，长势良好。
　　南京中山植物园　引种号NBG2007F-120，2007年引自福建漳州，引种材料为植株，长势良好。
　　上海辰山植物园　引种号20112316，2011年引自日本，引种材料为植株，长势良好。
　　龙海沙生植物园　引种号LH-090，2006年引自福建漳州，引种材料为植株，长势良好。

物候

　　厦门市园林植物园　温室内栽培，未见开花结果。
　　华南植物园　温室内栽培，未见开花结果。
　　北京植物园　温室内栽培，未见开花结果。
　　南京中山植物园　温室内栽培，花期4～5月，未见结果。
　　上海辰山植物园　温室内栽培，未见开花结果。
　　龙海沙生植物园　温室内栽培，花期12月至翌年2月，果期翌年1～3月。

迁地栽培要点

　　以播种繁殖为主。夏型种，喜充足阳光，喜温暖干燥气候，生长季节要求阳光充足，排水良好。不耐低温，冬季应注意保暖。

主要用途

　　观赏。

刺、瘤突、果

植株

90

芳香玉

Mammillaria baumii Backeb., Z. Sukkulentenk. 2: 238, fig. 1926.

开花植株

植株

自然分布

原产墨西哥塔毛利帕斯州，海拔700～1800m的灌木下，也生长在浓密森林覆盖的山丘背阴岩石裂隙中。美洲、欧洲、亚洲有栽培。我国常见栽培。

迁地栽培形态特征

植株簇生，形成密的堆状簇生；茎球形，被刺所遮挡；瘤突短圆锥状，瘤腋具稀疏茸毛，后脱落。小窠位于瘤突上，刺多，交错生长，中刺5～11根，长1～2cm，细针状，白色或黄色，紧贴茎；周刺30～50根，软毛状，白色，长1.5cm。花围绕顶部开花，淡黄色至黄色，具香味，宽漏斗状，直径2～3cm；花被片倒披针形，顶端尖；雄蕊多数，花药黄色；花柱黄色，柱头裂片5。果椭圆形至卵圆形，灰绿色；种子褐色。

引种信息

厦门市园林植物园　引种记录不详，长势良好。

华南植物园　引种号20151734，2015年引自福建，引种材料为植株，长势良好。

北京植物园　引种号C106，2001年引自美国，引种材料为植株，长势良好。

上海辰山植物园　引种号20102370，2010年引自上海植物园，引种材料为植株，长势良好。

龙海沙生植物园　引种号LH-091，1997年引自福建漳州，引种材料为植株，长势良好。

物候

厦门市园林植物园　温室内栽培，花期4～5月，未见结果。

华南植物园　温室内栽培，花期4～5月，未见结果。

北京植物园　温室内栽培，花期7～8月，未见结果。

迁地栽培要点

夏型种，喜充足阳光，喜温暖干燥气候，生长季节要求阳光充足，排水良好。不耐低温，冬季应注意保暖。繁殖方式以播种繁殖为主。

主要用途

观赏。

91

高砂

Mammillaria bocasana Poselg., Allg. Gartenzeitung (Otto & Dietrich) 21: 94. 1853.

毛、瘤突、刺　　果

自然分布

原产墨西哥中部北部，常见生长于峡谷壁上的火山岩间和半荒漠的山脚下，或见于灌木下，与其他植物种类共生。美洲、欧洲、亚洲均有栽培。我国常见栽培。

迁地栽培形态特征

植株簇生；茎球形，或变化成圆柱形，高5～8cm，直径2～6cm，浅蓝色或蓝绿色，瘤突短圆柱形，无乳汁，瘤腋生白色毛发状刚毛。小窠生于瘤突上，中刺1～7根，红褐色，长0.5～1cm，其中1～2根呈钩状，周刺20～50根，白色，毛发状或丝状，长0.8～2cm。花生于茎的顶部，漏斗状，乳白色、乳黄色或粉红色，内轮花被片具紫红色条纹；长13～22mm，直径达15mm，花被片倒披针形，顶端尖，长1～2cm；花药椭圆形，黄色；花柱黄色，柱头裂片5。果圆柱形，粉色至红色，长2～4cm；种子红褐色。

引种信息

厦门市园林植物园　引种记录不详，长势良好。

华南植物园　引种号20116083，2011年引自福建，引种材料为植株，长势良好。

中国科学院植物研究所北京植物园　引种号1973-w1301，1973年引种，引种地、引种材料不详，已死亡；引种号1979-w0477，1979年引种，引种地、引种材料不详，已死亡。

北京植物园　引种记录不详，长势良好。

南京中山植物园　引种号NBG2007F-125，2007年引自福建漳州，引种材料为植株，长势良好。

龙海沙生植物园　引种号LH-092，1997年引自福建漳州，引种材料为植株，长势良好。

物候

　　厦门市园林植物园　温室内栽培，花期4～7月，未见结果。

　　华南植物园　温室内栽培，花期4～7月，未见结果。

　　中国科学院植物研究所北京植物园　温室内栽培，花期果期未记录。

　　北京植物园　温室内栽培，花期7～8月，未见结果。

　　南京中山植物园　温室内栽培，花期4～5月，未见结果。

　　龙海沙生植物园　温室内栽培，花期3～10月，果期4～11月。

迁地栽培要点

　　以播种繁殖为主。喜充足阳光，喜温暖干燥气候，生长季节要求阳光充足，排水良好。不耐低温，冬季应注意保暖。

主要用途

　　观赏。

开花植株

植株

果

植株

植株

毛、花

花

92
丰明丸

Mammillaria bombycina Quehl, Monatsschr. Kakteenk. 20: 149 (fig.). 1910.

植株

植株

自然分布

原产墨西哥哈利斯科东部或北部，常见于高山、陡坡栎林中、落叶层中，有时也生长于难攀缘的悬崖峭壁上。美洲、欧洲、亚洲有栽培。我国常见栽培。

迁地栽培形态特征

植株易分生子球，形成直径达80cm的群丛；茎扁球形至棍棒状，高7~14cm，直径5~6cm，亮绿色至灰绿色；瘤突圆锥形至圆柱形，瘤腋覆盖浓密的白色长毛。小窠生于瘤突上，中刺3~8根(常4根)，黄色，尖端黑色或橙红色，最下端的一根中刺呈钩状向下，长达2cm，其他刺直立，长约1cm；周刺30~65根，放射状着生，白色至黄白色，硬质，针状。花着生于茎的顶部，漏斗状，长和直径1.5cm，淡紫红色，粉红色或白色，花被片匙状倒披针形，顶端钝，雄蕊多数，黄色；花柱黄色，柱头裂片5。果淡绿色，成熟红色；种子暗红褐色，具种脐。

引种信息

厦门市园林植物园　引种记录不详，长势良好。

中国科学院植物研究所北京植物园　引种号1973-w1091，1973年引种，引种地、引种材料不详，已死亡；引种号1979-w0478，1979年引种，引种地、引种材料不详，已死亡。

北京植物园　引种号C109，2001年引自美国，引种材料为植株，长势良好。

上海辰山植物园　引种号20161018，2016年引自美国，引种材料为植株，长势良好；引种号20110697，2011年引自美国，引种材料为植株，长势良好。

龙海沙生植物园　引种号LH-093，1997年引自福建漳州，引种材料为植株，长势良好。

物候

厦门市园林植物园　温室内栽培，花期4～5月，未见结果。

中国科学院植物研究所北京植物园　温室内栽培，花期果期未记录。

北京植物园　温室内栽培，花期果期未记录。

上海辰山植物园　温室内栽培，未见开花结果。

龙海沙生植物园　温室内栽培，花期11月至翌年1月，果期12月至翌年2月。

迁地栽培要点

以播种繁殖为主。夏型种，喜充足阳光，喜温暖干燥气候，生长季节要求阳光充足，排水良好。不耐低温，冬季应注意保暖。

主要用途

观赏。

刺、花蕾

植株

花

植株

93

嘉文丸

Mammillaria carmenae Castañeda, Anales Inst. Biol. Univ. Nac.méxico 24(2): 233 (fig. 12). 1954.

自然分布

原产墨西哥，常生长于松林、北侧岩石裂隙中。美洲、欧洲、亚洲有栽培。我国常见栽培。

迁地栽培形态特征

植株簇生，栽培的常单生；茎球形至卵球型，高4~10cm，直径3~5cm；瘤突圆锥形，无乳汁，瘤腋着生茸毛和刚毛。小窠上着生瘤突上，无中刺；周刺超过100根，放射状，刺柔软、白色或淡黄色，不等长，最长可达0.5cm。花着生于茎的顶部，白色、粉红色或淡紫色，花被片中心有粉红色条纹，钟形或漏斗形，长和直径1.1cm；花被片倒匙状；雄蕊多数，花药黄色；柱头多，黄色。果绿色，棒状，0.5~0.8cm；种子黑色。

引种信息

厦门市园林植物园　引种记录不详，长势良好。

华南植物园　引种号20161086，2016年引自福建，引种材料为植株，长势良好。

北京植物园　引种记录不详，长势良好。

上海辰山植物园　引种号20161023，2016年引自美国，引种材料为植株，长势良好。

龙海沙生植物园　引种号LH-094，2006年引自福建漳州，引种材料为植株，长势良好。

物候

厦门市园林植物园　温室内栽培，花期1~3月，未见结果。

华南植物园　温室内栽培，花期1~3月，未见结果。

北京植物园　温室内栽培，未见开花结果。

上海辰山植物园 温室内栽培，未见开花结果。

龙海沙生植物园 温室内栽培，花期10月至翌年1月，果期11月至翌年2月。

迁地栽培要点

以播种繁殖或小球扦插繁殖为主。夏型种，但不喜高温、潮湿、闷热，喜阳光和空气流通。夏季高温时和冬季冷寒时应节制浇水。

主要用途

观赏。

94
白龙丸

别名: 白龙球

Mammillaria compressa DC., Mém. Mus. Hist. Nat. 17: 112. 1828.

植株

自然分布

原产墨西哥中部。美洲、欧洲、亚洲有栽培。我国常见栽培。

迁地栽培形态特征

植株初时单生,成年植株萌发子球,形成宽约1m的群丛;茎球形、棍棒状长球形至短圆柱形,高可达25cm,单个球体直径可达8cm,蓝绿色至灰绿色;瘤突螺旋状排列,短粗并紧密相邻,呈钝角和龙骨状,瘤腋具白色绵毛。小窠着生于瘤突上,通常无中刺;周刺4~6根,灰白色至淡褐色,有时具黑褐色尖头,不等长,斜展,下方1根刺最长,常向下弯折,长2~7cm。花着生于茎顶部,常排成环状,钟状,紫红色,长1~1.5cm,直径约1.2cm,花被片长圆状倒披针形,先端骤尖;雄蕊与花柱略伸出口部,均淡红色,花药宽长圆形,淡黄色;柱头裂片5~6,狭长圆形,白色。果棍棒状,长约2cm,鲜红色;种子倒卵球形,淡褐色,近平滑至具皱纹。

引种信息

厦门市园林植物园 引种记录不详,长势良好。

中国科学院植物研究所北京植物园 引种号1956-6260，1956年引种，引种地、引种材料不详，植株在"文革"时期遗失；引种号1960-30573，1960年引种，引种地、引种材料不详，植株在"文革"时期遗失；引种号1960-30658，1960年引种，引种地、引种材料不详，植株在"文革"时期遗失。

北京植物园 引种记录不详，长势良好。

南京中山植物园 引种号NBG2007F-123，2007年引自福建漳州，引种材料为植株，长势良好。

上海辰山植物园 引种号20102373，2010年引自上海植物园，引种材料为植株，长势良好；引种号20151427，2015年引自美国，引种材料为植株，长势良好。

龙海沙生植物园 引种号LH-095，1993年引自福建漳州，引种材料为植株，长势良好。

物候

厦门市园林植物园 温室内栽培，花期12月至翌年5月，未见结果。

中国科学院植物研究所北京植物园 温室内栽培，花期果期未记录。

北京植物园 温室内栽培，未见开花结果。

南京中山植物园 温室内栽培，花期4～5月，未见结果。

上海辰山植物园 温室内栽培，未见开花结果。

龙海沙生植物园 温室内栽培，花期10月至翌年2月，果期11月至翌年3月。

迁地栽培要点

以播种繁殖或分株繁殖为主。喜充足阳光，喜温暖干燥气候，生长季节要求阳光充足，排水良好。不耐低温，冬季应注意保暖。

主要用途

观赏。

植株　植株　花　植株

95

白云丸

Mammillaria crucigera Martius, Hort. Reg.monac. 127. 1829.

植株

自然分布

原产墨西哥中部，常生长在垂直悬崖边缘，依附于岩石裂隙中。美洲、欧洲、亚洲有栽培。我国常见栽培。

迁地栽培形态特征

植株单生，或分叉成双头；茎扁球形至短圆柱形，高10～15cm，直径4～6cm，橄榄绿色、灰绿色、褐色至近紫色；瘤突牢固，龙骨状，生长季节具乳汁，瘤腋覆盖浓密的白色茸毛。小窠着生于瘤突上，中刺4～5根，淡黄色或棕色，硬质，长2mm，周刺22～30根，细针状，白色，长2mm。花着生于茎的中上部，漏斗状，粉红色或洋红色，长12mm。果红色；种子小，褐色。

引种信息

厦门市园林植物园 引种记录不详，长势良好。

华南植物园 引种号20170261，2017年引自福建，引种材料为植株，长势良好。

北京植物园　引种号C114，2001年引自美国，引种材料为植株，长势良好。

上海辰山植物园　引种号20112116，2011年引自上海西萍园艺，引种材料为植株，已死亡。

龙海沙生植物园　引种号LH-096，2008年引自上海，引种材料为植株，长势良好。

物候

厦门市园林植物园　温室内栽培，花期12月至翌年5月，未见结果。

华南植物园　温室内栽培，花期12月至翌年5月，未见结果。

北京植物园　温室内栽培，未见开花结果。

上海辰山植物园　温室内栽培，未见开花结果。

龙海沙生植物园　温室内栽培，花期3~5月，果期4~6月。

迁地栽培要点

以播种繁殖为主。夏型种，喜充足阳光，喜温暖干燥气候，生长季节要求阳光充足，排水良好。不耐低温，冬季应注意保暖。

主要用途

观赏。

小窠、刺

群生植株

植株

271

96
琴丝丸

Mammillaria decipiens Scheidw. subsp. ***camptotricha*** (Dams) D. R. Hunt, Mammillaria Postscripts 6: 7. 1997.

带果植株

自然分布

原产墨西哥的克雷塔罗东部沙漠。美洲、欧洲、亚洲有栽培。我国各地栽培。

迁地栽培形态特征

植株簇生，子球分生密；茎球形或棍棒状，高10cm，直径4～7cm，深绿色或灰绿色；瘤突圆柱状，钝，柔软，长约2cm，无乳汁。小窠着生瘤突上，中刺1～2根，有时缺，针状，褐色，细长，长1.8～3cm；周刺4～5根，针状，刚毛或扭曲，长达3cm，黄色或白色，有时顶端褐色。花着生于茎的顶端，深嵌于瘤突中，宽漏斗状，具香气，白色，长1.5～2cm，宽1cm；外轮花被片绿色，内轮花被片白色。果圆柱形，绿色，具红色斑纹；种子淡褐色。

引种信息

　　厦门市园林植物园　　引种号20180654，2018年引自福建漳州，引种材料为植株，长势一般。

　　华南植物园　　引种号20171448，2017年引自福建，引种材料为植株，长势良好。

　　北京植物园　　引种记录不详，长势一般。

　　南京中山植物园　　引种号NBG2007F-126，2007年引自福建漳州，引种材料为植株，已死亡。

　　上海辰山植物园　　引种号20161025，2016年引自美国，引种材料为植株，长势良好；引种号20171515，2017年引自福建漳州，引种材料为植株，长势良好；引种号20160517，2016年引自广东深圳，引种材料为植株，长势良好。

　　龙海沙生植物园　　引种号LH-097，2008年引自广东广州，引种材料为植株，长势良好。

物候

　　厦门市园林植物园　　温室内栽培，未见开花结果。

　　华南植物园　　温室内栽培，未见开花结果。

　　北京植物园　　温室内栽培，未见开花结果。

　　南京中山植物园　　温室内栽培，未见开花结果。

　　上海辰山植物园　　温室内栽培，花期7~8月，未见结果。

　　龙海沙生植物园　　温室内栽培，花期3~7月，果期4~8月。

迁地栽培要点

　　以播种繁殖为主。喜充足阳光，喜温暖干燥气候，生长季节要求阳光充足，排水良好。不耐低温，冬季应注意保暖。

主要用途

　　观赏。

植株

植株

97

金手球

别名： 金手指

Mammillaria elongata DC., Mém. Mus. Hist. Nat. 17: 109. 1828.

植株　　植株

自然分布

原产墨西哥的瓜纳华托州、伊达尔戈州和克雷塔罗州。美洲、欧洲、亚洲有栽培。我国各地温室常见栽培。

迁地栽培形态特征

植株簇生，极易萌生子球；茎直立、上升、匍匐或平卧，细长圆柱形，长3~15cm，直径1~3cm，黄绿色；瘤突螺旋状排列，圆锥状，瘤腋无毛或近无毛。小窠着生瘤突顶端，中刺通常缺失，稀1~2根，直立，黄至黄褐色，具深色尖端，长1~1.5cm；周刺15~25根，长0.5~1.5cm，细长针状，白色、金黄色或褐色。花生于茎上侧瘤突的腋部，钟状，长1~1.5cm，花被片匙状长圆形，顶端钝、急尖或具齿，白色至淡黄色，中部具黄或淡红色条斑；雄蕊白色，花药宽长圆形；花柱及柱头白色，柱头裂片4，卵状长圆形。果棍棒状，污红色；种子淡褐色。

引种信息

厦门市园林植物园　引种记录不详，长势良好。

中国科学院植物研究所北京植物园　引种号1959-30118，1959年引种，引种地、引种材料不详，植株在"文革"时期遗失；引种号1973-w1175，1973年引种，引种地、引种材料不详，已死亡；引种号1973-w1294，1973年引种，引种地、引种材料不详，长势良好。

北京植物园　引种记录不详，长势良好。

南京中山植物园　引种号NBG2007F-124，2007年引自福建漳州，引种材料为植株，长势良好。

上海辰山植物园　引种号20102374，2010年引自上海植物园，引种材料为植株，长势良好；引种号20161027，2016年引自美国，引种材料为植株，长势良好；引种号20161028，2016年引自美国，引种材料为植株，长势良好。

龙海沙生植物园　引种号LH-098，1993年引自福建漳州，引种材料为植株，长势良好。

物候

厦门市园林植物园　温室内栽培，花期3～12月，未见结果。

中国科学院植物研究所北京植物园　温室内栽培，未见开花结果。

北京植物园　温室内栽培，未见开花结果。

南京中山植物园　温室内栽培，花期4～5月，未见结果。

上海辰山植物园　温室内栽培，未见开花结果。

龙海沙生植物园　温室内栽培，花期4～5月，果期5～6月。

迁地栽培要点

以播种繁殖为主。喜充足阳光，喜温暖干燥气候，生长季节要求阳光充足，排水良好。不耐低温，冬季应注意保暖。

主要用途

观赏。

开花植株　植株　植株

花　花　植株

刺、小窠　果实

98

白玉兔

Mammillaria geminispina Haw.

植株群生

植株

自然分布

原产墨西哥。美洲、欧洲、亚洲有栽培。我国各地常见栽培。

迁地栽培形态特征

植株簇生，形成大的群丛，在原产地可达30～90cm，整体外观白色；茎短圆柱形，高通常可达20cm，直径8cm，浅绿色；瘤突圆形，瘤腋被茸毛和10～20根白色长刚毛。小窠着生于瘤突顶部，中刺2～6根，白色，尖端较其余部分突出，直或稍弯，长可达4cm或以上；周刺15～20根，白色，交错生长，长达7mm。花钟状，粉红色至深红色，具深色的中脉，长和直径2cm，花被片卵状披针形，顶端尖；雄蕊多数，花药黄色；花柱黄色。果实红色，种子褐色。

引种信息

厦门市园林植物园　引种记录不详，长势良好。

华南植物园　引种号20170091，2017年引自福建，引种材料为植株，长势良好。

中国科学院植物研究所北京植物园　引种号1973-w1172，1973年引种，引种地、引种材料不详，已死亡；引种号1973-w1261，1973年引种，引种地、引种材料不详，已死亡；引种号1979-w0476，1979年引种，引种地、引种材料不详，已死亡；引种号2005-3529，2005年引自福建龙海，引种材料为植株，长势良好。

北京植物园　引种号C118，2001年引自美国，引种材料为植株，长势良好。

南京中山植物园　引种号NBG2007F-122，2007年引自福建漳州，引种材料为植株，长势良好。

上海辰山植物园　引种号20161029，2016年引自美国，引种材料为植株，长势良好；引种号20112039，2011年引自福建漳州，引种材料为植株，长势良好。

龙海沙生植物园　引种号LH-099，1993年引自福建漳州，引种材料为植株，长势良好。

物候

厦门市园林植物园　温室内栽培，花期12月，果期翌年7月。

华南植物园　温室内栽培，花期12月，果期翌年7月。

中国科学院植物研究所北京植物园　温室内栽培，未见开花结果。

北京植物园　温室内栽培，未见开花结果。

南京中山植物园　温室内栽培，花期4～5月，未见结果。

上海辰山植物园　温室内栽培，花期4月，未见结果。

龙海沙生植物园　温室内栽培，花期11月至翌年1月，果期12月至翌年2月。

迁地栽培要点

以播种繁殖为主。喜充足阳光，喜温暖干燥气候，生长季节要求阳光充足，排水良好。不耐低温，冬季应注意保暖。

主要用途

观赏。

小窠、刺

植株

植株

果

99
丽光殿

Mammillaria guelzowiana Werderm., Z. Sukkulentenk. 3: 356 (fig.). 1928.

自然分布

原产墨西哥的杜兰戈州。美洲、欧洲、亚洲有栽培。我国各地栽培。

迁地栽培形态特征

植株初时单生，后簇生；茎圆球形，顶端压扁，高7cm，直径4~10cm，浅绿色；瘤突圆锥形至圆柱形。小窠着生于瘤突上，中刺1~6根，纤细，针状，红褐色至黄色，长0.8~2.5cm，末端具钩；周刺60~80根，多呈白色毛发状，另有少部分较硬，呈褐色，扭曲、光滑，可达1.5cm。花钟形至漏斗状，具清香，亮粉红色至深紫色，长4cm，直径7cm；花被片向外卷曲，顶端常钝。果实近球形，淡红色或黄白色，长达8mm；种子黑色。

引种信息

厦门市园林植物园　引种号19650360，1965年引自日本，引种材料为植株，长势良好。

中国科学院植物研究所北京植物园　引种号2015-w0214，2015年引自福建龙海，引种材料为植株，长势良好。

北京植物园　引种号C120，2001年引自美国，引种材料为植株，长势良好。

上海辰山植物园　引种号20161034，2016年引自美国，引种材料为植株，长势良好；引种号20112167，2011年引自上海辰山植物园，引种材料为种子，长势良好。

龙海沙生植物园　引种号LH-100，2006年引自广东广州，引种材料为种子，长势良好。

物候

厦门市园林植物园　温室内栽培，花期5~7月，未见结果。

中国科学院植物研究所北京植物园　温室内栽培，未见开花结果。

北京植物园　温室内栽培，未见开花结果。

上海辰山植物园　温室内栽培，花期9月，未见结果。

龙海沙生植物园　温室内栽培，花期6月，果期7月。

迁地栽培要点

以播种繁殖为主。喜充足阳光，喜温暖干燥气候，生长季节要求阳光充足，排水良好。不耐低温，冬季应注意保暖。

主要用途

观赏。

植株

花蕾

植株

毛、刺

毛、刺

小窠、刺、瘤突、毛

植株

植株群生

100

玉翁

Mammillaria hahniana Werderm., Monatsschr. Deutsch. Kakteen-Ges. 1: 77. 1929.

植株

自然分布

原产墨西哥。常见于落叶热带森林、旱生灌丛、栎林及次生植被、杜松林、松林、熔岩流等多种植被类型地区。美洲、亚洲、欧洲有栽培。我国常见栽培。

迁地栽培形态特征

植株单生或群生，老时基部或侧边有时萌发侧芽；茎球形，高可达15cm，直径3~10cm，绿色；瘤突小，高0.3~0.6cm，直径0.3cm，螺旋状排列，圆锥状，长5~9mm，瘤腋具白色绵毛，并具20根或更多1.5~5cm长的白色毛发刚毛。小窠圆形，被白色短绵毛；中刺0~6根，常见1~2根，长0.4~1.5cm；纤细，刚硬，直，无钩，分叉，黑色至红色，随着年龄增长变灰；周刺8~36根，长0.3~0.6cm，平滑，针状，直或微弯，白色，具刚毛。花多数，排成环状，漏斗状钟形，紫红色，具较深的中脉，长约1cm，直径1.5~2cm，花被片披针形；花丝白色，花药宽长圆形，淡黄色；柱头裂片4~5，裂片卵状长圆形，红色。果短棍棒状，长7~8mm，紫红色；种子倒卵球形，长约1.5mm，褐色。

引种信息

厦门市园林植物园　引种记录不详，长势良好。

华南植物园　引种号20082092，2008年引自福建漳州，引种材料为植株，长势良好。

中国科学院植物研究所北京植物园　引种号1974-w0426，1974年引种，引种地、引种材料不详，已死亡；引种号2005-3498，2005年引自福建龙海，引种材料为植株，长势良好。

北京植物园　引种号C121，2001年引自美国，引种材料为植株，长势良好。

南京中山植物园　引种号NBG2007F-128，2007年引自福建漳州，引种材料为植株，长势良好。

上海辰山植物园　引种号20161035，2016年引自美国，引种材料为植株，长势良好；引种号20110699，2011年引自美国，引种材料为植株，长势良好。

龙海沙生植物园　引种号LH-101，1993年引自福建漳州，引种材料为种子，长势良好。

物候

厦门市园林植物园　温室内栽培，花期1~4月，果期7月。

华南植物园　温室内栽培，花期1~4月，果期7月。

中国科学院植物研究所北京植物园　温室内栽培，花期12月至翌年1月，未见结果。

北京植物园　温室内栽培，未见开花结果。

南京中山植物园　温室内栽培，花期4~5月，未见结果。

上海辰山植物园　温室内栽培，花期5月，未见结果。

龙海沙生植物园　温室内栽培，花期10月至翌年3月，果期11月至翌年4月。

迁地栽培要点

以播种繁殖为主。喜充足阳光，喜温暖干燥气候，生长季节要求阳光充足，排水良好。不耐低温，冬季应注意保暖。

主要用途

观赏。

花　　果

开花植株

植株

花、毛、刺

花

植株

嫁接植株

植株

101

白鸟

Mammillaria herrerae Werderm., Notizbl. Bot. Gart. Berlin-Dahlem 11: 276. 1931.

植株

自然分布

原产墨西哥，野生资源遭人为破坏，被列为"极度濒危"。美洲、亚洲有栽培。我国常见栽培。

迁地栽培形态特征

植株单生或在基部萌生子球而成群生；茎球形，高3~4cm，直径2~3.5cm，淡绿色，表面被毛刺覆盖呈白色；瘤突圆柱形，紧密排列，直径0.2cm，长0.5~0.6cm。小窠着生于瘤突顶端，无中刺，周刺100根左右，白色或灰白色，长0.1~0.5cm，刚毛状紧密排列。花着生于茎的中上部或顶部，漏斗状，粉红色至紫红色，具粉红色至紫色带深的中脉，长2~3cm，直径2~4cm；花被片匙状倒披针形，先端较尖。果球形，白色，直径0.6cm；种子黑色。

引种信息

厦门市园林植物园　引种记录不详，长势一般。

华南植物园　引种号20170366，2017年引自福建，引种材料为植株，长势良好。

南京中山植物园　引种号NBG2007F-127，2007年引自福建漳州，引种材料为植株，长势良好。

上海辰山植物园　引种号20112128，2011年引自上海西萍园艺，引种材料为植株，长势良好。

龙海沙生植物园　引种号LH-102，2006年引自上海，引种材料为植株，长势良好。

物候

厦门市园林植物园　温室内栽培，未见开花结果。

华南植物园

南京中山植物园　温室内栽培，花期4～5月，未见结果。

上海辰山植物园　温室内栽培，未见开花结果。

龙海沙生植物园　温室内栽培，花期3～4月，果期4～5月。

迁地栽培要点

以播种繁殖为主，也见子球扦插繁殖。夏型种，喜光线充足和冬季温暖，不喜酷暑湿热或冷寒。

主要用途

观赏。

IUCN红色名录物种。

植株

刺、小窠

刺

102

春星

Mammillaria humboldtii Ehrenb., Linnaea 14: 378. 1840.

自然分布

原产墨西哥的伊达尔戈。美洲、欧洲、亚洲有栽培。我国常见栽培。

迁地栽培形态特征

植株簇生；茎扁圆球形至圆球形、高达7cm，直径可达5cm，淡绿色，表面被毛刺覆盖呈白色；瘤突圆柱形，瘤腋具白色刚毛。小窠着生于瘤突顶端，无中刺，周刺80根或更多，不等长，长4~6mm，雪白色。花生于茎的顶端，漏斗状，洋红色，具粉红色至紫色带深的中脉，长2.5cm，直径1.5cm；花被片匙状倒披针形，雄蕊多数，花药黄色，柱头绿色。果实棒状，红色。种子黑色。

引种信息

厦门市园林植物园　引种记录不详，长势良好。

华南植物园　引种号20161104，2016年引自福建，引种材料为植株，长势良好。

中国科学院植物研究所北京植物园　引种号2005–3499，2005年引自福建龙海漳州，引种材料为嫁接苗，长势一般。

北京植物园　引种号C123，2001年引自美国，引种材料为植株，长势良好。

南京中山植物园　引种号NBG2007F-121，2007年引自福建漳州，引种材料为植株，长势良好。

龙海沙生植物园　引种号LH-103，2006年引自上海，引种材料为植株，长势良好。

物候

厦门市园林植物园　温室内栽培，花期3月，未见结果。

华南植物园　温室内栽培，花期3月，未见结果。

中国科学院植物研究所北京植物园　温室内栽培，花期4~5月，未见结果。

北京植物园　温室内栽培，未见开花结果。

南京中山植物园　温室内栽培，花期4~5月，未见结果。

龙海沙生植物园　温室内栽培，花期3~4月，果期4~5月。

迁地栽培要点

以播种繁殖为主。喜充足阳光，喜温暖干燥气候，生长季节要求阳光充足，排水良好。夏季应加强通风，节制浇水。

主要用途

观赏。

常见栽培的还有姬春星（*M. humboldtii* 'Elegans'）。

花

植株

植株

植株

植株

刺、花蕾

花

开花植株

103
白绢丸

Mammillaria lenta K. Brandeg., Zoe 5: 194. 1904.

植株群生

果实

自然分布

原产墨西哥的科阿韦拉。美洲、欧洲、亚洲有栽培。我国各地栽培。

迁地栽培形态特征

植株基部易萌发子球，常形成扁平顶的簇生，栽培也常见单生；茎球形或扁平球形，高5～6cm，直径5～8cm，黄绿色或亮绿色，几乎隐藏在白色的刺中；瘤突细长，圆锥形，稍硬，瘤腋具短茸毛。小窠无中刺，周刺30～40根，白色至淡黄色，长0.3～0.8cm。花着生于茎的顶部，形成环状，漏斗状，白色，带紫红色条纹，长2～3cm，直径2.5cm；花被片卵形，顶端钝；雄蕊多数，花药黄色；柱头橄榄绿色。果实棍棒状，红色，长1cm；种子黑色，直径约1mm。

引种信息

厦门市园林植物园　引种号20180655，2018年引自福建漳州，引种材料为植株，长势良好。

华南植物园　引种号20170502，2017年引自福建，引种材料为植株，长势良好。

北京植物园　引种号C126，2001年引自美国，引种材料为植株，长势良好。

上海辰山植物园　引种号20112132，2011年引自上海西萍园艺，引种材料为植株，长势良好。

龙海沙生植物园　引种号LH-104，2008年引自广东广州，引种材料为种子，长势良好。

物候

厦门市园林植物园　温室内栽培，花期2～5月，未见结果。

华南植物园　温室内栽培，花期2～5月，未见结果。

北京植物园　温室内栽培，未见开花结果。

上海辰山植物园　温室内栽培，未见开花结果。

龙海沙生植物园　温室内栽培,花期4~6月,果期5~7月。

迁地栽培要点

以播种繁殖为主。喜充足阳光,喜温暖干燥气候,生长季节要求阳光充足,排水良好。花需在阳光充足、气候温暖下才开放。

主要用途

观赏。

刺、小窠

植株

开花植株

植株

花

植株

104

金星

Mammillaria longimamma DC., Mém. Mus. Hist. Nat. 17: 113. 1828.

植株

自然分布

原产墨西哥中部。美洲、欧洲、亚洲有栽培。我国各地温室常见栽培。

迁地栽培形态特征

植株起初单生，后基部萌发子球而形成15cm或更宽的群丛；根膨大，萝卜状；茎球形，高和直径5～15cm，亮绿色；瘤突圆柱形，排列疏松，彼此明显分开，长1～2.5cm，瘤腋具绵毛。小窠生于瘤突上，中刺通常1根，偶尔2～3根，黄白色，长2.5cm；周刺8～10根，黄色、黄白色或褐色，长可达2cm。花生于瘤突基部小窠，漏斗状钟形，黄色，长4～6cm，直径4.5～6cm；花被片线状倒披针形，顶端急尖，外轮花被片背部淡黄绿色，内轮花被片黄色，先端常具不整齐的浅齿；花药卵状长圆形，黄色；柱头裂片5～8，条形，淡黄色。果球形至卵球形，长1～1.2cm，淡黄绿色；种子倒卵球形，长约1mm，黑褐色，具细小洼点。

引种信息

厦门市园林植物园 引种记录不详，长势良好。

华南植物园 引种号20082093，2008年引自福建，引种材料为植株，长势良好。

中国科学院植物研究所北京植物园 引种号1949-0248，1949年引种，引种地、引种材料不详，植株在"文革"时期遗失；引种号1973-w1169，1973年引种，引种地、引种材料不详，已死亡；引种号1977-w0153，1977年引种，引种地、引种材料不详，已死亡；引种号2005-3579，2005年引自福建龙海，引种材料为植株，长势良好。

北京植物园 引种记录不详，长势良好。

南京中山植物园　引种号 NBG2007F-139，2007 年引自福建漳州，引种材料为植株，长势良好。

上海辰山植物园　引种号 20161036，2016 年引自美国，引种材料为植株，长势良好；引种号 20102383，2010 年引自上海植物园，引种材料为植株，长势良好。

龙海沙生植物园　引种号 LH-105，1993 年引自福建漳州，引种材料为植株，长势良好。

物候

厦门市园林植物园　温室内栽培，花期5月，未见结果。

华南植物园　温室内栽培，花期5月，未见结果。

中国科学院植物研究所北京植物园　温室内栽培，花期4～5月，未见结果。

北京植物园　温室内栽培，未见开花结果。

南京中山植物园　温室内栽培，花期4～5月，未见结果。

上海辰山植物园　温室内栽培，未见开花结果。

龙海沙生植物园　温室内栽培，花期4～6月，果期5～7月。

迁地栽培要点

以播种繁殖为主，亦可播种繁殖；喜充足阳光，喜温暖干燥气候，生长季节要求阳光充足，排水良好。夏季应加强通风，冬季注意保暖。

主要用途

观赏。

小窠、刺、花

花

刺、瘤突

花

花

瘤突、小窠、刺

植株群生

291

105
梦幻城

Mammillaria magnimamma Haw., Till. Phil.mag. 63: 41. 1824.

自然分布

原产墨西哥中部，常见生于开阔、干燥、多岩石的地区。美洲、欧洲、亚洲有栽培。我国各地栽培。

迁地栽培形态特征

植株初时单生，后基部萌发子球而形成簇生；茎扁球形，后变球形至短圆柱形，高达30cm，直径10~13cm，灰绿色至深绿色，内含乳汁；瘤突螺旋状排列，圆锥状，下部略具四棱，高约10mm，瘤腋具密集的白色茸毛，幼时最多。小窠着生瘤突上，通常无中刺，周刺2~6根，有时更多，不等长，锥状，白色至淡黄色，尖端较暗，长1.5~5cm，最低一根刺，多少向下弯曲。花生于茎顶瘤突的基部，红色，钟状，长2~2.5cm，直径2~2.5cm；外轮花被片椭圆形至长圆形，红褐色并具乳白色边缘；内轮花被片长圆状披针形，上部向外平展，粉红色至深洋红色；花药淡黄色；柱头裂片（4~）5~7，狭条形，白色至粉红色。果棍棒状，长1.5~2cm，洋红色；种子倒卵球形，长1~1.2mm，褐色，无光泽。

引种信息

厦门市园林植物园 引种记录不详，长势良好。

华南植物园 引种号20082094，2008年引自福建，引种材料为植株，长势良好。

中国科学院植物研究所北京植物园 引种号2015-w0214，2015年引自福建龙海，引种材料为植株，长势良好。

南京中山植物园 引种号NBG2007F-136，2007年引自福建漳州，引种材料为植株，长势良好。

上海辰山植物园 引种号20161037，2016年引自美国，引种材料为植株，长势一般；引种号20112109，2011年引自上海西萍园艺，引种材料为植株，长势良好。

龙海沙生植物园 引种号LH-106，1993年引自福建漳州，引种材料为植株，长势良好。

物候

　　厦门市园林植物园　温室内栽培，花期5~6月，果期5~6月。

　　华南植物园　温室内栽培，花期5~6月，果期5~6月。

　　中国科学院植物研究所北京植物园　温室内栽培，花期3~7月，未见结果。

　　南京中山植物园　温室内栽培，花期4~5月，未见结果。

　　上海辰山植物园　温室内栽培，未见开花结果。

　　龙海沙生植物园　温室内栽培，花期10月至翌年2月，果期11月至翌年3月。

迁地栽培要点

　　以播种繁殖为主。喜充足阳光，喜温暖干燥气候，生长季节要求阳光充足，排水良好。不耐低温，冬季应注意保暖。

主要用途

　　观赏。

植株

小窠、刺、花蕾

果实

花蕾

106

金洋丸

Mammillaria marksiana Krainz, Sukkulentenkunde 2: 21. 1948.

植株

植株

自然分布

原产墨西哥杜兰戈州，常生长在岩石山区的腐叶聚集石缝或林下地带。美洲、欧洲、亚洲有栽培。我国各地栽培。

迁地栽培形态特征

植株起初为单生，后聚集成簇生；茎扁球形或球形，高6～15cm，直径5～12cm，绿色，在强光照射下变黄绿色；瘤突梨形，下部四棱状，高7～10mm，瘤腋具白色绵毛，开花时非常密。小窠着生瘤突上，刺4～21根，难于区分中刺或周刺，针状，金黄色至黄褐色，0.5～1.2cm；主茎刺较少，基部分枝刺较多。花着生于茎的中上部，形成环状，黄色，长1.2～1.5cm，直径1.2～1.6cm；花被片长圆形，鲜艳的黄绿色；雄蕊多数，花药黄色。果实棍棒状，绿色至紫红色，长2cm；种子褐色。

引种信息

厦门市园林植物园　引种记录不详，长势良好。

华南植物园　引种号20170569，2017年引自福建，引种材料为植株，长势良好。

北京植物园　引种号C129，2001年引自美国，引种材料为植株，长势良好。

龙海沙生植物园　引种号LH-107，2006年引自广东广州，引种材料为种子，长势良好。

物候

厦门市园林植物园　温室内栽培，花期3～4月，未见结果。

华南植物园　温室内栽培，花期3～4月，未见结果。

北京植物园　温室内栽培，花期7月，未见结果。

龙海沙生植物园　温室内栽培，花期11月至翌年1月，果期12月至翌年2月。

迁地栽培要点

以播种繁殖、子球扦插繁殖为主。喜充足阳光，喜温暖干燥气候，喜腐殖质较多的土壤。

主要用途

观赏。

植株

瘤突、小窠、刺、花

植株

植株

花

花

植株

花

开花植株

植株

107
马图达

别名: 马氏乳突球

Mammillaria matudae Bravo, Cact. Succ. J. Gr. Brit. 18: 83. 1956.

植株

自然分布

　　原产墨西哥格雷罗州、米却肯州和墨西哥边境附近。世界各地栽培。我国近年引入栽培。

迁地栽培形态特征

　　植株单生，或从基部萌发子球而群生；茎圆柱形或长圆柱形，直立或匍匐，长10~30cm或更长，直径3~7cm，表皮黄绿色或绿色；瘤突圆锥状，具淡的乳汁，瘤腋无毛。小窠着生于瘤突顶部，被白色毡毛；中刺1根，长0.5cm，白色，随年龄增长呈现灰白色或褐色，针状，向上；周刺18~20根，长0.2~0.3cm，白色、半透明，具黄色的基部，紧贴球茎排列。花着生于植株近顶端，形成花圈，漏斗状，红紫色，长2cm；直径1~2cm；花被片倒披针形，淡紫红色或紫红色；雄蕊多数，花丝淡黄色，花药黄色；花柱黄色，柱头裂片6。果实棍棒状，红色略带绿色，长1.2cm；种子亮褐色。

引种信息

厦门市园林植物园　引种记录不详，长势良好。

华南植物园　引种号20170092，2017年引自福建，引种材料为植株，长势良好。

中国科学院植物研究所北京植物园　引种号2015-W0181，2015年引种福建龙海，引种材料为植株，长势良好。

上海辰山植物园　引种号20161038，2016年引自美国，引种材料为植株，长势良好；引种号20171606，2017年引自美国，引种材料为植株，长势良好。

龙海沙生植物园　引种号LH-108，2006年引自广东广州，引种材料为种子，长势良好。

物候

厦门市园林植物园　温室内栽培，花期4～5月，未见结果。

华南植物园　温室内栽培，花期4～5月，未见结果。

中国科学院植物研究所北京植物园　温室内栽培，花期3～4月，未见结果。

上海辰山植物园　温室内栽培，未见开花结果。

龙海沙生植物园　温室内栽培，花期11月至翌年2月，果期12月至翌年3月。

迁地栽培要点

播种繁殖或扦插繁殖。夏型种，喜阳光充足和昼夜温差大，也要求排水透气良好的肥沃土壤。夏季不要过度浇水。冬天要保持干燥。主要病虫害为介壳虫及红蜘蛛。

主要用途

园林观赏。

小窠、刺

植株

花

花蕾

花

植株

子球

108
绯缒

Mammillaria mazatlanensis K. Schum. ex Gürke, Monatsschr. Kakteenk. 11: 154 (-155; fig.). 1901.

植株

自然分布

原产墨西哥，常生长在海拔500m以下的海旁丘陵或海岸沙丘的荆棘灌丛中。美洲、欧洲、亚洲有栽培。我国各地栽培。

迁地栽培形态特征

植株通常簇生，茎长圆柱形，长4～15cm，直径2～5cm，灰绿色；瘤突螺旋状排列，圆锥状，长3～5mm，瘤腋通常裸露，或被短绵毛，或有1～2根短刚毛。小窠着生于瘤突上，圆形，被淡褐色短绵毛；中刺1～4根，有时带强钩，红褐色，长0.8～1.5cm；周刺12～18根，细长，针状，刚毛状，平展，白色，长0.5～1cm。花生于茎上侧瘤突的基部，漏斗状钟形，洋红色，长3～4cm，外轮花被片中部具淡褐色纵斑，边缘白色，内轮花被片洋红色，长圆状披针形，顶端稍反曲；雄蕊略伸出口部，花丝红色，花药黄色；花柱白色，柱头裂片5～8，狭条形，淡绿色。果倒卵球形，长约2cm，淡红褐色至红色；种子扁球形，长约1mm，黑色，具光泽。

引种信息

厦门市园林植物园　引种记录不详，长势良好。

龙海沙生植物园　引种号LH-109，2006年引自广东广州，引种材料为种子，长势良好。

厦门市园林植物园 温室内栽培，花期4～5月，未见结果。

龙海沙生植物园 温室内栽培，未见开花结果。

迁地栽培要点

以分株或扦插繁殖为主，也可播种繁殖。喜充足阳光，喜温暖干燥气候，相对较喜腐殖质较多的土壤。

主要用途

园林观赏。

植株　花　花　瘤突、小窠、刺、花　开花植株　花　花　刺、花

109
黄神丸

别名： 黄绫丸、春峰丸、白姬丸

Mammillaria muehlenpfordtii C. F. Först., Allg. Gartenzeitung (Otto & Dietrich) 15: 49. 1847.

植株　植株

自然分布

原产墨西哥。美洲、亚洲有栽培。我国各地栽培。

迁地栽培形态特征

植株通常单生，有时分枝成双头；茎球形，高12~15cm，直径8~10cm，蓝绿色至灰绿色；瘤突圆锥形，瘤腋具白色刚毛。小窠着生瘤突上，中刺通常4根，少见2根或6根的，刺尖向外，淡黄褐色，具暗褐色尖端，长0.2~4cm；周刺30~50根，白色透明或淡黄色，刚毛状，长0.5~0.8cm。花着生于在植株中上部，从瘤突基部伸出，漏斗状，胭脂红色，长和直径1~1.5cm。果实棍棒状，红色；种子褐色。

引种信息

厦门市园林植物园　引种记录不详，长势良好。

北京植物园　引种记录不详，长势良好。

上海辰山植物园　引种号20122019，2012年引自上海植物园，引种材料为植株，已死亡。

龙海沙生植物园　引种号LH-110，2006年引自广东广州，引种材料为种子，长势良好。

物候

厦门市园林植物园　温室内栽培，花期4月，未见结果。

北京植物园　温室内栽培，花期未记录，果期7月。

上海辰山植物园　温室内栽培，未见开花结果。

龙海沙生植物园　温室内栽培，花期11～12月，果期12月至翌年1月。

迁地栽培要点

以播种繁殖为主。喜充足阳光，喜温暖干燥气候，生长季节要求阳光充足，排水良好。夏季应加强通风。

主要用途

园林观赏。

瘤突、小窠、刺、花

110

白星

Mammillaria plumosa F. A. C. Weber, Bois, Dict. Hortic. 804. 1898.

自然分布

原产墨西哥北部，常见于海拔730～1350m稀疏的旱生灌木林。美洲、欧洲、亚洲有栽培。我国各地栽培。

迁地栽培形态特征

植株簇生，成低矮的堆状丛生，直径可达40cm以上；茎球形或长球形，高和直径6～7cm，淡绿色，由于密集的刺而呈现白色；瘤突圆筒状，柔软，长0.5～2cm，直径2～4mm，瘤腋被茸毛。小窠着生瘤突上，无中刺；周刺约40根，长0.1～0.7cm，白色，羽状交错。花着生于茎的顶端，漏斗状，白色，直径0.5～1.5cm；花被片倒卵形，长0.3～1.5cm，白色或至淡黄色，中脉淡红色；雄蕊多数，花药黄色；柱头黄色。果实棍棒状，白色，长1.5cm；种子黑色。

引种信息

厦门市园林植物园　引种号19650367，1965年引自日本，引种材料为植株，长势良好。

中国科学院植物研究所北京植物园　引种号1961-w0113，1961年引种，引种地、引种材料不详，植株在"文革"时期遗失；引种号1973-w1108，1973年引种，引种地、引种材料不详，已死亡；引种号1979-w0364，1979年引种，引种地、引种材料不详，已死亡。

北京植物园　引种号C130，2001年引自美国，引种材料为植株，长势良好。

南京中山植物园　引种号NBG2007F-135，2007年引自福建漳州，引种材料为植株，长势良好。

上海辰山植物园　引种号20161042，2016年引自美国，引种材料为植株，长势良好；引种号

20112325，2011年引自日本，引种材料为植株，长势良好。

龙海沙生植物园　引种号LH–111，1999年引自福建漳州，引种材料为植株，长势良好。

物候

厦门市园林植物园　温室内栽培，花期12月至翌年3月，果期3～5月。

中国科学院植物研究所北京植物园　温室内栽培，花期果期未记录。

北京植物园　温室内栽培，未见开花结果。

南京中山植物园　温室内栽培，花期4～5月，未见结果。

上海辰山植物园　温室内栽培，花期11月，未见结果。

龙海沙生植物园　温室内栽培，花期11月至翌年1月，果期12月至翌年2月。

迁地栽培要点

以播种繁殖为主。夏型种。喜阳光充足、土壤疏松且具一定湿度的环境。

主要用途

园林观赏。原产地曾在圣诞节期间在当地市场出售，被用来装饰耶稣诞生的场景。

小窠、刺

花

植株

植株

植株

植株

开花植株

111

松霞

别名： 黄毛球

Mammillaria prolifera (Mill.) Haw., Syn. Pl. Succ. 177. 1812.

植株

植株

自然分布

原产美国、墨西哥及古巴，生于山地下较湿润灌木丛或低海拔的草原上或低矮、干燥的灌木丛中。欧洲及亚洲有栽培。我国华南地区常见栽培。

迁地栽培形态特征

植株通常多分枝，密集成大型的簇生群丛；茎球形至圆柱形，或棍棒状，高可达9cm，直径4~7cm；瘤突螺旋状排列，短圆柱状至圆锥状，长0.8~1cm，顶端钝，瘤腋被毛。小窠着生瘤突上，中刺4~12根，针状，白色、黄色或微红色，尖端较暗；周刺25~40根，刚毛状，常与中刺交错，直或卷曲，白色、黄色或褐色，长0.3~1.5cm。花生于茎上侧至顶部瘤突的基部，钟状，黄色，长1~2cm，直径1~2cm外轮花被片淡黄色，顶端钝，内轮花被片狭长圆形，黄白色，狭长圆形，上部边缘具小锯齿，下部全缘；花药黄色；柱头裂片3~5，条形，黄色。果棍棒状，长1.5~2cm，深红色；种子黑色，斜倒卵球形，长约1mm，具小洼点。

引种信息

厦门市园林植物园　引种记录不详，长势良好。

华南植物园　引种号20170094，2017年引自福建，引种材料为植株，长势良好。

中国科学院植物研究所北京植物园　引种号1949-0347，1949年引种，引种地、引种材料不详，植株在"文革"时期遗失；引种号1957-5204，1957年引种，引种地、引种材料不详，植株在"文革"时期遗失；引种号1975-w0693，1975年引种，引种地、引种材料不详，长势良好。

北京植物园　引种记录不详，长势良好。

南京中山植物园　引种号NBG2007F-130，2007年引自福建漳州，引种材料为植株，长势良好。

上海辰山植物园　引种号20171541，2017年引自福建漳州，引种材料为植株，长势良好。

龙海沙生植物园　引种号LH-112，1993年引自福建漳州，引种材料为植株，长势良好。

物候

厦门市园林植物园　温室内栽培，几全年开花结果。

华南植物园　温室内栽培，几全年开花结果。

中国科学院植物研究所北京植物园　温室内栽培，花期2～9月，全年可见结果。

北京植物园　温室内栽培，未见开花结果。

南京中山植物园　温室内栽培，花期4～5月，未见结果。

上海辰山植物园　温室内栽培，未见开花结果。

龙海沙生植物园　温室内栽培，几全年开花结果。

迁地栽培要点

以播种繁殖为主。喜温暖充足阳光，对土壤要求不高，只要环境合适都会生长开花，在华南地区可终年室外栽培。

主要用途

园林观赏。

植株

植株

小窠、刺

果实

果实

花

果实

112

明星

Mammillaria schiedeana Hort. ex Pfeiff., Enum. Diagn. Cact. 14. 1837.

植株　　　　　　　　　　　　　　　　　　　　小窠、刺、花

自然分布

原产墨西哥，在当地因非法过度采集而受到威胁。欧洲、亚洲有栽培。我国各地温室栽培。

迁地栽培形态特征

植株通常簇生，栽培的常单生；具粗壮主根；茎扁球形，高2~10cm，直径4~6cm，深绿色；瘤突圆柱形，向顶端逐渐变细，绿色，长0.6~1cm，瘤腋具长刚毛，刚毛白色或淡黄色，随年龄的增长逐渐增多。小窠生于瘤突顶端；无中刺；幼株周刺少于20根，呈放射状，浅黄白色，成株周刺放射状，多达110~120根，白色或淡黄色，基部黄色。花着生于茎的顶部，形成花环，白色，漏斗状，长0.8~1.5cm，直径1~1.5cm；花被片匙状倒披针形，白色至乳白色；花丝白色，花柱淡黄色，柱头裂片4。果实红色，棒状，长1~1.2cm；种子黑色。

引种信息

厦门市园林植物园　引种号03358，2003年引自日本种植场，引种材料为植株，长势良好。

华南植物园　引种号20161111，2016年引自福建，引种材料为植株，长势良好。

中国科学院植物研究所北京植物园　引种号2015-W0240，2015年引种福建龙海，引种材料为植株，长势良好。

南京中山植物园　引种号NBG2007F-134，2007年引自福建漳州，引种材料为植株，长势良好。

上海辰山植物园　引种号20161049，2016年引自美国，引种材料为植株，长势良好；引种号20120837，2012年引自上海植物园，引种材料为植株，长势良好；引种号20112168，2011年引自上海西萍园艺，引种材料为植株，长势良好。

龙海沙生植物园　引种号LH-113，1999年引自福建漳州，引种材料为植株，长势良好。

物候

厦门市园林植物园 温室内栽培，花期12月，未见结果。

华南植物园 温室内栽培，花期12月，未见结果。

中国科学院植物研究所北京植物园 温室内栽培，未见开花结果。

南京中山植物园 温室内栽培，花期4~5月，未见结果。

上海辰山植物园 温室内栽培，花期9月，未见结果。

龙海沙生植物园 温室内栽培，几全年开花结果。

迁地栽培要点

以播种繁殖为主。夏型种，栽培应充分见光，但避免强光照射。土壤含有腐殖质和石灰质生长更好。冬季注意保暖。

主要用途

园林观赏。

IUCN红色名录物种。

植株　植株　植株

瘤突、小窠、刺　花蕾

113

蓬莱宫

Mammillaria schumannii Hildm., Paul Arendt's Monatsschr. Kakteenk. 1: 125, pl. 8. 1891.

植株

自然分布

原产墨西哥的下佛罗里达湾。美洲、欧洲、亚洲有栽培。我国偶见栽培。

迁地栽培形态特征

植株通常簇生；具块根；茎球形，高2~4cm，个别可达6cm，直径2~4cm，蓝绿色或灰绿色，在明亮阳光下略呈粉色；瘤突短而粗，圆形，瘤腋初始具少数毛，后脱落。小窠着生于瘤突顶端，被白色绵毛；中刺常见1根，偶尔有2或3根，通常具钩；刺下部纯白色，上部深褐色；周刺9~15根，长0.6~1.5cm，细针状。花着生于茎近顶端，漏斗形，粉红色至紫红色，长2~5cm，直径2~4cm；花被管短；花被片卵形，粉红色、紫红色带白色；雄蕊多数，花丝黄色，花药黄色；花柱黄绿色，柱头裂片6。果棍棒状，长1.5~2cm，橙色至深红色；种子黑色。

引种信息

　　厦门市园林植物园　引种号2012495，2012年引自北京，引种材料为植株，长势良好。

　　华南植物园　引种号20170515，2017年引自福建，引种材料为植株，长势良好。

　　北京植物园　引种号C143，2001年引自美国，引种材料为植株，长势良好。

　　龙海沙生植物园　引种号LH-114，2006年引自广东广州，引种材料为种子，长势良好。

物候

　　厦门市园林植物园　温室内栽培，花期5～6月，未见结果。

　　华南植物园　温室内栽培，花期5～6月，未见结果。

　　北京植物园　温室内栽培，未见开花结果。

　　龙海沙生植物园　温室内栽培，花期4～7月，果期5～8月。

迁地栽培要点

　　播种繁殖或分株繁殖。夏型种，喜温暖干燥气候，喜阳，但避免强烈阳光直晒。在春夏生长期应加强浇水，但不可保持长期高湿。从9月下旬开始，应该减少浇水，以迫使植物进入半休眠状态，至10月以后则尽量保持干燥。主要病虫害为介壳虫及红蜘蛛，或因湿度过高引起的根腐病。

主要用途

　　园林观赏。

植株

瘤突、小窠、刺

瘤突、小窠、刺

花

花

花

114
月宫殿

Mammillaria senilis Lodd. ex Salm-Dyck, Cact. Hort. Dyck. (1849). 8, 82. 1850.

自然分布

原产墨西哥，常生长于高海拔松林中被苔藓覆盖的巨石上。美洲、欧洲、亚洲栽培。我国各地温室栽培。

迁地栽培形态特征

植株簇生，部分栽培的单生；茎球形或圆筒状，高可达15cm，直径10cm；瘤突圆锥状，钝，长3～4cm；瘤腋具刚毛。小窠着生于瘤突上，中刺4～6根，白色，尖端黄色，上下两根具钩；周刺30～40根，比中刺纤细，长达2cm，白色。花漏斗状，橙红色，偶见粉色、黄色或近白色，长6～7cm，直径5～6cm；花被管细长，长4～5cm，被鳞片；花被片宽倒卵形，顶端钝；雄蕊和雌蕊伸出花被片外，雄蕊多数，黄色。果绿白色至红色；种子黑色。

引种信息

厦门市园林植物园　引种号19650364，1965年引自日本，引种材料为植株，长势良好。

华南植物园　引种号20151730，2015年引自福建，引种材料为植株，长势良好。

北京植物园　引种号C146，2001年引自美国，引种材料为植株，长势良好。

南京中山植物园　引种号NBG2007F-137，2007年引自福建漳州，引种材料为植株，长势良好。

上海辰山植物园　引种号20161052，2016年引自美国，引种材料为植株，长势良好。

龙海沙生植物园　引种号LH-115，2006年引自广东广州，引种材料为种子，长势良好。

物候

厦门市园林植物园　温室内栽培，花期4～5月，未见结果。

华南植物园　温室内栽培，花期4～5月，未见结果。

北京植物园　温室内栽培，未见开花结果。

南京中山植物园　温室内栽培，花期4～5月，未见结果。

上海辰山植物园　温室内栽培，未见开花结果。

龙海沙生植物园　温室内栽培，花期7月，果期8月。

迁地栽培要点

以播种繁殖为主。夏型种，栽培应充分见光，但避免强光照射。冬季注意保暖。

主要用途

园林观赏。

花

花

植株

开花植株

小窠、刺、毛

花蕾、花

植株

花

植株

115
银手球

别名： 银手指

Mammillaria vetula Mart. subsp. *gracilis* (Pfeiff.) D. R. Hunt, Mammillaria Postscripts 6: 6. 1997.

植株

植株

自然分布

原产墨西哥。美洲、欧洲、亚洲常见栽培。我国南北各地栽培。

迁地栽培形态特征

植株簇生，或形成一个大而圆的堆状群丛；茎球形或圆筒形，高达13cm，直径3～10cm，灰蓝绿色；瘤突钝圆锥形，排列坚硬或松软，瘤腋稍四棱形，直径约0.5cm，无乳汁，基部稍被茸毛或光滑。小窠着生于瘤突顶端，中刺1～2根，长1～1.2cm，白色至褐色，有时无中刺；周刺11～16根，长3～10mm，针状，白色。花着生于茎的顶部，漏斗形，柠檬黄色，长1.2cm。果棍棒状，白色至绿色；种子黑色。

引种信息

厦门市园林植物园 引种记录不详，长势良好。

华南植物园 引种号20170726，2017年引自福建，引种材料为植株，长势良好。

北京植物园 引种记录不详，长势良好。

南京中山植物园 引种号NBG2007F-131，2007年引自福建漳州，引种材料为植株，长势良好。

上海辰山植物园 引种号20161058，2016年引自美国，引种材料为植株，长势良好。

龙海沙生植物园 引种号LH-116，1993年引自福建漳州，引种材料为植株，长势良好。

物候

厦门市园林植物园 温室内栽培，花期11月至翌年3月，未见结果。

华南植物园 温室内栽培，花期11月至翌年3月，未见结果。

北京植物园 温室内栽培，未见开花结果。

南京中山植物园　温室内栽培，花期4～5月，未见结果。
上海辰山植物园　温室内栽培，未见开花结果。
龙海沙生植物园　温室内栽培，花期4～10月，果期5～11月。

迁地栽培要点

以子球繁殖及播种繁殖为主。夏型种，栽培应充分见光。冬季注意保暖。

主要用途

园林观赏。

白仙玉属

Matucana Britton & Rose, Cactaceae 3: 102. 1922.

　　植株单生或基部分枝，有的形成群生；通常具直根系；茎球形至短圆柱形，绿色或黄绿色；棱少数至多数，不明显，宽扁，分化为扁平的瘤突。小窠通常具白色或褐色绵毛；刺琥珀色、黄色、黑色、灰色或白色。花生于植株顶端，漏斗形，通常两侧对称；花被片披针状，螺旋状贴生于花托或花托筒上部，红色、橙色、黄色、白色；雄蕊多数，花丝、花药、花柱头通常黄色。果球形，稍肉质，中空，纵向开裂；种子卵形或帽状。

　　17种，原产秘鲁，现世界各地栽培。我国引种近10种，常见栽培2种。

白仙玉属分种检索表

116
黄仙玉

Matucana aurantiaca (F. Vaupel) F. Buxb., Succulenta (Netherlands) 140, in obs. 1958.

自然分布

原产秘鲁的卡马卡。美洲、欧洲、亚洲栽培。我国南方有栽培。

迁地栽培形态特征

植株单生，偶有基部分枝的；直根系；茎扁圆球形，随年龄增长变为圆柱形；高可达35cm，直径可达15cm或以上；绿色至灰绿色；棱13~17，不明显，分化成六角形瘤状疣。小窠具白色绵毛，间隔1~2cm；中刺9根，长2~7cm；周刺12~20根，向内弯曲，长0.5~4cm。花着生于植株顶端，直立，漏斗状，长5~10cm，直径5~6cm；花托筒具丝状长毛；花被片披针状，螺旋状贴生于花托筒上部，外轮花被片黄色至金黄色，边缘略带橙红色，内轮花被片黄色至金黄色；雄蕊多数，花丝和花药黄色，花柱头黄色。

引种信息

厦门市园林植物园　引种号20180675，2018年引自福建漳州，引种材料为植株，长势良好。

北京植物园　引种号C158，2001年引自美国，引种材料为植株，长势良好。

龙海沙生植物园　引种号LH-117，2006年引自广东广州，引种材料为种子，长势良好。

物候

厦门市园林植物园　温室内栽培，花期5~6月，未见结果。

北京植物园　温室内栽培，花期7月，未见结果。

龙海沙生植物园　温室内栽培，花期7月，果期8月。

迁地栽培要点

播种繁殖。夏型种，不喜湿热，喜通风良好，疏松透气的肥沃土壤，喜阳光，但夏季应避免强烈阳光直晒；较不耐寒，冬季应注意保暖。主要病虫害为介壳虫和红蜘蛛危害。

主要用途

园林观赏。

花

花

棱、小窠、刺

植株

117

奇仙玉

Matucana madisoniorum (Hutchison) G. D. Rowley, Repert. Pl. Succ. 22: 10. 1973.

植株　　　　植株　　　　小窠、刺

自然分布

原产秘鲁亚马孙地区海拔约400m干燥的森林中。美洲、欧洲、亚洲栽培。我国南北各地栽培。

迁地栽培形态特征

植株单生，有时基部分枝，形成丛生；直根系；茎扁圆球形，随年龄增长而变为圆柱形；高可达15cm，直径可达10cm，绿色、蓝色到灰绿色；棱7~12，不明显，宽平。小窠间隔1~2cm；刺1~3根，向内弯曲，长5~6cm；新刺基部黄绿色，初为黑色，随年龄增长变灰褐色；有时会随年龄增长后刺脱落变无刺。花着生于植株顶端；花蕾为白色或灰色的毛茸状小球；展开后漏斗状，橙红色，具金属光泽；长5~10cm，直径3~5cm；左右对称，或单侧倾斜；花托筒具丝状长毛；花被片披针状，螺旋状贴生于花托筒上部；雄蕊多数，花丝和花药黄色，花柱头黄色。果球形，直径约2cm，被毛。

引种信息

厦门市园林植物园　引种记录不详，长势良好。

华南植物园　引种号20104515，2010年引自福建漳州，引种材料为植株，长势良好。

北京植物园　引种号C160，2001年引自美国，引种材料为植株，长势良好。

南京中山植物园　引种号NBG2007F-153，2007年引自福建漳州，引种材料为植株，长势良好。

上海辰山植物园　引种号20112053，2011年引自福建漳州，引种材料为植株，长势良好；引种号20161068，2016年引自美国，引种材料为植株，长势良好。

龙海沙生植物园　引种号LH-118，2006年引自广东广州，引种材料为种子，长势良好。

物候

厦门市园林植物园　温室内栽培，花期10～12月，果期翌年4～5月。

华南植物园　温室内栽培，花期10～12月，果期翌年4～5月。

北京植物园　温室内栽培，未见开花结果。

南京中山植物园　温室内栽培，未见开花结果。

上海辰山植物园　温室内栽培，花期4月、6月及7月，未见结果。

龙海沙生植物园　温室内栽培，花期4～7月，果期5～8月。

迁地栽培要点

播种繁殖，也见子球扦插繁殖。夏型种，不喜湿热，喜通风良好，疏松透气的肥沃土壤，喜阳光，但夏季应避免强烈阳光直晒，4月以后应减少浇水；冬季应保持干燥。主要病虫害为介壳虫、红蜘蛛危害。

主要用途

园林观赏。

花　开花植株　果　花　花　花　花

花座球属

Melocactus Link & Otto, Verh. Ver. Beförd. Gartenb. Preuss. Staaten 3: 417. 1827.

　　植株常单生，扁球形至圆柱形，高一般不超过1m，有限生长；棱8～27，纵向排列；无瘤突。小窠大小多样，刺3～21根，或更多，发育完全；中刺与周刺不易区分，幼苗的刺常呈钩状。花座顶生，花着生花座之上，花座被绵毛和刚毛；花期短，花小，管状，红色至粉红色，无附生物。果实短或长棒状，多汁，偶有花被宿存，无其他附生物。果白色、粉色、红色或紫红色。种子球形或卵形，黑色。

　　约33种，广泛分布于美洲地区，最北分布到墨西哥西部，最南分布到秘鲁南部，最东分布可达巴西东部的亚马逊流域及整个加勒比海地区。世界各洲多有引种。我国栽培约10种，常见5种。

花座球属分种检索表

118

蓝云

Melocactus azureus Buining & Brederoo, Kakteen And. Sukk. 22: 101, figs. 1971.

植株

植株

自然分布

原产巴西东部，生长在巴伊亚州中北部石灰岩山地，分布海拔450～800m。世界各地栽培。我国各地引种栽培。

迁地栽培形态特征

植株近球形或圆柱形，高9～45cm，直径14～20cm，灰绿色或深灰绿色，被浓密白色蜡粉或不被蜡粉；茎内具黏液；棱9～12，棱脊截面三角形。小窠分布于棱脊上，相邻小窠相距1.5～2cm；刺暗红色或黑色，被灰白色的蜡粉，幼苗时期具钩状刺；中刺1～4根，略微弯曲或直立，长2～6cm；周刺7～11根，粗壮，最长达5cm。顶生花座高可达12cm，直径7～10cm，被红色刚毛及褐色或白色绵毛；花小，长15～23mm，直径4～11.5mm，粉红色至洋红色，花被片多数。果小，短棒状，白色至灰粉红色，长15～29mm，直径3～10mm。种子表面光滑，直径0.9～1.7mm。

引种信息

厦门市园林植物园 引种记录不详，长势良好。

华南植物园 引种号20082096，2008年引自福建，引种材料为植株，长势良好。

中国科学院植物研究所北京植物园 引种号2005-3522，2005年引自福建龙海，引种材料为植株，长势良好。

北京植物园 引种记录不详，长势良好。

南京中山植物园 引种号NBG2007F-156，2007年引自福建漳州，引种材料为植株，长势良好。

上海辰山植物园 引种号20161070，2016年引自美国，引种材料为植株，长势一般；引种号20102498，2010年引自福建漳州，引种材料为植株，已死亡；引种号20102392，2010年引自上海植物园，引种材料为植株，已死亡。

龙海沙生植物园 引种号LH-119，1997年引自福建漳州，引种材料为植株，长势良好。

物候

　　厦门市园林植物园　温室内栽培，花期7月，果期8月。

　　华南植物园　温室内栽培，花期7月，果期8月。

　　中国科学院植物研究所北京植物园　温室内栽培，花期8月，果期9月。

　　北京植物园　温室内栽培，未见开花结果。

　　南京中山植物园　温室内栽培，花期6~7月，未见结果。

　　上海辰山植物园　温室内栽培，未见开花结果。

　　龙海沙生植物园　温室内栽培，花期4~11月，果期5~12月。

迁地栽培要点

　　繁殖采用播种和嫁接均可，或两者结合进行。从播种到开云（即花座形成）所需年限因种类和栽培方法不同而异。一般实生需5~8年以上，而利用小苗（1~2年生，球径3~5cm）嫁接后，开云时间大大缩短，只需2~4年左右。值得一提的是，栽培上宜提倡实生苗栽培，实生苗栽培虽时间慢，但寿命长，更重要的是种性能够充分表现出来。苗期喜半阴湿润，生长快，栽培基质选用疏松透气且含石灰质材料。不耐寒，冬季保持盆土干燥，多见阳光，维持6-8℃以上可安全越冬。病虫害防治应特别注重对介壳虫的防治，包括苗期对根粉蚧的防治，以防为主。

主要用途

　　观赏。

　　种下有两个亚种。

　　蓝云原亚种（*M. azureus* subsp. *azureus*），茎灰蓝绿色，被白色蜡粉，幼苗时期蜡粉尤为浓密，白霜更为明显。顶生花座常无刚毛，仅有棕褐色绵毛。分布于巴伊亚中北部的中海拔地区。

　　白毛蓝云亚种［*M. azureus* subsp. *ferreophilus* (Buining & Bredero) N. P. Taylor Bradleya 9: 40. 1991］，茎绿色，无白霜，顶生花座被刚毛，但无棕色绵毛。分布于巴伊亚中部海拔700~850m地区。

刺、棱、小窠

植株

植株

植株、花座

327

119

层云

Melocactus curvispinus Pfeiff. subsp. *caesius* (H. L. Wendl.) N. P. Taylor, Bradleya 9: 75. 1991.

花座、果实　　　　植株　　　　植株

自然分布

原产加勒比海地区以及哥伦比亚、委内瑞拉沿海海拔700m以下的地区。世界各地栽培。我国南北植物园和爱好者栽培。

迁地栽培形态特征

植株常单生，扁球形至短圆柱形，茎尖常较窄，高可达30cm，直径可达27cm，亮绿色至深绿色；棱10~16，棱脊尖，偶具瘤突，棱槽较深，约2cm。小窠圆形，着生于棱脊上，下陷，被白色绵毛；刺灰白色、角质色至黑色，偶弯曲；中刺1根，偶脱落，直立，长约20cm；周刺6~11根，平展，长达28cm。顶生花座常较小，扁盘状，高3~4cm，直径7~11cm，常宽于茎尖宽；被白色绵毛及红褐色长刚毛；花下午开放，小花开放时伸出花座外约10mm；浅粉红色至深洋红色，长18~43mm，直径10~60mm。果棒状至卵状，深粉色至酒红色，基部颜色较浅，长约3cm，直径1~1.5cm。

引种信息

厦门市园林植物园　引种记录不详，长势良好。

华南植物园　引种号20104321，2010年引自福建漳州，引种材料为植株，长势良好。

北京植物园　引种记录不详，长势良好。

南京中山植物园　引种号NBG2007F-159，2007年引自福建漳州，引种材料为植株，长势良好。

上海辰山植物园　引种号20171956，2017年引自福建漳州，引种材料为植株，长势一般；引种号

20161071，2016年引自美国，引种材料为植株，长势良好。

龙海沙生植物园　引种号LH-120，1993年引自福建漳州，引种材料为植株，长势良好。

物候

　　厦门市园林植物园　温室内栽培，花期7～8月，果期7～8月。

　　华南植物园　温室内栽培，花期7～8月，果期7～8月。

　　北京植物园　温室内栽培，未见开花结果。

　　南京中山植物园　温室内栽培，花期6～7月，未见结果。

　　上海辰山植物园　温室内栽培，未见开花结果。

　　龙海沙生植物园　温室内栽培，花期4～11月，果期5～12月。

迁地栽培要点

　　繁殖用播种和嫁接均可，或两者结合进行。从播种到开云（即花座形成）所需年限因种类和栽培方法不同而异。一般实生需5～8年以上，而利用小苗（1～2年生，球径3～5cm）嫁接后，开云时间大大缩短，只需2～4年左右。值得一提的是，栽培上宜提倡实生苗栽培，实生苗栽培虽时间慢，但寿命长，更重要的是种性能够充分表现出来。苗期喜半阴湿润生长快，栽培基质选用疏松透气且含石灰质材料。不耐寒，冬季保持盆土干燥，多见阳光，维持6～8℃以上可安全越冬。病虫害防治应特别注重对介壳虫的防治，包括苗期对根粉蚧的防治，以防为主。

主要用途

　　园林观赏。果实可食用。

花座　　植株　　果实

棱、刺、小窠　　花座

120

彩云

Melocactus intortus (Mill.) Urban, Repert. Spec. Nov. Regni Veg. 16: 35. 1919.

花座

植株

多花座植株

自然分布

原产西印度群岛各国，包括巴哈马群岛、小安的列斯群岛、波多黎各、特克斯和凯科斯群岛等。世界各地引种栽培。我国南北各地栽培。

迁地栽培形态特征

植株单生，茎球状至圆柱状，高可达1m，直径15～40cm，灰绿色。棱14～17，偶有更多，棱脊宽大。小窠生于棱上，刺9～21根，周刺与中刺不易区分，粗壮，黄色至褐色，长20～70mm。顶花座常较高，与茎等高，被褐色刚毛。花粉红色，长15～20mm，直径12～15mm。果宽棒状，粉红色，长20～25mm。

引种信息

厦门市园林植物园　引种号19650369，1965年引自日本，引种材料为植株，长势良好。

华南植物园　引种号20104326，2010年引自福建漳州，引种材料为植株，长势良好。

南京中山植物园　引种号NBG2007F-150，2007年引自福建漳州，引种材料为植株，长势良好。

上海辰山植物园　引种号20102499，2010年引自福建漳州，引种材料为植株，长势一般。

龙海沙生植物园　引种号LH-121，1997年引自上海，引种材料为植株，长势良好。

物候

厦门市园林植物园　温室内栽培，花期4～5月，果期4～5月。

华南植物园　温室内栽培，花期4～5月，果期4～5月。

南京中山植物园　温室内栽培，花期6～7月，未见结果。

上海辰山植物园　温室内栽培，未见开花结果。

龙海沙生植物园　温室内栽培，花期4～11月，果期5～12月。

迁地栽培要点

　　繁殖用播种和嫁接均可，或两者结合进行。从播种到开云（即花座形成）所需年限因种类和栽培方法不同而异。一般实生需5～8年以上，而利用小苗（1～2年生，球径3～5cm）嫁接后，开云时间大大缩短，只需2～4年。值得一提的是，栽培上宜提倡实生苗栽培，实生苗栽培虽时间慢，但寿命长，更重要的是种性能够充分表现出来。苗期喜半阴湿润生长快，栽培基质选用疏松透气且含石灰质材料。不耐寒，冬季保持盆土干燥，多见阳光，维持6～8℃以上可安全越冬。病虫害防治应特别注重对介壳虫的防治，包括苗期对根粉蚧的防治，以防为主。

主要用途

　　园林观赏。

　　彩云种下包含两个亚种。

　　彩云原亚种（*M. intortus* subsp. *intortus*），植株球状或圆柱状，高可达1m。小窠被刺，9～15根，中刺笔直。顶生花座圆柱形，向上延伸，最高可达1m。该亚种广泛分布于加勒比海地区。

　　多明戈彩云（*M. intortus* subsp. *domingensis*），植株桶状，高度仅有50cm，刺14～21根，中刺长且卷曲。顶花座球形，高度不高于12cm。该亚种仅分布于多米尼加的多明戈。

植株　　花座　　小窠、刺、棱　　花座、果

121
魔云

Melocactus matanzanus León, Mem. Soc. Cub. Hist. Nat. "Felipe Poey" 8: 206, tab. 10, fig. 3. 1934.

自然分布

原产古巴北部。世界各地栽培。我国南北各地栽培。

迁地栽培形态特征

植株常单生，球形或扁球形，高7~9cm，直径8~9cm，灰绿色。棱8~9，偶见13。小窠着生棱脊上，相邻小窠距离约8mm；刺白色、灰色或浅褐色；中刺1根，斜举，向上弯曲，长15~24mm，白色、乳白色至褐色，老刺变灰色；周刺5~9根，最长可达20mm，常短于15mm。顶生花座高9cm，直径5~6cm，密被红褐色刚毛。花仅在正午数小时内开放，漏斗状，粉红色、玫红色至胭脂红色，长约20mm，常藏于花座中。果棒状浆果，粉红色至淡紫色，长10~20mm，藏于花座中；种子直径约1mm。

引种信息

厦门市园林植物园　引种记录不详，长势良好。

华南植物园　引种号20104327，2010年引自福建漳州，引种材料为植株，长势良好。

中国科学院植物研究所北京植物园　引种号2005-3553，2005年引自福建龙海，引种材料为植株，长势良好。

南京中山植物园　引种号NBG2007F-152，2007年引自福建漳州，引种材料为植株，长势良好。

上海辰山植物园　引种号20171595，2017年引自福建漳州，引种材料为植株，长势一般；引种号20102984，2010年引自上海植物园，引种材料为植株，已死亡。

龙海沙生植物园　引种号LH-122，1997年引自上海，引种材料为植株，长势良好。

物候

厦门市园林植物园　温室内栽培，花期10月，未见结果。

华南植物园　温室内栽培，花期10月，未见结果。

中国科学院植物研究所北京植物园　温室内栽培，花期12月，果期翌年1~2月。

南京中山植物园　温室内栽培，花期6~7月，未见结果。

上海辰山植物园　温室内栽培，未见开花结果。

龙海沙生植物园　温室内栽培，花期4~11月，果期5~12月。

迁地栽培要点

繁殖用播种和嫁接均可，或两者结合进行。从播种到开云（即花座形成）所需年限因种类和栽培方法不同而异。一般实生需5~8年以上，而利用小苗（1~2年生，球径3~5cm）嫁接后，开云时间大大缩短，只需2~4年左右。值得一提的是，栽培上宜提倡实生苗栽培，实生苗栽培虽时间慢，但寿命长，更重要的是种性能够充分表现出来。苗期喜半阴湿润生长快，栽培基质选用疏松透气且含石灰质材料。不耐寒，冬季保持盆土干燥，多见阳光，维持6～8℃以上可安全越冬。病虫害防治应特别注重对介壳虫的防治，包括苗期对根粉蚧的防治，以防为主。

主要用途

园林观赏。

植株

棱、刺、果

花座、果实

植株

多头植株

果实

植株

花座

棱、小窠、刺

122

丽云

Melocactus peruvianus Vaupel, Bot. Jahrb. Syst. 50 (2-3, Beibl. 3): 28. 1913.

植株

自然分布

原产厄瓜多尔西南部，沿安第斯山脉向南延伸至秘鲁南部，生长在海拔1270m以下地区。世界各地栽培。我国南北栽培。

迁地栽培形态特征

植株单生，茎扁球形、金字塔形或短圆柱形，高20cm，直径20cm，深绿色；棱8～16，排列略弯曲。刺红褐色至黑色，极其多变；中刺1～4根，偶脱落，长约60mm；周刺4～14根，直立或明显弯曲，交错生长或呈梳状排列，长约60mm。顶生花座常较小，高可达20cm，直径约8cm，被红色刚毛。

花开放时完全伸出顶生花座，洋红色，长可达24mm，直径8～15mm。果具红色尾尖，长16～25cm。

引种信息

厦门市园林植物园　引种号19650371，1965年引自日本，引种材料为植株，长势良好。

华南植物园　引种号20104328，2010年引自福建漳州，引种材料为植株，长势良好。

上海辰山植物园　引种号20122158，2012年引自上海植物园，引种材料为植株，长势一般；引种号20102394，2010年引自上海植物园，引种材料为植株，已死亡。

龙海沙生植物园　引种号LH-123，1997年引自福建漳州，引种材料为植株，长势良好。

物候

厦门市园林植物园　温室内栽培，花期7月，未见结果。

华南植物园　温室内栽培，花期7月，未见结果。

上海辰山植物园　温室内栽培，未见开花结果。

龙海沙生植物园　温室内栽培，花期4～11月，果期5～12月。

迁地栽培要点

繁殖用播种和嫁接均可，或两者结合进行。从播种到开云（即花座形成）所需年限因种类和栽培方法不同而异。一般实生需5～8年以上，而利用小苗（1～2年生，球径3～5cm）嫁接后，开云时间大大缩短，只需2～4年左右。值得一提的是，栽培上宜提倡实生苗栽培，实生苗栽培虽时间慢，但寿命长，更重要的是种性能够充分表现出来。苗期喜半阴湿润生长快，栽培基质选用疏松透气且含石灰质材料。不耐寒，冬季保持盆土干燥，多见阳光，维持6～8℃以上可安全越冬。病虫害防治应特别注重对介壳虫的防治，包括苗期对根粉蚧的防治，以防为主。

主要用途

园林观赏。

植株

花座、花蕾

南美翁柱属

Micranthocereus Backeb., Blätter f. Kakteenforschung 1938 (6): 22. 1938.

　　灌木或高大乔木，直立；单生或丛生，不分枝，或基部分枝；茎圆柱状，具棱，刺密；棱10～30，或更多，棱脊窄。小窠紧密排列，常被长绵毛或刺。花着生于侧花座，侧花座合生或离生，花座浅或略下陷，被绵毛和刚毛；花常簇生，管状，白天或夜间开放，长2～5cm；花被丝托及花被管近裸露，仅有少量细小鳞片附生；花被片短，直立或平展，颜色多样。果红色，不开裂，小，裸露，肉质，伸出或藏于花座内；果肉少，白色；花宿存或脱落；种子深褐色，近光滑，表面有小颗粒。

　　9种，分布于巴西中东部地区。我国引种2～3种，常见栽培1种。

123

爱氏南美翁

Micranthocereus estevesii (Buining & Brederoo) F. Ritter, Kakteen Südamerika 1: 108. 1979.

植株

自然分布

原产巴西北部、中西部及东南部地区，包括托坎廷斯州、戈亚斯州、来纳斯吉拉斯州，生长在热带草原、干旱的半落叶林中，裸露的石灰岩石滩上。我国近年来引种栽培。

迁地栽培形态特征

植株圆柱状，几乎不分枝，高可达6m，直径约15cm，淡蓝绿色；棱37～42，棱脊窄，略弯曲排列。小窠圆形，被白色至淡黄色绵毛和柔毛；刺亮褐色；中刺6～7根，略微弯曲，长2～35mm；周刺约12根，针状，长5～11mm。假花座侧生，宽5～7cm，被白色或乳白色绵毛及红色刚毛，绵毛长约2.2cm，刚毛长约0.8cm。花夜间开放，无味，宽漏斗状，白色，长约3.5cm，直径约3.5cm。果亮蓝色，长约1.3cm，直径约0.9cm。

引种信息

厦门市园林植物园　引种记录不详，长势良好。

龙海沙生植物园　引种号LH-124，2006年引自广东广州，引种材料为种子，长势良好。

物候

厦门市园林植物园　温室内栽培，花期11月，果期翌年4月；露地栽培，花期11月，果期翌年4月。
龙海沙生植物园　露地栽培，花期6~8月，果期7~9月。

迁地栽培要点

播种繁殖为主，亦可扦插或嫁接繁殖。生性强健，喜强光。栽培基质宜配制含石灰质的砂壤土。夏型种。较耐干旱，浇水视生长季节酌情增减，冬季保持土壤干燥；病虫害防治应注重黑斑病的防治。

主要用途

园林观赏。

龙神木属

Myrtillocactus Console, Boll. R. Ort. Bot. Palermo 1: 8. 1897

肉质灌木或小乔木，茎主干粗短，分枝圆柱状，灰绿色或蓝绿色，新茎被白粉，斜升；棱5~6，棱间平滑。小窠沿棱排列。花小，2~9朵聚生于茎上端小窠周边，无梗，漏斗状，白天开放；花被管极短，基部具小鳞片，鳞片腋部略被短绵毛；花被辐射状；雄蕊多数，外伸，花药近圆形；子房下位，柱头裂片5~8，狭条形。果小型，球形至椭圆体形，肉质，不开裂，无刺，顶端常有宿存花被；种子倒卵球形，暗黑色，具小瘤突，种脐端截形。

4种，分布墨西哥和危地马拉。我国常见引种栽培2种。

龙神木属分种检索表

124
龙神木

Myrtillocactus geometrizans (Mart. ex Pfeiff.) Console, Boll. Reale Orto Bot. Palermo 1: 10. 1897.

植株

自然分布

原产墨西哥和危地马拉。世界各地栽培。我国北京、江苏、上海、浙江、福建、台湾和广东有栽培。

迁地栽培形态特征

小乔木，高4~6m，茎肉质，主干粗短，分枝多数，直立，直径6~10cm，蓝绿色至淡蓝色，新长出的茎被白粉；棱5~8，圆钝，表面平滑。小窠着生于棱上，圆形，被白色短绵毛，中刺1根，钻形或针状，直立或略下弯，长1~2.5（~6）cm，刺褐色至黑色，老刺变灰色，周刺5（~9）根，粗钻形，长2~10mm，通常不等长。花2~9朵簇生于茎枝上端的小窠，长约2cm，直径2.5~3.5cm，白天开放；外轮花被片披针形至长圆形，淡紫褐色，具白色边缘；内轮花被片卵状长圆形，先端圆形，平展，绿白色，常具淡紫褐色中肋；雄蕊多数，花丝白色，花药淡黄色；柱头裂片5，黄白色。果肉质，近球形至椭圆体形，长1~2cm，蓝紫色，无刺；种子倒卵球形，长1.3~1.5mm，黑色，无光泽。

引种信息

厦门市园林植物园　引种记录不详，长势良好。

华南植物园　引种号20082097，2008年引自福建，引种材料为植株，长势良好。

中国科学院植物研究所北京植物园　引种号1973-w1599，1973年引种，引种地、引种材料不详，已死亡；引种号1973-w1180，1973年引种，引种地、引种材料不详，已死亡；引种号2005-3191，2005年引自福建龙海，引种材料为植株，长势良好。

南京中山植物园　引种号NBG2007F-231，2007年引自福建漳州，引种材料为植株，长势良好。

上海辰山植物园　引种号20152323，2015年引自美国，引种材料为植株，长势良好。

龙海沙生植物园　引种号LH-125，1997年引自福建漳州，引种材料为植株，长势良好。

物候

厦门市园林植物园　温室内栽培，花期3~4月，果期5月；露地栽培，花期3~4月，果期5月。

华南植物园　温室内栽培，花期3~4月，果期5月；露地栽培，花期3~4月，果期5月。

中国科学院植物研究所北京植物园　温室内栽培，未见开花结果。

南京中山植物园　温室内栽培，未见开花结果。

上海辰山植物园　温室内栽培，未见开花结果。

龙海沙生植物园　露地栽培，花期4~5月，果期5~6月。

迁地栽培要点

扦插繁殖为主，亦可播种或嫁接繁殖。本种生性强健，喜强光。对土壤要求不严，种植选用砂壤土。夏型种。较耐干旱，生长季节可酌情加大浇水量以促生长，冬季保持土壤干燥；病虫害应注重介壳虫的防治。

主要用途

除园林观赏外。龙神木还是良好的嫁接砧木，果实可作为水果食用，浆果味甜，在墨西哥称加兰布诺，在集市上作水果出售。在原产地栽作绿篱。

常见栽培有以下品种：

1a. 龙神冠（*M. geometrizans* 'Cristatus'）茎缀化。

1b. 龙神锦（*M. geometrizans* 'Variegatus'）茎具黄斑。

1c. 福禄龙神木（*M. geometrizans* 'Fukurokuryuzinboku'）。

果实

花、果实

小窠、刺

花

花

植株

植株

125
仙人阁

Myrtillocactus schenckii (J. A. Purpus) Britton & Rose, Contr. U. S. Natl. Herb. 12: 427, pl. 73. 1909.

植株

植株

自然分布

原产墨西哥。世界各地栽培。我国福建、江苏等地栽培。

迁地栽培形态特征

小乔木，高4~5m；茎肉质，柱状，多分枝，上举，直径达10cm，暗绿色；棱7~8，紧靠在一起。小窠着生于棱上，直径约5mm，常具白色茸毛；中刺1根，长2~5cm，锥状，黑色，周刺6~8根，长0.5~1.2cm，黑色，弯曲。花聚生于茎顶端的小窠周边，白天开花，具香味，白色，直径2~4cm。浆果球形或椭圆状球形，直径1.5cm，初时绿色，成熟红色，被小刺；种子黑色。

引种信息

厦门市园林植物园　引种记录不详，长势良好。

南京中山植物园 引种号NBG2007F-234，2007年引自福建漳州，引种材料为植株，长势良好。

龙海沙生植物园 引种号LH-126，2006年引自广东广州，引种材料为种子，长势良好。

物候

厦门市园林植物园 温室内栽培，花期3~4月，未见结果；露地栽培，花期3~4月，未见结果。

南京中山植物园 温室内栽培，未见开花结果。

龙海沙生植物园 露地栽培，花期5月，果期6月。

迁地栽培要点

以播种繁殖为主，也可用子球扦插繁殖。18~25℃为最佳生长温度。不耐寒，0℃以下易死亡。要求阳光充足，土壤排水良好。气温较高时候需要较多水分。冬季应保持干燥。主要病虫害为介壳虫，排水不良会出现根腐。

主要用途

除园林观赏外，也可作为嫁接砧木。果实也作为水果食用。

果

花

花、果

花

花蕾

棱、刺、小窠、花蕾

大凤龙属

Neobuxbaumia Backeb., Blätter f. Kakteenforschung 1938: [8, 21]. 1938.

植株大型，乔木状，分枝或不分枝；直根系；茎肉质，柱状，浅绿色或绿色，老柱渐变灰绿色；茎上多棱，棱扁平。小窠着生于棱端，具中刺和周刺。花着生于植株中上部或顶部，晚间开放，圆柱形或钟形，白色、淡黄色、桃浅红色或红色；花被管和花被片具角和小的鳞片，光滑或具少量小刚毛。果卵形，具棱，开裂，白色，干燥，花被片宿存；种子肾形，黑色或淡褐色。

约9种，原产墨西哥东部和南部。世界各地常见引种栽培，我国常见栽培2种。

大凤龙属分种检索表

1a. 中刺长2cm以上，明显长于周刺；外轮花被片粉红色，内轮花被片白色，喉部淡黄色…………
………………………………………………………………………… 126. 勇凤 *N. euphorbioides*

1b. 中刺长不足2cm，短于周刺或与周刺近等长；外轮花被片绿色，内轮花被片淡红色至红色………
…………………………………………………………………………… 127. 大凤龙 *N. polylopha*

126
勇凤

Neobuxbaumia euphorbioides (Haw.) Buxbing, Cactus (Paris) No. 40, 52. 1954.

自然分布

原产墨西哥的塔毛利帕斯、圣路易斯波托西和韦拉克鲁斯。世界各地引种栽培。我国南北各地常见栽培，南方可露天栽培。

迁地栽培形态特征

植株乔木状，茎肉质，柱状，栽培的通常无分枝，高可达7m，直径15cm，浅绿色或绿色，老柱渐变灰绿色；棱8～10，扁平，多少具波纹状。小窠生于棱的顶端，密被刺；刺直立或平卧；中刺1根，坚硬，长2～3cm，新刺银白色，老刺黑色或褐色；周刺3～9根，长0.5～1.2cm，浅灰色，刺尖深红色到黑色。花着生于植株中上部或顶部，数量多，狭钟状，长5～8cm，直径7cm，外面被小角和蜜腺；外轮花被片红粉色，内轮花被片白色，喉部淡黄色。果绿色，长约6cm。

引种信息

厦门市园林植物园 引种记录不详，长势良好。

华南植物园 引种号20170462，2017年引自福建，引种材料为植株，长势良好。

中国科学院植物研究所北京植物园 引种号2005-3164，2005引自福建龙海，引种材料为植株，长势良好。

南京中山植物园 引种号NBG2007F-232，2007年引自福建漳州，引种材料为植株，长势良好。

上海辰山植物园 引种号20123507，2012年引自上海辰山植物园，引种材料为种子，长势良好；引种号20102961，2010年引自上海植物园，引种材料为植株，长势一般。

龙海沙生植物园 引种号LH-127，2006年引自广东广州，引种材料为种子，长势良好。

物候

厦门市园林植物园 温室内栽培，花期6～9月，未见结果；露地栽培，花期6～9月，未见结果。

华南植物园 温室内栽培，花期6～9月，未见结果；露地栽培，花期6～9月，未见结果。

中国科学院植物研究所北京植物园 温室内栽培，未见开花结果。

南京中山植物园 温室内栽培，未见开花结果。

上海辰山植物园 温室内栽培，未见开花结果。

龙海沙生植物园 露地栽培，花期6～8月，果期7～9月。

迁地栽培要点

以播种繁殖为主，也可用子球扦插繁殖。喜欢温暖、干燥和阳光充足的环境，不耐寒，耐干旱和半阴，怕高温和水湿。

主要用途

园林观赏。

植株　花　植株　植株

植株

花

植株

花

127

大凤龙

Neobuxbaumia polylopha (DC.) Backeb., Blätt. Kakteenf. No. 6, p. [24]. in obs. 1938.

小苗

自然分布

原产墨西哥的克雷塔罗、伊达尔戈、瓜纳华托和圣路易斯波托西。世界各地引种栽培。我国各地有栽培。

迁地栽培形态特征

植株单生；茎肉质，柱状，在原产地可高达12m，直径50cm；浅绿色、黄绿色或绿色，老柱渐变灰绿色；棱10~40，扁平，窄。小窠生于棱端，密集，淡黄色，4~6mm；中刺1根，长1~2cm，通常比周刺短，周刺4~9根，针状，黄色至褐色，随年龄增长变灰色；全株被黄色刚毛，部分老龄植株刺脱落。花着生于茎中上部或顶部，长4~6cm，直径3~3.5cm；花被片和花被管外面被较大的角和小鳞片，中轴光滑；外轮花被片绿色，内轮花被片浅红色或红色。果绿色，圆柱形，通常长4cm，宽1~2cm。

引种信息

厦门市园林植物园 引种记录不详，长势良好。

华南植物园 引种号20082099，2008年引自福建漳州，引种材料为植株，长势良好。

中国科学院植物研究所北京植物园 引种号2006-2291，2006年引自福建龙海，引种材料为植株，长势良好。

北京植物园 无引种编号，引种时间不详，引自福建，引种材料为植株，长势良好。

南京中山植物园 引种号NBG2007F-237，2007年引自福建漳州，引种材料为植株，长势良好。

上海辰山植物园 引种号20111988，2011年引自福建漳州，引种材料为植株，长势良好；引种号20102399，2010年引自上海植物园，引种材料为植株，长势良好。

龙海沙生植物园 引种号LH-128，2004年引自福建漳州，引种材料为植株，长势良好。

物候

厦门市园林植物园 温室内栽培，花期5~7月，果期9月；露地栽培，花期5~7月，果期9月。

华南植物园 温室内栽培，花期5~7月，果期9月；露地栽培，花期5~7月，果期9月。

中国科学院植物研究所北京植物园 温室内栽培，未见开花结果。

北京植物园 温室内栽培，花期未记录，果期7月。

南京中山植物园 温室内栽培，花期7~8月，未见结果。

上海辰山植物园 温室内栽培，花期6月，果期7月。

龙海沙生植物园 露地栽培，花期6~9月，果期7~10月。

迁地栽培要点

以播种繁殖为主，也可用子球扦插繁殖。喜欢温暖、干燥和阳光充足的环境，不耐寒，耐干旱和半阴，怕高温和水湿。

主要用途

园林观赏。

小窠、刺、花蕾

花、花蕾

植株

小窠、刺

植株

花蕾

植株

花蕾

小窠、刺、花蕾

帝冠属

Obregonia Frič, Zivot v Prirode 29(2): 1-4. 1925.

低矮植物；具圆柱状的主根，主根顶端较大，末端逐渐变小；茎单生，内藏，浅绿色或淡褐色，具瘤状突起，逐渐变为瘤突；瘤突三角形，排列成莲座状，顶端尖。小窠顶生，无刺或至5根刺，灰白色，柔弱，后脱落。花着生于布满茸毛的茎的顶端，漏斗状，白色，花被片和被丝托发育，光滑；花被片狭窄；雄蕊多，有时具感光性；雌蕊粉红色。果实棍棒状，白色，肉质，附属物脱落；种子圆形或梨形，暗褐色，有光泽；种脐位于中部，倾斜。

1种，原产墨西哥东北部。世界各地栽培，我国南北各地也有栽培。

128

帝冠

Obregonia denegrii Frič, Život v Přír. 29 (2): 1-4. 1925.

自然分布

原产墨西哥塔毛利帕斯州的豪马韦、塔毛利帕斯和奇瓦瓦沙漠，生于沟谷或沙漠的石灰岩土壤中。世界各地引种栽培。我国南北各地栽培。

迁地栽培形态特征

植株单生；根大型，圆柱状，上粗下细；茎圆盘形，内藏于地下，直径5~20（30）cm，浅绿色或淡褐色，顶端具茸毛；瘤突三角形，长5~15mm，基部宽7~15mm，呈螺旋状排列，紧密成莲座状，整体结构基部圆，顶部渐尖。小窠着生于瘤突的顶端，无刺或具3至5根刺；刺灰白色，柔弱，多少反折。花着生于茎的顶端，漏斗状，直径1~2.5cm，白天开花；花被片白色，线形，中脉具红褐色的条纹；雄蕊多数，黄色；柱头多裂。果实棍棒状，长16~25mm，白褐色，幼时肉质，成熟时干燥，不裂；种子梨形，直径0.7~1mm，黑色。

引种信息

厦门市园林植物园　引种号19650374，1965年引自日本，引种材料为植株，长势良好。

中国科学院植物研究所北京植物园　引种号1974-w0164，1974年引种，引种地、引种材料不详，已死亡；引种号1978-w0192，1978年引种，引种地、引种材料不详，已死亡；引种号2005-3382，2005年引自福建龙海，引种材料为植株，长势良好。

北京植物园　引种号C201，2001年引自美国，引种材料为植株，长势良好。

南京中山植物园　引种号NBG2007F-239，2007年引自福建漳州，引种材料为植株，长势良好。

上海辰山植物园　引种号20102401，2010年引自上海植物园，引种材料为植株，长势良好。

龙海沙生植物园　引种号LH-129，1993年引自福建漳州，引种材料为植株，长势良好。

物候

厦门市园林植物园　温室内栽培，花期6~8月，未见结果。

中国科学院植物研究所北京植物园　温室内栽培，花期5~7月，未见结果。

北京植物园　温室内栽培，未见开花结果。

南京中山植物园　温室内栽培，花期6~7月，未见结果。

上海辰山植物园　温室内栽培，未见开花结果。

龙海沙生植物园　温室内栽培，花期4~10月，果期7月至翌年1月。

迁地栽培要点

一般以播种繁殖为主，亦可嫁接繁殖。本种喜光，生长较缓，盛夏适当遮阴有利生长。栽培基质宜选用排水性好、透气性强的石灰质沙砾土，盆栽亦可选用赤玉土。水分管理应适当控制，生长季节酌情给水，冬季保持盆土干燥；病虫害发生较少，偶有介壳虫发生，应以防为主。

主要用途

园林观赏。

濒危物种，CITES附录I名单。

植株

小窠、刺、花

植株

花

花

小窠、刺

植株

仙人掌属

Opuntia Mill. Gard. Dict. Abr. ed. 4, sine pag. 1754.

肉质灌木或小乔木；茎直立、匍匐或上升，常分枝，分枝侧扁、稀具棱或瘤突，节缢缩，节间散生小窠。小窠具绵毛、倒刺刚毛和刺。叶在生长初期存在，早落，钻形或圆锥状。花单生于枝上部至顶端的小窠内，漏斗状钟形或圆柱状，无梗，白天开放；花托大部与子房合生，外面散生小窠；花被片多数，外轮较小，内轮花瓣状，黄色至红色；雄蕊多数，螺旋状着生于花托喉部；柱头裂片5～10，直立至开展。果球形、倒卵球形或椭圆球形，紫色、红色、黄色或白色，肉质或干燥，散生小窠；种子多数至少数，外被白色至黄褐色骨质假种皮，肾状椭圆形至近圆形；种脐基生或近侧生。

约180种10自然杂交种，原产美洲热带至温带地区。我国引种约30种，常见栽培的5种，其中4种在南部及西南部归化。

仙人掌属分种检索表

129
胭脂掌

Opuntia cochenillifera (L.) Mill., Gard. Dict. ed. 8, Opuntia No. 6. 1768.

植株　植株

自然分布

原产墨西哥，现世界热带地区广泛栽培，在印度、夏威夷、澳大利亚等地归化。我国北京、江苏、福建、台湾、广东、海南、广西、贵州等地常见栽培，在广东、海南和广西归化。

迁地栽培形态特征

肉质灌木或小乔木，高2~4m，圆柱状，主干直径达15~20cm；茎具多数分枝，末端分枝扁平，椭圆形、长圆形、狭椭圆形至狭倒卵形，长8~40（50）cm，宽5~7.5（15）cm，顶端及基部圆形，全缘，无瘤突，暗绿色至淡蓝绿色，有光泽。小窠散生，直径约2mm，不突出，具灰白色的短绵毛和倒刺刚毛，通常无刺，偶于老枝边缘小窠出现1~3根刺；刺针状，淡灰色，开展，长3~9mm；钩毛多数，早落。叶钻形，长3~4mm，绿色，早落。花生于枝上侧至顶端的小窠内，近圆柱状，长约5.5cm，直径1.3~1.5cm；花托倒卵形，先端截形，顶端凹陷，暗绿色；花被片直立，红色，外轮花被片鳞片状，宽三角形，先端圆形或急尖，边缘全缘，内轮花被片卵形至倒卵形，先端急尖至钝圆，边缘全缘或波状；花丝红色，外伸，花药粉红色；花柱粉红色，柱头裂片6~8，狭条形，淡绿色。果椭圆体形，长3~5cm，直径2.5~3cm，无毛，红色，每侧有10~13个小而略突起的小窠。种子多数，近圆形，长约3mm，无毛，淡灰褐色。

引种信息

厦门市园林植物园　引种记录不详，长势良好。

中国科学院植物研究所北京植物园　引种号1973-w1198，1973年引种，引种地、引种材料不详，长势良好。

南京中山植物园　引种号NBG2007F-142，2007年引自福建漳州，引种材料为植株，长势良好。

上海辰山植物园　引种号20102400，2010年引自上海植物园，引种材料为植株，长势良好。

龙海沙生植物园　引种号LH-130，1999年引自福建漳州，引种材料为植株，长势良好。

物候

厦门市园林植物园　露地栽培，几全年开花结果。

中国科学院植物研究所北京植物园　温室内栽培，花期2月，果期3月。

南京中山植物园　温室内栽培，花期4~5月，未见结果。

上海辰山植物园　温室内栽培，未见开花结果。

龙海沙生植物园　露地栽培，花期4~10月，果期8月至翌年2月。

迁地栽培要点

扦插繁殖。本种生性强健，喜强光。对土壤要求不严，种植选用砂壤土。夏型种。较耐干旱，生长季节可酌情加大浇水量以促生长，冬季保持土壤干燥；病虫害应注重介壳虫的防治。

主要用途

本种是胭脂虫的主要寄主之一，曾用生产洋红染料。目前主要栽培作绿篱和供观赏，浆果可食，嫩枝可作蔬菜。

花

植株

植株

小窠、花

花

130
仙人掌

Opuntia dillenii (Ker-Gawl.) Haw., Suppl. Pl. Succ. 79. 1819.

植株

自然分布

原产美国南部、墨西哥、巴哈马群岛、古巴、开曼群岛、牙买加、多尼米加、波多黎各、维尔京群岛、小安的列斯群岛、荷兰安的列斯群岛和厄瓜多尔。世界广泛栽培。我国各地栽培，南方沿海地区常见露地栽培，在福建、台湾、广东、广西南部和海南沿海地区逸为野生。

迁地栽培形态特征

肉质灌木，高(1)1.5～3m；茎丛生，具多数分枝，末端分枝扁平，宽倒卵形、倒卵状椭圆形或近圆形，长7～40cm，宽6～20cm，先端圆形，边缘通常不规则波状，基部楔形或渐狭，绿色至蓝绿色。小窠疏生，直径0.2～0.9cm，明显突出，成长后刺常增粗并增多，每小窠具（1）3～10（20）根刺，密生灰色短绵毛和暗褐色钩毛；刺黄色，有淡褐色横纹，粗钻形，多少开展或内弯，基部扁，坚硬。叶钻形，长4～6mm，绿色，早落。花生于枝侧至顶端的小窠，漏斗状钟形，直径5～6.5cm；花托倒卵形，长约3.5cm，直径1.5～2cm，顶端截形并凹陷，基部渐狭，绿色，疏生突出的小窠，小窠具短绵毛、钩毛和钻形刺；外轮花被片宽倒卵形至狭倒卵形，先端急尖或圆形，具小尖头，黄色，具绿色中肋；内轮花被片倒卵形或匙状倒卵形，长25～30mm，先端圆形、截形或微凹，边缘全缘或浅啮蚀状；花丝淡黄色，花药狭长圆形，黄白色。果倒卵球形，顶端凹陷，基部多少狭缩成柄状，长4～6cm，直径

2.5~4cm，紫红色，每侧具5~10个突起的小窠，小窠具短绵毛、倒刺刚毛和钻形刺。种子多数，扁圆形，长4~6mm，无毛，淡黄褐色。

引种信息

厦门市园林植物园　引种记录不详，长势良好。

中国科学院植物研究所北京植物园　引种号1974-w0165，1974年引种，引种地、引种材料不详，已死亡。

南京中山植物园　引种号NBG2007F-143，2007年引自福建漳州，引种材料为植株，长势良好。

上海辰山植物园　引种号20171978，2017年引自上海奉贤，引种材料为植株，长势良好；引种号20181510，2018年引自海南乐东县，引种材料为植株，长势良好。

龙海沙生植物园　引种号LH-131，引种时间、引种地不详，引种材料为植株，长势良好。

物候

厦门市园林植物园　露地栽培，花期4~5月，果期5~7月。

中国科学院植物研究所北京植物园　温室内栽培，花期4~7月，未见结果。

南京中山植物园　温室内栽培，花期4~5月，未见结果。

上海辰山植物园　温室内栽培，未见开花结果。

龙海沙生植物园　露地栽培，花期4~10月，果期8月至翌年2月。

迁地栽培要点

扦插繁殖。本种生性强健，喜强光。对土壤要求不严，种植选用砂壤土。夏型种。较耐干旱，生长季节可酌情加大浇水量以促生长，冬季保持土壤干燥；病虫害应注重介壳虫的防治。

主要用途

通常栽作围篱，茎供药用，浆果酸甜可食。

植株

植株

花

花

小窠、刺、果

花

植株

131

大型宝剑

别名： 梨果仙人掌

Opuntia ficus-indica (L.) Mill., Gard. Dict. ed. 8, Opuntia No. 2. 1768.

植株

自然分布

原产墨西哥。世界温暖地区广泛栽培和归化。我国各地栽培，在西南地区的四川、贵州、云南、广西、西藏等地逸为野生。

迁地栽培形态特征

肉质灌木或小乔木，高1.5～5m，有时基部具圆柱状主干；茎具多数分枝，末端分枝扁平，宽椭圆形、倒卵状椭圆形至长圆形，长20～60cm，宽10～25cm，先端圆形，边缘全缘，基部圆形至宽楔形，淡绿色至灰绿色，具多数小窠。小窠狭椭圆形，长2～4mm，具早落的短绵毛和少数黄色钩毛，通常无刺，或具1～6根开展的白色刺；刺针状，长0.3～3.2cm。叶锥形，长3～4mm，绿色，早落。花生于枝侧至顶端的小窠内，漏斗状钟形，直径7～10cm；花托长圆形至长圆状倒卵形，长4～5.3cm，先端截形并凹陷，绿色，具多数小窠；外轮花被片深黄色、橙黄色至红色，宽卵圆形或倒卵形，先端圆形或截形，边缘全缘或有小牙齿；内轮花被片深黄色至橙黄色，倒卵形至长圆状倒卵形，长2.5～3.5cm，先端截形至圆形，有时具小尖头或微凹，边缘全缘或啮蚀状；花丝淡黄色；花药长圆形，黄色；花柱淡绿色至黄白色，柱头裂片7～10，黄白色。果椭圆体形或倒卵形，长5～10cm，直径4～9cm，顶端凹陷，橙黄色至紫红色，外面被钩毛和刺；种子多数，肾状椭圆形，无毛，淡黄褐色。

引种信息

厦门市园林植物园 引种记录不详，长势一般。

华南植物园 引种号20082201，2008年引自福建，引种材料为植株，长势良好。

中国科学院植物研究所北京植物园 引种号1959-6110，1959年引种，引种地、引种材料不详，植株在"文革"时期遗失；引种号1974-w0530，1974年引种，引种地、引种材料不详，长势良好。

南京中山植物园 引种号NBG2007F-148，2007年引自福建漳州，引种材料为植株，长势良好。

上海辰山植物园 引种号20100433，2010年引自安徽芜湖，引种材料为植株，长势一般。

龙海沙生植物园 引种号LH-132，1999年引自福建漳州，引种材料为植株，长势良好。

物候

厦门市园林植物园 温室内栽培，未见开花结果。

华南植物园 温室内栽培，未见开花结果。

中国科学院植物研究所北京植物园 温室内栽培，花期4～7月，未见结果。

南京中山植物园 温室内栽培，花期4～5月，未见结果。

上海辰山植物园 温室内栽培，未见开花结果。

龙海沙生植物园 露地栽培，花期4～10月，果期6～12月。

迁地栽培要点

扦插繁殖。本种生性强健，喜强光。对土壤要求不严，种植选用砂壤土。夏型种。较耐干旱，生长季节可酌情加大浇水量以促生长，冬季保持土壤干燥；病虫害应注重介壳虫的防治。

主要用途

本种为热带美洲干旱地区重要果树之一，浆果味美可食，部分品种的嫩枝可作蔬菜，植株可放养胭脂虫，生产天然洋红色素。

花、花蕾

花

132

黄毛掌

别名： 金乌帽子

Opuntia microdasys (Lehm.) Pfeiff., Enum. Cact. 154. 1837.

植株　植株　植株

自然分布

原产墨西哥的奇瓦瓦沙漠至伊达尔戈。世界各地栽培。中国各地的温室常见栽培，南方可以露地栽培。

迁地栽培形态特征

肉质小灌木；茎丛生，匍匐或近直立，高40～60cm；具多数分枝，末端分枝扁平，倒卵形、长圆形至近圆形，长8～15cm，无明显的瘤突，淡绿色。小窠密集，圆形，直径约2mm，具多数金黄色倒刺刚毛，通常无刺，叶片圆锥状，长2～3mm，黄绿色，早落。花生于茎上侧至顶端的小窠内，黄色，有的具红晕，漏斗状钟形，长4～5cm，外轮花被片披针形，绿色；内轮花被片倒卵圆形，中部以下变狭，先端截形，具小尖头，淡黄色；花丝白色至淡绿色，花药黄色；花托陀螺状，密生多数圆形小窠，小窠无刺，密生倒刺刚毛；花柱白色，基部膨大，柱头裂片6～8，绿色。果紫红色，多汁，近球形或长球形，长3～4.5cm，果肉白色。种子多数，宽椭圆形或近圆形，灰色，长2～3mm。

引种信息

厦门市园林植物园　引种号01036，2001年引种，引种地不详，引种材料为植株，长势良好。

中国科学院植物研究所北京植物园　引种号1949–0231，1949年引种，引种地、引种材料不详，已死亡；引种号1949–0347，1949年引种，引种地、引种材料不详，已死亡；引种号1959–30142，1959年引种，引种地、引种材料不详，植株在"文革"时期遗失；引种号1973–w1811，1973年引种，引种地、引种材料不详，已死亡。

北京植物园　引种记录不详，长势良好。

南京中山植物园　引种号NBG2007F-147，2007年引自福建漳州，引种材料为植株，长势良好。

物候

厦门市园林植物园　温室内栽培，未见开花结果。

中国科学院植物研究所北京植物园　温室内栽培，花期果期未记录。

北京植物园　温室内栽培，未见开花结果。

南京中山植物园　温室内栽培，未见开花结果。

迁地栽培要点

扦插繁殖。本种生性强健，喜强光。对土壤要求不严，种植选用砂壤土。夏型种。较耐干旱，生长季节可酌情加大浇水量以促生长，冬季保持土壤干燥；病虫害应注重介壳虫的防治。

主要用途

园林观赏。

常见栽培有以下品种：

还城乐（*O. microdasys* 'Cristata'）茎缀化。

白桃扇（雪鸟帽子）（*O. microdasys* 'Albispina'）小窠的倒刺刚毛白色。

植株

植株

小窠、毛、刺

133
单刺仙人掌

别名： 单刺团扇

Opuntia monacantha (Willd.) Haw., Suppl. Pl. Succ. 81. 1819.

植株

开花植株

自然分布

原产巴西、巴拉圭、乌拉圭及阿根廷，现世界各地广泛栽培，在热带地区及岛屿常逸生；我国各省区有引种栽培，在云南、广西、福建和台湾沿海地区归化。

迁地栽培形态特征

肉质灌木或乔木状，高2～8m，老株常具圆柱状主干，茎具多数分枝，枝条开展，末端分枝扁平，直立或下垂，倒卵形、倒卵状长圆形或倒披针形，长10～30cm，宽7.5～12.5cm，顶端钝，边缘全缘或略呈波状，基部渐狭至柄状，疏生小窠；小窠圆形，直径3～5mm，具灰褐色短绵毛、黄褐色至褐色钩毛和刺；刺针状，单生或2～3根聚生，直立，长1～5cm，灰色，具黑褐色尖头，有时嫩小窠无刺，老时生刺，在主干上每小窠可具10～12根刺，刺长可达7.5cm。叶钻形，长2～4mm，绿色或带红色，早落。花生于枝侧至顶端的小窠，漏斗状钟形，长4～6cm，直径5～8cm；花托倒卵形，长3～4cm，先端截形，凹陷，基部渐狭，绿色，无毛，疏生小窠；外轮花被片深黄色，具红晕，卵圆形至倒卵形，先端圆形，有时具小尖头，边缘全缘；内轮花被片深黄色，具红色的斑纹，倒卵形至长圆状倒卵形，长2.3~4cm，顶端钝，边缘近全缘；花丝淡绿色，花药淡黄色；花柱淡绿色至黄白色，柱头裂片6~10，黄白色。果倒卵球形，长5~7.5cm，顶端凹陷，基部狭缩成柄状，成熟时紫红色，具小窠，小窠突起，具短绵毛和钩毛；种子多数，肾状椭圆形，长约4mm，淡黄褐色，无毛。

引种信息

厦门市园林植物园 引种记录不详，长势良好。

中国科学院植物研究所北京植物园 引种号2018-1183，2018年引自福建，引种材料为植株，长势良好。

北京植物园 引种记录不详，长势良好。

上海辰山植物园 引种号20102406，2010年引自上海植物园，引种材料为植株，长势良好。

物候

厦门市园林植物园 露地栽培，几全年开花结果。

中国科学院植物研究所北京植物园 温室内栽培，几全年开花结果。

北京植物园 温室内栽培，未见开花结果。

上海辰山植物园 温室内栽培，花期未记录，果期5月。

迁地栽培要点

扦插繁殖。本种生性强健，喜强光。对土壤要求不严，种植选用砂壤土。夏型种。较耐干旱，生长季节可酌情加大浇水量以促生长，冬季保持土壤干燥；病虫害应注重介壳虫的防治。

主要用途

在温暖地区植作围篱，浆果酸甜可食，茎为民间草药。

花、花蕾

花、花蕾

花

花

花

小窠、花蕾

花、花蕾

植株

刺翁属

Oreocereus (A. Berger) Riccob. Boll. R. Ort. Palermo 8: 258. 1909.

灌木，丛生，分枝稀疏，萌生于基部，高2～3m，稀有明显主干；茎圆柱状，直立或斜举，稀横走；棱脊在小窠或瘤突间有明显下陷。小窠被长白柔毛和密锯齿。花近顶生，有时着生于顶花座，白天开放，管状或漏斗状，两侧对称，橙色、红色或紫色，花被管直立或微弯，有时被横向挤压；花被丝托及花被管上的小窠多数，被毛，花柱和雄蕊伸出花被筒外。果圆形或卵圆形，凹陷，肉质或干燥，底部开裂；种子宽卵圆形，暗黑色或亮黑色。

9种，分布于秘鲁南部、智利北部、玻利维亚南部、阿根廷北部，生长在安第斯山脉海拔3000m左右地区。我国引种2～3种，常见栽培1种。

134
白恐龙

Oreocereus pseudofossulatus D. R. Hunt, Bradleya 9: 89. 1991.

植株　毛、刺　植株　小苗

自然分布

分布于玻利维亚。我国偶见引种栽培。

迁地栽培形态特征

肉质灌木，常丛生，植株下半部分枝；株高可达2m，直径5～8cm，亮绿色；棱10～13，棱脊笔直，具瘤突。小窠生于棱上，刺淡黄色，或淡红色；中刺1根，明显，笔直，垂直向下，长2～5cm；周刺10～14根，长约6mm。花近顶生，管状，花被管长，两侧对称，淡绿色、粉红色、红色或淡蓝色，长可达9cm。果椭圆形，肉质，黄绿色至红褐色，不开裂。

引种信息

厦门市园林植物园　引种号19650376，1965年引自日本，引种材料为植株，长势良好。

华南植物园　引种号20170099，2017年引自福建，引种材料为植株，长势良好。

北京植物园　无引种编号，引种日期不详，引自美国，引种材料为植株，长势良好。

南京中山植物园　引种号NBG2007F-145，2007年引自福建漳州，引种材料为植株，长势良好。

龙海沙生植物园　引种号LH-135，1999年引自福建漳州，引种材料为植株，长势良好。

物候

厦门市园林植物园　温室内栽培，未见开花结果。

华南植物园　温室内栽培，未见开花结果。

北京植物园　温室内栽培，未见开花结果。

南京中山植物园　温室内栽培，未见开花结果。

龙海沙生植物园 露地栽培，花期6月，果期7月。

迁地栽培要点

一般播种繁殖为主，亦可扦插或嫁接繁殖。本种喜光，生长较缓，盛夏适当遮阴有利生长。栽培基质宜选用排水性好、透气性强的石灰质土壤，盆栽亦可选用赤玉土。水分管理应适当控制，生长季节酌情给水，冬季保持盆土干燥；病虫害发生较少，以防为主。

主要用途

园林观赏。

髯玉属

Oroya Britton & Rose, The Cactaceae 3: 102. 1922.

植株常单生，偶有群生，生长缓慢；具块根；茎扁球形至短圆柱形；棱多数，有时分化成瘤突。小窠窄长线形；中刺1～6；周刺多数，梳状排列。花近顶生，常形成花环状；辐射对称，钟状至漏斗状，外轮花被片平展，内轮花被片直立，黄色、粉红色或红色；花被管短小，花被丝托及花被管上的小窠略被绵毛；雄蕊藏于花被管喉部内，不伸出。果近球形，略肉质，黄色或红色，小，花被宿存；种子头盔状，红褐色。

约2种，分布于秘鲁，生长在安第斯山脉。我国温室栽培1种。

135

丽髯玉

Oroya peruviana (K. Schum.) Britton & Rose, Cactaceae 3: 102. 1922.

植株

植株

自然分布

分布于秘鲁中部地区，生长在胡宁省和库斯科省，分布海拔3000～4700m，耐寒、耐贫瘠。我国温室栽培。

迁地栽培形态特征

植株单生，茎扁球形、半球形或短圆柱形，常深埋在土中，高5～30cm，直径10～20cm，亮绿色至蓝绿色。棱12～35，棱脊钝圆形，较浅，具缺刻或形成瘤突。小窠着生在瘤突顶端凹陷处，白色，长线形，长8～12mm，被白色绵毛；刺淡黄色、橘红色、黄铜色、红褐色至深褐色，刺基部颜色较深，刺尖常带红色；中刺与周刺不易区分；中刺1～6根，常脱落，直立，较周刺略粗壮，略长于周刺，可达2cm；周刺15～24根，梳状排列，略向内弯曲，长约1.5cm。花近顶生，长于茎顶部新生小窠，似簇生于茎尖；花小，钟状至漏斗状，长1～3cm，直径约2.2cm；花被管短，被细小鳞片；花被丝托及花被管外侧小窠略被绵毛；外轮花被片较窄，披针形或线性，外侧洋红色，内侧粉红色，基部黄色；内轮花被片粉红色、橙红色至红色，中脉白色至柠檬黄色；花柱粉红色，柱头裂片淡黄色。果球状或短棒状，浆果，常中空，略带果肉，黄色或红褐色，被细小鳞片；花被常宿存；种子头盔状，红褐色至黑色，直径约2mm。

引种信息

厦门市园林植物园　引种号03379，2003年引自日本种植场，引种材料为植株，长势良好。
上海辰山植物园　引种号20171494，2017年引自福建漳州，引种材料为植株，长势良好。
龙海沙生植物园　引种号LH-136，2006年引自广东广州，引种材料为种子，长势良好。

物候

　　厦门市园林植物园　温室内栽培，未见开花结果。

　　上海辰山植物园　温室内栽培，未见开花结果。

　　龙海沙生植物园　温室内栽培，花期7月，果期8月。

迁地栽培要点

　　播种繁殖为主，亦可嫁接繁殖。夏型种。性喜强光，但盛夏适当遮阴有利生长。栽培基质要求排水性好、透气性强的石灰质土壤，盆栽亦可选用赤玉土。水分管理宜适当控制，冬季保持盆土干燥；病虫害应着重防治介壳虫。

主要用途

　　观赏。

植株顶部　　植株　　植株　　植株　　小窠，刺　　植株

摩天柱属

Pachycereus (A. Berger) Britton & Rose, Contrib. U. S. Natl. Herb. 12: 420. 1909.

  大型乔木，整体分枝成烛台状，或灌木状；茎肉质，直立，柱状，多分枝，暗绿色或灰绿色；具棱。小窠生于棱上；无花小窠有刺，开花小窠与无花小窠相同，或具密集的茸毛而无刺，小窠之间存在沟纹，中刺多至4根，坚硬，周刺20根或更多，坚硬，部分植株老株刺掉落。花着生于植株顶部的棱上，通常夜间开放，短管状、漏斗形或钟形，小或中等大小，白色或粉色；花被管被鳞片；花被片和花被管小窠光滑，或被茸毛和刚毛。果肉质，长圆形，果肉红色或紫色，密被茸毛和刚毛，不规则开裂，干燥；种子头盔状，光滑，灰黑色。

  12种，原产美国西南部和墨西哥北部。世界各地引种栽培部分种类，中国常见栽培的3种。

摩天柱属分种检索表

136

土人之栉柱

Pachycereus pecten-aboriginum (Engelm.) Britton & Rose, Contr. U. S. Natl. Herb. 12: 422. 1909.

幼苗　　花　　果

自然分布

原产墨西哥及美国南部。世界各地栽培。我国南北常见栽培，南方可露地栽培。

迁地栽培形态特征

乔木，植株高大，树干明显，具分枝；茎肉质，柱状，直立，高8~12m，直径12~18cm，绿色、灰绿色或深绿色；棱10~12，有沟槽。小窠着生于棱上，中刺1~3根，灰色，顶端黑色，1~3cm，周刺8~9根，银白色，锥状，长1cm；老株的小窠上着生褐色刚毛。假花座位于老茎的顶端，被红褐色的茸毛和刚毛；花白天开放，白色，长7~9cm，花被片和花被管上面被浓密的红褐色茸毛疏被刚毛或无刚毛。果圆球形，干燥，直径6~8cm，密布黄褐色茸毛和刚毛；果肉红色，硬质；种子椭圆形，黑色，长4~5mm。

引种信息

厦门市园林植物园　　引种记录不详，长势良好。

北京植物园　无引种编号，2007年引自广东广州，引种材料为植株，长势良好。
南京中山植物园　引种号NBG2007F-235，2007年引自福建漳州，引种材料为植株，长势良好。
上海辰山植物园　引种号20110648，2011年引自美国，引种材料为植株，长势良好。
龙海沙生植物园　引种号LH-137，2002年引自福建漳州，引种材料为植株，长势良好。

物候

厦门市园林植物园　温室内栽培，花期2～5月，果期6月；露地栽培，花期2～5月，果期6月。
北京植物园　温室内栽培，未见开花结果。
南京中山植物园　温室内栽培，未见开花结果。
上海辰山植物园　温室内栽培，未见开花结果。
龙海沙生植物园　露地栽培，花期7～9月，果期8～10月。

迁地栽培要点

播种繁殖，扦插繁殖。在原产地依赖于夜间和日间传粉者，如特别需要花蜜的蝙蝠来繁殖后代。尽管是在夜间盛开，它们在早晨仍能持续绽放一阵，同时继续分泌花蜜，允许夜间和白天的传粉者进行探访。喜排水良好，阳光充足的干燥温暖气候。主要病虫害为介壳虫，排水不良会出现根腐。

主要用途

园林观赏。

植株　　　　　　　　　　　　植株　　　　　　　　　　　　花蕾

137
武伦柱

Pachycereus pringlei (S. Watson) Britton & Rose, Contr. U. S. Natl. Herb. 12: 422. 1909.

植株

幼苗

自然分布

原产墨西哥的下加利福尼亚的索诺拉沙漠，生于峡谷底部和靠近海岸的地方。世界各地栽培。我国各地常见栽培，南方可露地栽培。

迁地栽培形态特征

乔木，植株高大，树干明显；茎肉质，柱状，具分枝，高达12m或以上，直径达60cm，蓝绿色至暗绿色，老时灰绿色；棱10~20，初时棱的凹槽较深，随着年龄的增长而变得较浅，棱因吸收水分而膨胀。小窠生于棱上，圆形至长圆形，常被灰色短绵毛；中刺1~3根，刺长2~3cm，灰白色，小苗刺顶端红色，后逐渐转为黑色；周刺7~10根，灰色或白色；老株上部小窠无刺；开花小窠大，生于茎的顶端，被褐色的毡毛。花昼夜开放，漏斗状或钟形，长约8cm，白色，花被片和花被管被小鳞片和褐色的毛；花被片顶端钝，雄蕊多数，花药淡黄色，柱头白色。果球形，成熟时干燥，长约7cm，表面被褐色的毡毛和刚毛；种子黑色，椭圆形。

引种信息

　　厦门市园林植物园　　引种号01372，2001年引自广东陈村花卉世界，引种材料为植株，长势良好。
　　华南植物园　　引种号20082152，2008年引自福建，引种材料为植株，长势良好。
　　中国科学院植物研究所北京植物园　　引种号2005-3167，2005年引自福建龙海，引种材料为植株，长势良好。
　　北京植物园　　无引种编号，1999年引自美国，引种材料为植株，长势良好。
　　南京中山植物园　　引种号NBG2007F-236，2007年引自福建漳州，引种材料为植株，长势良好。
　　上海辰山植物园　　引种号20102680，2010年引自福建漳州，引种材料为植株，长势良好；引种号20102410，2010年引自上海植物园，引种材料为植株，长势良好；引种号20102579，2010年引自福建漳州，引种材料为植株，长势良好；引种号20161129，2016年引自美国，引种材料为植株，长势良好。
　　龙海沙生植物园　　引种号LH-138，1997年引自福建福州，引种材料为植株，长势良好。

物候

　　厦门市园林植物园　　温室内栽培，花期4～6月，果期6月；露地栽培，花期4～6月，果期6月。
　　华南植物园　　温室内栽培，花期4～6月，果期6月；露地栽培，花期4～6月，果期6月。
　　中国科学院植物研究所北京植物园　　温室内栽培，未见开花结果。
　　北京植物园　　温室内栽培，未见开花结果。
　　南京中山植物园　　温室内栽培，未见开花结果。
　　上海辰山植物园　　温室内栽培，未见开花结果。
　　龙海沙生植物园　　露地栽培，花期8月，果期9月。

迁地栽培要点

　　以播种繁殖为主，扦插繁殖。根系相对较浅，但横向延伸。在原产地与细菌和真菌菌落共生。喜排水良好，阳光充足的干燥温暖气候。主要病虫害为介壳虫，排水不良会出现根腐。

主要用途

　　园林观赏。

棱、小窠、刺

棱、花　　　　花　　　　植株、花　　　　果

植株幼苗

开花植株　　　　果

花蕾　　　　果

138
上帝阁

Pachycereus schottii (Engelm.) D. R. Hunt, Bradleya 5: 93. 1987.

自然分布

原产于墨西哥的下加利福尼亚、锡那罗亚、索诺拉和美国的亚利桑那州。我国各地栽培，南方可以露天栽培。

迁地栽培形态特征

乔木或灌木状，不具树干或偶见有树干的，高可达7m，直径8~16cm；茎肉质，中型，柱状，常基部或靠近基部分枝而聚集在一起，黄绿色；棱4~13，突出。小窠生于棱上，中刺1~3根，粗壮，灰色，长1~3cm；周刺3~15根，灰色，长0.5~1.5cm。成年植株茎的顶端会形成假花座，假花座长5~10cm或更长，上面着生大量鬃毛状的刺，刺灰色，弯曲，通常长4~10cm。花夜间开放，一直持续到清晨；花着生于假花座中，漏斗状，白色或粉色，长3~5cm，直径3cm，花被片和花被管外面被鳞片和毛，雄蕊多数，花药淡黄色，柱头白色。浆果圆球形，直径1~3cm，表面光滑，红色。种子黑色，2~3mm。

引种信息

厦门市园林植物园　引种记录不详，长势良好。

中国科学院植物研究所北京植物园　引种号2005-3166，2005年引自福建龙海，引种材料为植株，长势良好。

北京植物园　无引种编号，引种时间不详，引自福建，引种材料为植株，长势良好。

上海辰山植物园　引种号20102411，2010年引自上海植物园，引种材料为植株，长势良好。

龙海沙生植物园　引种号LH-139，1997年引自福建漳州，引种材料为植株，长势良好。

物候

厦门市园林植物园　温室内栽培，未见开花结果；露地栽培，未见开花结果。

中国科学院植物研究所北京植物园　温室内栽培，未见开花结果。

北京植物园　温室内栽培，未见开花结果。

上海辰山植物园　温室内栽培，未见开花结果。

龙海沙生植物园　露地栽培，花期8~9月，果期9~10月。

迁地栽培要点

播种繁殖，扦插繁殖。它倾向于在沙丘、溪流海岸、薄土和岩石山坡上的有利位置生长。主要生长在干燥严重的土壤和沙漠沿岸的冲积平原上。喜排水良好，阳光充足的干燥温暖气候。主要病虫害为介壳虫，排水不良会出现根腐。

主要用途

园林观赏，果实食用。

老龄植株

老龄植株

老龄植株

植株

植株

植株

锦绣玉属

Parodia Spegazz., An. Soc. Cient. Argent. 96: 70. 1923.

植株单生或群生，生长缓慢；茎圆球形至短圆柱形；具棱，棱呈瘤突状或形成瘤突组合。小窠被浓密的绵毛，刺少或多，形式多样。花通常着生于顶部或近顶部，多朵簇生，漏斗状至钟形；花被片多数，常见披针状或倒卵状至匙状，花色鲜艳，黄色、橙色或红色；子房、花被管常具鳞或刚毛；雄蕊多数，柱头裂片多数。果实球状、圆柱形或棒状，通常表面具刚毛。

约66种，分布于南美洲东部，玻利维亚、巴西、巴拉圭、乌拉圭和阿根廷。世界各地栽培。我国引种栽培近20种，常见栽培9种。

锦绣玉属分种检索表

1a. 棱明显，直立，不分化成瘤突状，小窠生于棱的顶端。
  2a. 花黄色、柠檬黄色至金黄色。
    3a. 棱较少，6～15；花黄色，漏斗状或钟形。
      4a. 棱6～12；花黄色，钟形，长5～6cm，直径3～6cm ·················145. 青王球 *P. ottonis*
      4b. 棱10～15；花黄色，漏斗状，长4～5cm，直径4～5cm ·················143. 英冠玉 *P. magnifica*
    3b. 棱较多，21～48；花柠檬黄色至金黄色，漏斗状。
      5a. 小窠中刺3～4根，周刺15～20根 ············· 141. 金晃 *P. leninghausii*
      5b. 小窠中刺0～4根，周刺4根·················146. 金冠 *P. schumanniana*
  2b. 花橙色、胭红色或红色 ················· 142. 魔神丸 *P. maassii*
1b. 棱不明显，分化成瘤突状，小窠生于瘤突的顶端。
  6a. 周刺多，20～60根；花橙黄色或、黄色或亮黄色。
    7a. 周刺白色或黄色；花橙黄色或黄色，柱头裂片7·················139. 雪光 *P. haselbergii*
    7b. 周刺白色或淡黄色；花亮黄色，柱头裂片10 ·················147. 小町 *P. scopa*
  6b. 周刺较少，在20根以下；花淡紫色、橙黄色或红色。
    8a. 花淡紫色，直径5cm；柱头裂片10 ·················140. 照姬丸 *P. herteri*
    8b. 花橙黄色或红色，直径2.5～3cm；柱头裂片9·················144. 银妆玉 *P. nivosa*

139

雪光

Parodia haselbergii (F. Haage ex Rümpler) F. H. Brandt, Kakteen Orch. Rundschau 1982 (4) 67. 1982.

植株

自然分布

原产巴西南里奥格兰德和圣卡塔琳娜，生长于海拔200～1500m的草原、平原和石壁上。美洲、欧洲、亚洲栽培。我国常见栽培。

迁地栽培形态特征

植株单生或群生；茎肉质，扁圆球形、球形至圆柱形，高可达10cm，直径可达7～8cm，亮绿色，几乎被密集的刺所隐藏；棱30～60，呈瘤突状。小窠生于棱上，呈几何形状排列，覆盖白色短毛；中刺3～5根，白色至黄色，长1～1.5cm；周刺20～60根，白色至黄色，长0.5～1cm，针状。花着生于植株顶端，漏斗状，长约5cm，直径2～3cm；花被片橙红色或黄色，长倒卵形；雄蕊多数，花丝淡黄色，花药黄色；柱头黄色，柱头裂片7。果椭圆形，初为绿色，成熟后变红褐色。

引种信息

厦门市园林植物园　引种记录不详，长势良好。

中国科学院植物研究所北京植物园　引种号1974-w0184，1974年引种，引种地、引种材料不详，已死亡。

北京植物园　引种记录不详，长势良好。

上海辰山植物园　引种号20102416，2010年引自上海植物园，引种材料为植株，长势良好；引种号20110706，2011年引自美国，引种材料为植株，长势良好。

龙海沙生植物园　引种号LH-140，1993年引自福建漳州，引种材料为植株，长势良好。

物候

厦门市园林植物园　温室内栽培，花期12月至翌年3月，果期3～5月。

中国科学院植物研究所北京植物园　温室内栽培，花期1～6月，果期2～7月。

北京植物园　温室内栽培，未见开花结果。

上海辰山植物园　温室内栽培，未见开花结果。

龙海沙生植物园　温室内栽培，花期4～5月，果期5～6月。

迁地栽培要点

以播种栽培为主，也可用子球或嫁接栽培。夏型种，应给予充足光照。生长旺季在初春至初夏。喜排水良好温暖气候。主要病虫害为介壳虫。

主要用途

园林观赏。

花

嫁接植株　　　　　　　嫁接植株　　　　　　　植株

植株　　　　　　　　　花　　　　　　　　　植株

小窠、刺、花

385

140
照姬丸

别名： 血彩玉

Parodia herteri (Werderm.) N. P. Taylor, Bradleya 5: 93. 1987.

植株

自然分布

原产巴西的南里奥格兰德和乌拉圭的里韦拉、阿蒂加斯、塞罗拉尔戈，生长于砂质土壤中，海拔100～400m。美洲、欧洲、亚洲栽培。我国常见栽培。

迁地栽培形态特征

植株单生，茎球形或圆柱形，直径10～15cm，表面深绿色，下部常木质化；棱20～30，棱脊高，棱直，分化成瘤突状，呈螺旋状排列。小窠位于瘤突之间凹陷处，具白色绵毛；中刺4～6根，长2～3cm，褐色至红色，年老时略带灰色；周刺8～17根，长1～2cm，白色，顶端红褐色，针状。花簇生于植株顶端，长4cm，直径5cm，外轮花被片披针形，淡紫到深紫色，边缘具缺刻；内轮花被片披针形，淡紫色；中心喉部白色或黄色；雄蕊多数，花丝淡黄色，花药黄色；花柱粉红色具白色末端，柱头裂片10。果球状。

引种信息

厦门市园林植物园　引种记录不详，长势良好。

中国科学院植物研究所北京植物园　引种号2005-3515，2005年引自福建龙海，引种材料为植株，长势良好。

  龙海沙生植物园 引种号LH-141，2006年引自广东广州，引种材料为种子，长势良好。

物候

  厦门市园林植物园 温室内栽培，花期4~5月，未见结果。

  中国科学院植物研究所北京植物园 温室内栽培，花期1~2月，未见结果。

  龙海沙生植物园 温室内栽培，花期4~5月，果期5~6月。

迁地栽培要点

  以播种繁殖为主。夏型种，喜阳光充足环境，宜用肥沃的砂质土栽培。主要病虫害为介壳虫。

主要用途

  园林观赏。

花

花

棱、刺、小窠

141

金晃

别名： 金丝猴

Parodia leninghausii (K. Schum.) F. H. Brandt, Kakteen Orch. Rundschau 7 (4): 61. 1982.

自然分布

原产巴西南里奥格兰德州海拔300～1300m的丘陵草原、岩石裂隙间或松树林中。世界各地栽培。我国南北各地栽培。

迁地栽培形态特征

植株初为单生，随着年龄的增长，从基部分枝并聚集成群生；茎球形至圆柱状，高10～60cm，直径5～12cm，绿色；棱30～35。小窠着生于棱上，紧密排列，中刺3～4根，长2～5cm；周刺15～20根或更多，长0.5～1cm；刺苍白色、深黄色至棕色，稍弯曲，毛状。花簇生于植株近顶部，漏斗状，直径5～6cm；花冠管具密集褐色刚毛；花被片披针形，柠檬黄色；雄蕊多数，花丝淡黄色，花药黄色；柱头浅黄色，柱头裂片11～13。果球形；种子钟形，红褐色。

引种信息

厦门市园林植物园 引种记录不详，长势良好。

华南植物园 引种号20082109，2008年引自福建，引种材料为植株，长势良好。

中国科学院植物研究所北京植物园 引种号2001-w0031，2001年引种，引种地不详，引种材料为植株，长势良好。

南京中山植物园 引种号NBG2007F-162，2007年引自福建漳州，引种材料为植株，长势良好。

上海辰山植物园 引种号20110702，2011年引自美国，引种材料为植株，长势良好。

龙海沙生植物园 引种号LH-142，1993年引自福建漳州，引种材料为植株，长势良好。

物候

厦门市园林植物园 温室内栽培，花期5月，未见结果。

华南植物园 温室内栽培，花期5月，未见结果。

中国科学院植物研究所北京植物园 温室内栽培，花期3～4月，未见结果。

南京中山植物园 温室内栽培，未见开花结果。

上海辰山植物园 温室内栽培，花期6月，未见结果。

龙海沙生植物园 温室内栽培，花期4～6月，果期5～7月。

迁地栽培要点

主要为播种和边侧子球扦插繁殖。喜欢温暖干燥气候，栽培选用排水良好的基质，5～6月生长期需给予充足光照，定期浇水。秋季开始减少浇水，冬季应保持几乎完全干燥。主要病虫害为红蜘蛛和根腐病。应注意保持通风和排水。

主要用途

园林观赏。

植株

植株

花

刺、小窠

开花植株

花

群生

植株

幼苗

142
魔神丸

Parodia maassii (Heese) A. Berger, Kakteen (Berger) 344. 1929.

自然分布

原产阿根廷、玻利维亚等地，通常生长在海拔3000~4200m的地方。世界各地栽培。我国南北各地栽培。

迁地栽培形态特征

植株单生；茎球状或圆柱状，长10~50cm，直径7~25cm；绿色至深绿色，植株顶端被白色绵毛；棱10~21，棱脊高、直，分化成瘤突，略带螺旋。小窠生于棱上，初时具白色绵毛，随年龄增长逐渐掉落光秃；中刺1~6根，长3~7cm，弯曲，最下方的最长最粗且带钩，黄色、白色、褐色、砖红或黑色；周刺6~18根，通常呈淡黄色或琥珀色，后呈白色，长1~4cm，外露，内曲。花着生于植株顶部，漏斗状，花长3cm，直径3~5cm；外轮花被片披针形，橙色、胭红色或红色；内轮花被片披针形，橙色或胭红色；雄蕊多数，花丝淡黄色，花药黄色；花柱黄色。果近球形，直径0.5~1cm。

引种信息

厦门市园林植物园 引种记录不详，长势良好。

华南植物园 引种号20170435，2017年引自福建，引种材料为植株，长势良好。

中国科学院植物研究所北京植物园 引种号1973-w1145，1973年引种，引种地、引种材料不详，已死亡；引种号1977-w0138，1977年引种，引种地、引种材料不详，已死亡。

龙海沙生植物园 引种号LH-143，1997年引自上海，引种材料为植株，长势良好。

物候

厦门市园林植物园 温室内栽培，花期6~7月，未见结果。

华南植物园 温室内栽培，花期6~7月，未见结果。

中国科学院植物研究所北京植物园 温室内栽培，花期果期未记录。

龙海沙生植物园 温室内栽培，花期6~7月，果期7~8月。

迁地栽培要点

播种繁殖。夏型种，喜阳光充足，冬季应保持盆土干燥。主要病虫害为红蜘蛛。应注意保持通风和排水。

主要用途

园林观赏。

植株

开花植株

143
英冠玉

Parodia magnifica (F. Ritter) F. H. Brandt, Kakteen Orch. Rundschau 1982 (4): 62. 1982.

自然分布

原产巴西、巴拉圭、乌拉圭和阿根廷，生长在海拔150~800m的丘陵草原、岩石裂隙间或落叶林中较大植物的荫蔽下。世界各地栽培。我国普遍栽培。

迁地栽培形态特征

植株初为单生，后形成群生；茎球状或圆柱状，高可达30cm或更高，直径7~15cm；蓝绿色，顶部密生白色茸毛。棱10~15，棱直，对称。小窠生于棱上，密集，初为白色，后来逐渐变黄；中刺8~12根，针状，褐色，0.5~0.8cm，周刺12~15根，金黄色，毛状，长0.8~2cm。花簇生于植株顶部，漏斗状，长4~5cm，直径4~5cm；花被片倒卵形，边缘具缺刻，硫磺色；雄蕊多数，花丝黄色，花药黄色，柱头黄色，柱头裂片12。果球形，粉红色，直径约1cm，表面密被白色或褐色刚毛；种子倒卵形到棒状，红褐色。

引种信息

厦门市园林植物园 引种记录不详，长势良好。

华南植物园 引种号20082110，2008年引自福建，引种材料为植株，长势良好。

中国科学院植物研究所北京植物园 引种号2005-3530，2005年引自福建龙海，引种材料为植株，长势良好。

北京植物园 引种记录不详，长势良好。

南京中山植物园 引种号NBG2007F-161，2007年引自福建漳州，引种材料为植株，长势良好。

上海辰山植物园 引种号20102421，2010年引自上海植物园，引种材料为植株，长势一般；引种号20112034，2011年引自福建漳州，引种材料为植株，长势良好。

龙海沙生植物园 引种号LH-144，1993年引自福建漳州，引种材料为植株，长势良好。

物候

厦门市园林植物园　温室内栽培，花期5~6月，未见结果；露地栽培，花期5~6月，未见结果。

华南植物园　温室内栽培，花期5~6月，未见结果；露地栽培，花期5~6月，未见结果。

中国科学院植物研究所北京植物园　温室内栽培，花期6~7月，未见结果。

北京植物园　温室内栽培，未见开花结果。

南京中山植物园　温室内栽培，花期7月，未见结果。

上海辰山植物园　温室内栽培，花期6月，未见结果。

龙海沙生植物园　温室内栽培，花期5~8月，果期6~9月。

迁地栽培要点

　　主要为播种繁殖、分株繁殖和嫁接繁殖。夏型种，易于种植，喜排水良好的土壤，喜半日照或全日照条件。夏天可施加含钾量高的肥料，包括所有微量营养素和微量元素或缓释肥料。不耐寒。冬天要保持干燥。主要病虫害为介壳虫。

主要用途

　　园林观赏。

植株　　花　　植株
植株　　花　　开花植株
开花植株　　花、小窠、刺

144
银妆玉

Parodia nivosa (Frič) Backeb., Blätt. Kakteenf. genus 68, sp. 5. 1934.

植株

自然分布

原产阿根廷北部，生长在海拔2000m左右陡峭岩壁上的岩石和粉质土壤上。世界各地栽培。我国常见栽培。

迁地栽培形态特征

植株单生，茎球形或圆柱形，长可达15cm，直径8cm，绿色，顶部具密集的白色绵毛；棱分化为圆锥状瘤突，略呈螺旋状排列。小窠生于棱上，被白色毛；中刺1~4根，白色或黑色，长2cm，直立，刚毛状；周刺18根，白色，1~2cm，直立，刚毛状，较中刺为细。花簇生于植株顶部，1~7朵，长2~5cm，直径2.5~3cm；花被片披针形，橙红色或红色，被茸毛和小刚毛；雄蕊多数，花丝橙红色，花药黄色；花柱头黄色，柱头裂片9。果小，果皮覆盖刚毛；种子褐色，长0.8mm，宽0.5mm，光滑。

引种信息

厦门市园林植物园　引种记录不详，长势一般。

北京植物园　引种号C212，2001年引自美国，引种材料为植株，长势良好。

上海辰山植物园　引种号20161143，2016年引自美国，引种材料为植株，长势良好。

龙海沙生植物园　引种号LH-145，1995年引自福建漳州，引种材料为植株，长势良好。

物候

厦门市园林植物园　温室内栽培，未见开花结果。

北京植物园　温室内栽培，未见开花结果。

上海辰山植物园　温室内栽培，未见开花结果。

龙海沙生植物园　温室内栽培，花期7月，果期8月。

迁地栽培要点

播种繁殖。夏型种，喜温暖充足阳光，喜排水良好的颗粒型土壤。夏季可施加高钾肥。在冬季应保持干燥，不耐0℃以下长期低温。主要病虫害为红蜘蛛和根腐病，应注意保持通风和排水。

主要用途

园林观赏。

小窠、刺

145

青王球

Parodia ottonis (Lehm.) N. P. Taylor, Bradleya 5: 93. 1987.

植株、花

自然分布

原产南美洲的巴西南部、乌拉圭、阿根廷东北部和巴拉圭南部。美洲、欧洲，亚洲栽培。我国引种栽培。

迁地栽培形态特征

植株初为单生，后成丛生；茎球形至圆柱形，基部锥形，顶部扁平，直径2~15cm；深绿色或蓝绿色，在冬季变成深紫色到栗色；棱6~12。小窠着生于棱上，具白色绵毛，中刺1~6根，淡黄色、褐色至红褐色，长0.8~4cm；周刺4~15根，放射状展开，白色、黄色、淡玫瑰色或褐色，长0.5~3cm。花着生于植株顶部，钟形，长5~6cm，直径3~6cm，花被管亮黄色，被浓密的白色到棕色的刚毛。花被片披针形，柠檬黄色；雄蕊多数，花丝黄色，花药黄色；花柱头通常红色或略带紫色，少数橙色或黄色。果卵球形至短长圆形，直径1~1.2cm，绿色；成熟时不伸长，纵向裂开，露出种子和白色果肉；每个果包含种子15~100粒；种子钟形，光滑，黑色，长1.2~1.4mm。

引种信息

　　厦门市园林植物园　引种记录不详，长势良好。

　　华南植物园　引种号20104536，2010年引自福建漳州，引种材料为植株，长势良好。

　　北京植物园　引种记录不详，长势良好。

　　南京中山植物园　引种号NBG2007F-165，2007年引自福建漳州，引种材料为植株，长势良好。

　　龙海沙生植物园　引种号LH-146，2000年引自福建漳州，引种材料为植株，长势良好。

物候

　　厦门市园林植物园　温室内栽培，花期4～5月，未见结果。

　　华南植物园　温室内栽培，花期4～5月，未见结果。

　　北京植物园　温室内栽培，未见开花结果。

　　南京中山植物园　温室内栽培，花期6～7月，未见结果。

　　龙海沙生植物园　温室内栽培，花期5～8月，果期6～9月。

迁地栽培要点

　　播种繁殖。夏型种，喜充足阳光和肥沃、透水良好土壤，生长期应充分给水。冬季应保持干燥。主要病虫害为红蜘蛛、介壳虫和根腐病，应注意保持通风和排水。

主要用途

　　园林观赏。

花

花

花

植株

植株

146

金冠

Parodia schumanniana (Nicolai) F. H. Brandt, Kakteen Orch. Rundschau 7(4): 62. 1982.

植株群生

植株

自然分布

　　原产巴西、巴拉圭南部巴拉瓜里省和瓜伊拉省和阿根廷东北部的米西奥内斯省的圣安娜市。生长于海拔300~700m的开阔地区，落叶雨林，陡峭的山坡上，花岗岩和砂岩矿渣堆上。美洲、欧洲，亚洲栽培。我国南北常见栽培。

迁地栽培形态特征

　　植株单生或丛生，茎球形至圆柱形，高可达0.5~1m，直径10~30cm，亮绿色到深绿色。棱21~48，棱直。小窠生于棱上，具白色绵毛，后随年龄增长脱落；中刺0~4根，长1~3cm；周刺4根，1~5cm；刺为刚毛状，略拱形，金黄色、淡红色至棕色，后随年龄增大变为带灰色。花着生于植株顶端，漏斗状；长4~5cm，直径4.5~6.5cm；子房和花被管密被刚毛；花被片匙状，柠檬黄色至金黄色；雄蕊多数，花丝淡黄色，花药淡黄色；柱头裂片12。果球形至卵球形，直径1~1.5cm，褐色，表面具浓密刚毛；种子钟形，红褐色。

引种信息

　　厦门市园林植物园　引种记录不详，长势良好。

　　华南植物园　引种号20082111，2008年引自福建，引种材料为植株，长势良好。

　　中国科学院植物研究所北京植物园　引种号2003-w0130，2003年引自福建，引种材料为嫁接苗，长势良好。

　　北京植物园　引种记录不详，长势良好。

　　南京中山植物园　引种号NBG2007F-163，2007年引自福建漳州，引种材料为植株，长势良好。

　　龙海沙生植物园　引种号LH-147，2002年引自福建漳州，引种材料为植株，长势良好。

物候

　　厦门市园林植物园　温室内栽培，花期4~8月，果期5~9月；露地栽培，花期4~8月，果期5~9月。

华南植物园　温室内栽培，花期4～8月，果期5～9月；露地栽培，花期4～8月，果期5～9月。

中国科学院植物研究所北京植物园　温室内栽培，花期4～6月，未见结果。

北京植物园　温室内栽培，未见开花结果。

南京中山植物园　温室内栽培，花期6～7月，未见结果。

龙海沙生植物园　温室内栽培，花期5～8月，果期6～9月。

迁地栽培要点

主要为播种繁殖和侧球扦插繁殖。夏型种，喜排水良好的疏松土壤，喜阳光充足，但避免直晒。昼夜温差较多对其生长有利。冬季应保持干燥，春季开始增加浇水。主要病虫害为介壳虫和根腐病，应注意保持通风和排水。

主要用途

园林观赏。

植株

花、小窠、刺

开花植株　　植株　　植株

147
小町

Parodia scopa (Spreng.) N. P. Taylor, Bradleya 5: 93. 1987.

植株

自然分布

原产巴西南部南里奥格兰德州、乌拉圭、巴拉圭、阿根廷北部。美洲、欧洲、亚洲有栽培。我国各地常见栽培。

迁地栽培形态特征

植株单生或丛生，茎球形至圆柱形，高5~50cm，直径6~10cm，深绿色，几乎被刺覆盖；棱25~40，分化为小瘤突。小窠间隔3~8mm；中刺3~4根，长0.5~1.2cm，褐色、红色或白色；周刺35~40根，长0.5~1cm，刚毛状，透明，白色或淡黄色。花着生于植株顶部，钟形，长2~4cm，直径3.5~4.5cm；花被片披针形，亮黄色；雄蕊多数，花丝黄色，花药黄色；柱头红色，裂片10。果球形，直径0.7cm。

引种信息

厦门市园林植物园　引种记录不详，长势一般。

上海辰山植物园　引种号20112017，2011年引自福建漳州，引种材料为植株，长势良好。

龙海沙生植物园　引种号LH-148，1997年引自福建漳州，引种材料为植株，长势良好。

物候

厦门市园林植物园　温室内栽培，花期4~5月，未见结果。

上海辰山植物园　温室内栽培，未见开花结果。

龙海沙生植物园　温室内栽培，花期5~7月，果期6~8月。

迁地栽培要点

播种繁殖和侧球扦插繁殖。夏型种，喜充足阳光，喜肥沃而排水透气土壤。冬季应保持干燥。主要病虫害为介壳虫和根腐病，应注意保持通风和排水。

主要用途

园林观赏。

花

刺

植株群生

小窠、棱

月华玉属

Pediocactus Britton & Rose, in Britton & Brown, Ill. Fl. N. V. S. (ed. 2) 2: 569. 1913.

　　植株低矮，生长缓慢；单生或丛生；茎圆柱状、球状或扁球形；绿色或灰白色；无棱，具瘤状瘤突，瘤突呈金字塔状、圆锥状、圆柱状。小窠呈圆形、卵形、梨形或椭圆形；多刺，刺的数量、颜色、形态、质地和生长风向变化很大；中刺无或1~10根，淡灰色或白色，分离，直或弯曲，针状或刚毛状；周刺3~35根。花白天开放，位于茎顶端小窠的边缘，呈漏斗状钟形；黄色、洋红色至白色；外轮花被片绿色且中间有紫色条纹，花被片边缘呈流苏状、齿状或光滑；内轮花被片边缘有须毛；子房平滑，无鳞片或少有鳞片，柱头裂片5~9。果实圆柱形至圆球形，绿色或黄绿，成熟时呈红褐色，表面光滑，或有薄的鳞片；沿着纵向缝合处开裂；种子褐色，黑色或灰色。
　　约8种，产美国西部的科罗拉多高原等地。我国引种栽培1种。

148

飞鸟

Pediocactus peeblesianus (Croiz.) L. D. Benson, Cact. Succ. J. (Los Angeles) 34 (2): 58. 1962.

植株

自然分布

原产美国，分布于4000m以上高海拔地区，怕高温，耐寒，需要强烈的昼夜温差。我国20世纪初开始在设施温室栽培。

迁地栽培形态特征

植株单生或丛生；茎扁球形至卵圆形，高2～6cm，直径2～5.5cm，在原产地深藏于土壤中，不露出地面至露出地面3cm；灰绿色。小窠呈圆形，无中刺或具1根中刺，刺柔软，顶端较硬，白色或淡灰色；周状刺3~7根，与中刺形态相近但较小，白色。花着生于茎的顶端，乳白色、黄色至黄绿色，高1~1.4cm，直径1.5~2.5cm；外轮花被片呈倒披针形，中间具棕紫色条纹，内轮花被片披针状。果实绿色，成熟变干后呈红棕色；种子深棕色至黑色，多皱褶。

引种信息

厦门市园林植物园　引种号19650373，1965年引自日本，引种材料为植株，长势一般。

南京中山植物园　引种号NBG2015M-34，2015年引自墨西哥，引种材料为植株，长势良好。

龙海沙生植物园　引种号LH-149，1999年引自福建漳州，引种材料为植株，长势良好。

物候

厦门市园林植物园　温室内栽培，未见开花结果。

南京中山植物园　温室内栽培，花期5月，未见结果。

龙海沙生植物园　温室内栽培，花期5~7月，果期6~8月。

迁地栽培要点

在设施温室栽培，夏季要降到30℃以下，温差大。通风，少浇水。栽培基质为：赤玉土：沙：泥炭＝3：2：1。繁殖：播种，嫁接。

主要用途

观赏。

CITES附录 I 。

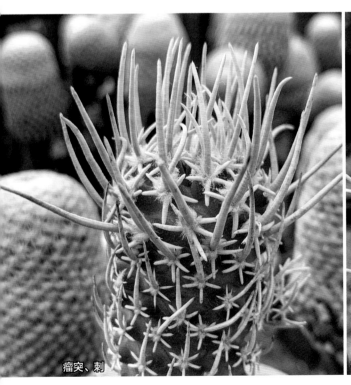
瘤突、刺

植株带子球

斧突球属

Pelecyphora Ehrenb., Bot. Zeit. 1: 737. 1843.

矮生植物；茎单生或簇生，球形或倒圆锥形，肉质，成瘤突状；瘤突斧状，后变扁平，或鳞片状而背面压扁，顶端锐尖，中脊多少弯曲。小窠呈两种形式，营养生长阶段，在瘤突的远轴处针状，近轴处顶端被毛，着生花，在瘤突的顶端汇合。花着生于近顶端的瘤突腋部，漏斗状至钟状，被丝托光滑；花被片紫色至粉红色。果小，干燥；种子近球形形，褐色，表面微凹；种脐小，偏斜，无附属物。

2种，分布于墨西哥东北部，濒危种类，世界各地常见栽培，我国有见栽培。

斧突球属分种检索表

149
精巧球

Pelecyphora aselliformis Ehrenb., Botanisches Zeitschrift 1: 737. 1843.

植株

植株

自然分布

原产墨西哥东北部和中部，生于海拔1300~2000m的沙漠，石灰质地段，偶见于山脚或平缓地带的肥沃土壤中。世界各地栽培。中国南北各植物园和仙人掌爱好者栽培。

迁地栽培形态特征

具地下芽植物；块根肥大，肉质；茎单生，高3~12cm，直径10~25cm，通常不分枝；顶端成瘤突；瘤突叶状，致密排列，三角形，长1~3cm，宽1~2cm，表面有皱纹，顶端钝，基部扁平，无刺。小窠生于瘤突近轴面中央，从基部到顶端形成带状凹槽线，长5~10mm，宽1~3mm，被茸毛。花着生于茎顶端的瘤腋茸毛处，高1~2.5cm，直径2.5~5cm，花被片分离，淡粉红色；雄蕊多数，花药黄色；子房光滑，柱头通常4裂，白色。果白色至绿色；种子多数。

引种信息

厦门市园林植物园　引种号03397，2003年引自日本种植场，引种材料为植株，长势良好；引种号20180677，2018年引自福建漳州，引种材料为植株，长势良好。

南京中山植物园　引种号NBG2015M-37，2015年引自墨西哥，引种材料为植株，长势良好。

上海辰山植物园　引种号20112192，2011年引自上海西萍园艺，引种材料为植株，长势良好；引种号20112059，2011年引自福建漳州，引种材料为植株，长势良好。

龙海沙生植物园　引种号LH-150，1999年引自福建漳州，引种材料为植株，长势良好。

物候

厦门市园林植物园　温室内栽培，未见开花结果。

南京中山植物园　温室内栽培，花期4~5月，果期9~10月。

上海辰山植物园　温室内栽培，未见开花结果。
龙海沙生植物园　温室内栽培，花期7月，果期11月。

迁地栽培要点

以种子繁殖为主，播种后6年会开花结果。

主要用途

观赏。

濒危物种，CITES附录I名单，IUCN红色名录。

150
银牡丹

Pelecyphora strobiliformis (Werderm.) Frič & Schelle ex Kreuz., Verzeichnis Amer. Sukk. Rev. Syst. Kakteen 9. 1935.

植株

植株

自然分布

原产墨西哥的新莱昂州、塔毛利帕斯和圣路易斯波托西的沙漠中，海拔1600m以下的地方。世界各地引种栽培。我国南北各地的温室栽培。

迁地栽培形态特征

植株圆球形或扁圆球形，辐射状，直径4~6cm；茎短；瘤突相叠，倚靠在茎上，三角形，稍具龙骨状突起，长8~12mm，基部宽7~12mm。小窠着生于瘤突顶端，有刺7~14根；刺多少排列成梳状或齿状，弯曲，掉落，白色，长5cm。花着生于茎的顶端，直径1.5~3cm，花冠白色至粉色，有时洋红色。果未见。

引种信息

厦门市园林植物园 引种号02086，2002年引自北京，引种材料为植株，长势良好；引种号20180678，2018年引自福建漳州，引种材料为植株，长势良好。

华南植物园 引种号20170389，2017年引自福建，引种材料为植株，长势良好。

南京中山植物园 引种号NBG2015M-39，2015年引自墨西哥，引种材料为植株，长势良好。

上海辰山植物园 引种号20103096，2010年引自上海西萍园艺，引种材料为植株，已死亡；引种号20112111，2011年引自上海西萍园艺，引种材料为植株，已死亡。

龙海沙生植物园 引种号LH-151，1999年引自福建漳州，引种材料为植株，长势良好。

物候

厦门市园林植物园 温室内栽培，花期4~5月，未见结果。

华南植物园 温室内栽培，花期4~5月，未见结果。

南京中山植物园　温室内栽培，花期4月，未见结果。
上海辰山植物园　温室内栽培，未见开花结果，已死亡。
龙海沙生植物园　温室内栽培，花期7月，果期11月。

迁地栽培要点

幼苗不能强光直射，不耐干旱，需移栽。

主要用途

园林观赏。

濒危物种，CITES附录I名单。

开花植株

植株

花

开花植株

植株

瘤突、刺

块根柱属

Penioccreus (A. Berger) Britton & Rose, Contrib. U. S. Natl. Herb. 12: 428. 1909.

　　植株灌木状；块根肥大，上部粗圆下部细长；茎直立、半直立、匍匐或爬行，分枝少，纤细，棱3~4。小窠生于棱上；刺大小一致，明显，有时较短。花顶生或侧生，晚间或白天开放，通常大型；花自交不育，较大型，花被管长而纤细，外面被刚毛或刺，白色或近白色，有时红色至紫红色。浆果梨形、窄卵圆形至长圆形，肉质，红色，顶端尖，刚毛或刺掉落；种子宽卵形，黑色，表面粗糙。

　　约20种，分布于美国西南部和墨西哥西北部，南至美洲中部。世界各地栽培，我国引种2~3种，常见栽培1种。

151
块根柱

Peniocereus maculatus (Weing.) Cutak, Cact. Succ. J. (Los Angeles) 23: 76. 1951.

植株

自然分布

原产墨西哥。世界各地栽培。我国也有栽培。

迁地栽培形态特征

植株灌木状；根肥大，上部粗圆下部细长；茎直立，分枝少，长约4m，直径约3cm，暗深绿色，有时带紫色，棱3~4，直或略波纹状。小窠生于棱上；刺长1~3mm，中刺1~2根，边刺通常7根，红褐色至灰色，基部展开。花顶生或侧生，晚间开放，浅粉色，通常大型，花被管长9～10cm，外面小窠被白毛和刺；外轮花被片线形，带红褐色，内轮花被片白色。浆果梨形，肉质，红色，长约5cm。

引种信息

厦门市园林植物园　引种记录不详，长势良好。

北京植物园　引种记录不详，长势良好。

龙海沙生植物园　引种号LH-152，2008年引自福建漳州，引种材料为植株，长势良好。

物候

厦门市园林植物园　温室内栽培，花期6月，未见结果。

北京植物园　温室内栽培，未见开花结果。

龙海沙生植物园　温室内栽培，未见开花结果。

迁地栽培要点

扦插繁殖，亦可播种繁殖。生性强健，喜强光。对土壤要求不严，种植选用砂壤土。夏型种。较耐干旱，生长季节可酌情加大浇水量以促生长，冬季保持盆土干燥；病虫害应注重介壳虫的防治。

主要用途

园林观赏。

花

木麒麟属

Pereskia Mill., Gard. Dict. Abr. ed. 4, sine pag. 1754.

直立或攀缘灌木，稀为小乔木；分枝多数，开展，圆柱状，节间细长，嫩时稍肉质。小窠生叶腋，具茸毛和1至多数刺；刺针状、钻形或钩状。叶互生，卵形、椭圆形、长圆形或披针形，全缘，具羽状脉和叶柄。花两性，辐状对称，具梗，在小枝上部排成总状、聚伞状或圆锥花序，白天开放；花托杯状，外面散生小窠及叶状鳞片，稀裸露；花被片多数，螺旋状聚生于花托上部，外轮花被片萼片状，较小，内轮花被片花瓣状，开展，稀直立；雄蕊多数，螺旋状着生于花托内面上方，短于内轮花被片，多少开展；子房上位至下位，1室，侧膜胎座，有时为基底胎座状或悬垂胎座状；花柱圆柱状；柱头3～20，直立或近直立。浆果梨形、球形或陀螺状；种子多数至少数，倒卵形至双凸镜状，长过于宽，黑色具光泽，种脐小，基生，白色；胚弯曲；子叶叶状扁平。

16种，原产热带美洲，分布区北起墨西哥南部和西印度群岛，南至阿根廷北部和乌拉圭。我国引种4～5种，常见栽培3种。

木麒麟属分种检索表

152

木麒麟

别名：叶仙人掌

Pereskia aculeata Mill., Gard. Dict., ed. 8, Pereskia No. 1. 1768.

植株

自然分布

原产中美洲、南美洲北部及东部和西印度群岛。我国云南、广西、广东、福建、台湾、上海、浙江、江苏、河北、北京及辽宁等地温室栽培，在福建南部部分城市呈半野生状态。

迁地栽培形态特征

落叶藤本，长3~10m；茎基部的主干直径4~8cm；老枝灰褐色，分枝多数，圆柱状。叶片肉质，卵形、宽椭圆形至椭圆状披针形，长4.5~10cm，宽1.5~5cm，顶端急尖至短渐尖，边缘全缘，基部楔形至圆形，无毛，上面绿色，下面灰绿色。小窠生于叶腋，垫状，直径1.5~2mm，具灰色或淡褐色茸毛；在老枝上增大并突起呈结节状；刺1~6(25)根，针状至钻形，长达1~4(8)cm，褐色。花在分枝上部组成总状或圆锥状花序；花托外面散生披针形至线状披针形叶状鳞片及腋生小窠，鳞片长8~25mm，宽2~6mm，小窠具黄褐色至淡灰色茸毛和细刺；外轮花被片2~6，卵形至倒卵形，顶端急尖或圆形，有时具小尖头，淡绿色或边缘近白色；内轮花被片6~12，倒卵形至匙形，顶端圆形、截形或近急尖，有时具小尖头，白色，或略带黄色或粉色；雄蕊多数，无毛；花丝长5~7mm，白色，花药黄色；雌蕊无毛，子房上位，花柱长10~11mm，白色，柱头4~7，直立，白色。浆果倒卵球形或球形，长1~2cm，直径1~1.5cm，成熟时淡黄色，果皮具刺；种子2~5，双凸镜状，黑色，平滑，直径4.5~5mm，厚1.4~1.6mm；种脐略凹陷。

引种信息

　　厦门市园林植物园　引种号03353，2003年引自北京花乡，引种材料为植株，长势良好；引种号20140030，2014年引自云南西双版纳，引种材料为茎段，长势良好。

　　华南植物园　引种号20160688，2016年引自福建，引种材料为植株，长势良好。

　　中国科学院植物研究所北京植物园　引种号1949-0261，1949年引种，引种地、引种材料不详，植株在"文革"时期遗失；引种号1974-w0529，1974年引种，引种地、引种材料不详，长势良好。

　　南京中山植物园　引种号NBG2007F-182，2007年引自福建漳州，引种材料为植株，长势良好。

　　上海辰山植物园　引种号20102428，2010年引自上海植物园，引种材料为植株，长势良好。

　　龙海沙生植物园　引种号LH-153，2008年引自福建厦门，引种材料为植株，长势良好。

物候

　　厦门市园林植物园　温室内栽培，花期10~11月，果期翌年1~2月；露地栽培，花期10~11月，果期翌年1~2月。

　　华南植物园　温室内栽培，花期10~11月，果期翌年1~2月；露地栽培，花期10~11月，果期翌年1~2月。

　　中国科学院植物研究所北京植物园　温室内栽培，花期5~6月，未见结果。

　　南京中山植物园　温室内栽培，花期5月，未见结果。

　　上海辰山植物园　温室内栽培，未见开花结果。

　　龙海沙生植物园　露地栽培，花期4~9月，果期6~11月。

迁地栽培要点

　　扦插繁殖为主，亦可播种繁殖。本种生性强健，喜强光。对土壤要求不严，种植选用砂壤土。夏型种。较耐干旱，但也喜欢温暖湿润的环境；冬季保持盆土干燥；病虫害防治应注重介壳虫与螨类的防治。

主要用途

　　美叶木麒麟（*P. aculeata* 'Godseffiana'），叶片黄色或带红色，各地偶见栽培。

花

花

花蕾

花

植株

花

花

果

153
櫻麒麟

Pereskia grandifolia Haw., Suppl. Pl. Succ. 85. 1819.

开花植株

自然分布

原产巴西。我国各地栽培，广东、福建、台湾等地露地栽培。

迁地栽培形态特征

灌木或小乔木，高2~5m；茎直立或披散，主干直径达20cm，灰褐色；分枝圆柱状。小窠生于叶腋，在新枝上无刺至具8根刺，刺长1~4cm；在主干或老枝上增大并突起呈结节状，具25~90根刺，刺长2~6.5cm。叶片形态变化较大，椭圆形、长椭圆形至倒卵形、长倒卵形，长9~23cm，宽4~6cm，顶端急尖，边缘全缘，基部楔形，肉质；叶柄长5~12mm。花于分枝上部组成总状或圆锥状花序，密集，有花10~15(30)朵，直径3~5cm；花梗长1~3mm；花托顶端角状，表面有沟纹，外面散生小窠，小窠光滑；外轮花被片绿色；内轮花被片淡粉红色、粉红色至淡紫色，阔卵形至匙形。果肉质，成熟时黄色，倒梨形，长5~10cm，直径3~7cm。

417

引种信息

厦门市园林植物园　引种记录不详，长势良好。

中国科学院植物研究所北京植物园　引种号2012–W0415，2012年引自福建厦门市园林植物园，引种材料为茎段，长势良好。

北京植物园　无引种编号，引种时间不详，引自福建，引种材料为植株，长势良好。

南京中山植物园　引种号NBG2007F-183，2007年引自福建漳州，引种材料为植株，长势良好。

上海辰山植物园　引种号20161909，2016年引自马达加斯加，引种材料为茎段，长势良好。

龙海沙生植物园　引种号LH-154，2008年引自福建厦门，引种材料为植株，长势良好。

物候

厦门市园林植物园　露地栽培，花期5~8月，果期7月至翌年1月。

中国科学院植物研究所北京植物园　温室内栽培，花期4~7月，果期6~9月。

北京植物园　温室内栽培，未见开花结果。

南京中山植物园　温室内栽培，花期5月，未见结果。

上海辰山植物园　温室内栽培，未见开花结果。

龙海沙生植物园　露地栽培，花期4~9月，果期6~11月。

迁地栽培要点

扦插繁殖为主，亦可播种繁殖。本种生性强健，喜强光。对土壤要求不严，种植选用砂壤土。夏型种。较耐干旱，生长季节为促生长、多开花，以提高观赏性可酌情加大水肥管理力度。冬季宜保持土壤干燥；病虫害防治应注重介壳虫与螨类的防治。

主要用途

园林观赏。

花

植株

花

花

花蕾

果

花

开花植株

154

薔薇麒麟

别名： 毛萼叶仙人掌

Pereskia sacharosa Griseb., Abh. Königl. Ges. Wiss. Göttingen 24: 141. 1879.

植株

自然分布

原产巴西、玻利维亚、巴拉圭和阿根廷北部。我国广东、福建、台湾等地栽培。

迁地栽培形态特征

小乔木或灌木，高5～7m；茎直立或披散，主干直径达25cm，分枝圆柱状，小枝常曲折。小窠生于叶腋，在新枝上无刺至具5根刺，成束或展开，刺长1～4cm；在主干或老枝上增大并突起呈结节状，具25根刺，刺长3～5cm。叶片形态和大小变化极大，多数叶片倒卵形，常沿中脉折叠，长3～12cm，宽2～7cm，顶端急尖，基部楔形，边缘全缘，肉质；叶柄长5～12mm。花单生，或在分枝顶部组成具花2～4朵总状花序，花直径3～7cm；花梗长1～3mm；花托顶端角状，表面有沟纹，外面散生小窠，小窠光滑；外轮花被片绿色；内轮花被片粉红色或深粉红色，阔卵形。果肉质，成熟时黄色，倒梨形或近球形，长4～5cm，直径4～5cm。

引种信息

厦门市园林植物园　引种记录不详，长势良好。

华南植物园　引种号**276197，引种时间不详，引自福建，引种材料为植株，长势良好。

南京中山植物园　引种号NBG2007F-184，2007年引自福建漳州，引种材料为植株，长势良好。

龙海沙生植物园　引种号LH-155，2008年引自福建厦门，引种材料为植株，长势良好。

物候

厦门市园林植物园　露地栽培，花期5～8月，果期7月至翌年1月。

华南植物园　露地栽培，花期5～8月，果期7月至翌年1月。

南京中山植物园　温室内栽培，花期5月，未见结果。

龙海沙生植物园　露地栽培，花期4～9月，果期6～11月。

迁地栽培要点

扦插繁殖为主，亦可播种繁殖。本种生性强健，喜强光。对土壤要求不严，种植选用砂壤土。夏型种。较耐干旱，生长季节为促生长、多开花，以提高观赏性可酌情加大水肥管理力度。冬季宜保持土壤干燥；病虫害防治应注重介壳虫与螨类的防治。

主要用途

园林观赏。

花

植株

果实

花、叶、刺

花

花

花

果实

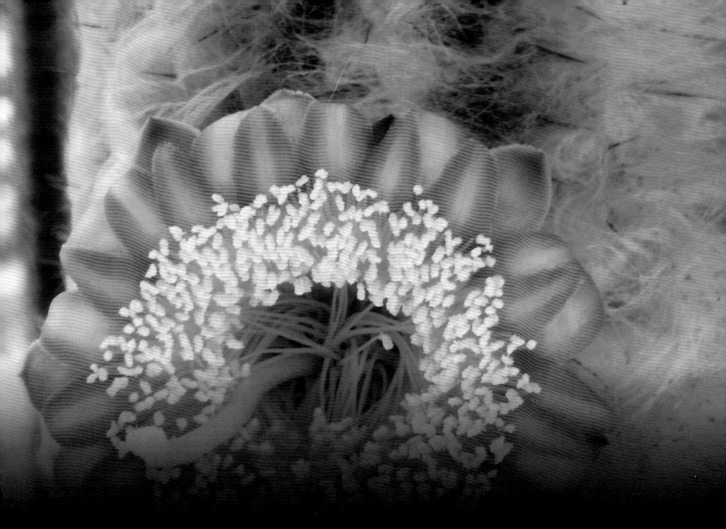

毛柱属

Pilosocereus Byles & G. D. Rowley, Cact. Succ. J. Gr. Brit. 19: 66. 1957.

　　灌木或小乔木，分枝发于地上部分，高可达10m，茎绿色、灰色或蓝色被蜡粉，光滑，内含浓稠的粘液；棱3～30，棱脊笔直，常具横隔断。小窠具毡毛，近茎顶小窠被大量绵毛，长5cm，常覆盖在棱上，形成近顶生或侧生假花座；刺多样，直立或卷曲，有时半透明状。花苞尖端膨胀，呈锐角或钝角；花夜间开放，白色或灰粉红色，管状或钟状，长2.5～9cm，直径2～7cm，蝙蝠授粉；花被丝托及花被管肉质，光滑，无小窠，无明显苞片，常呈褐色或紫色；雄蕊多数。果球形或扁球形，光滑，发黑，常下垂，开裂方式多样，果肉颜色多样，花被宿存；种子深褐色或黑色，1.2～2.5mm，蜗形。

　　约36种，有1个自然杂交种。分布于墨西哥，加勒比海地区及大部分南美洲热带地区，如哥伦比亚、委内瑞拉、圭亚那、苏里南、厄瓜多尔、秘鲁、巴西、巴拉圭。世界各地栽培。我国引种4～6种，常见栽培的3种。

毛柱属分种检索表

155
春衣

Pilosocereus leucocephalus (Poselg.) Byles & G. D. Rowley, Cact. Succ. J. Gr. Brit. 19: 67. 1957.

花

自然分布

原产墨西哥的塔毛利帕斯州、恰帕斯州、伊达尔戈州、克雷塔罗州、圣路易斯波托西州、韦拉克鲁斯州，尼加拉瓜，洪都拉斯，危地马拉南部。生长在热带阔叶林、山麓森林或干枯灌丛中，分布海拔1000m以下。世界各地栽培。我国南北引种栽培，南方可露地种植。

迁地栽培形态特征

肉质小乔木，植株下部分枝，具明显主干；茎直立或斜举，圆柱形，高2~6m，直径5~10cm，新茎亮蓝绿色，被白色蜡粉，老茎蓝绿色至暗绿色；棱7~12，棱脊宽且浅。小窠间距1~1.5cm，新生小窠密被白色绵毛，长约2~6cm；刺淡黄色至浅棕色，老刺变灰；中刺1根，偶2根，粗壮，长2~3cm；周刺7~12根，细长，约1cm。花着生于顶生或侧生的小窠中，小窠密被长4~10cm的白色丝状毛，形成假花座，假花座宽约3~4条棱的位置；花管状至钟状，长6cm；外轮花被片外侧紫褐色，内侧粉红色；内轮花被片外侧浅红色，带绿色中脉，内侧亮淡粉色，带白色中脉；雄蕊多数，花药黄色，花丝黄绿色，紧贴内轮花被片生长；雌蕊1枚，花柱淡黄色，柱头黄绿色。果球形，直径可达4cm，红色，果肉红色。种子黑色。

引种信息

　　厦门市园林植物园　引种记录不详，长势良好。

　　华南植物园　引种号20082112，2008年引自福建，引种材料为植株，长势良好。

　　中国科学院植物研究所北京植物园　引种号1959-30368，1959年引种，引种地、引种材料不详，植株在"文革"时期遗失。

　　北京植物园　无引种编号，2018年引自福建，引种材料为植株，长势良好。

　　南京中山植物园　引种号NBG2007F-175，2007年引自福建漳州，引种材料为植株，长势良好。

　　上海辰山植物园　引种号20102528，2010年引自福建漳州，引种材料为植株，长势良好。

　　龙海沙生植物园　引种号LH-156，1997年引自福建漳州，引种材料为植株，长势良好。

物候

　　厦门市园林植物园　温室内栽培，花期4~6月，未见结果；露地栽培，花期4~6月，未见结果。

　　华南植物园　温室内栽培，花期4~6月，未见结果；露地栽培，花期4~6月，未见结果。

　　中国科学院植物研究所北京植物园　温室内栽培，未见开花结果。

　　北京植物园　温室内栽培，未见开花结果。

　　南京中山植物园　温室内栽培，未见开花结果。

　　上海辰山植物园　温室内栽培，未见开花结果。

　　龙海沙生植物园　温室内栽培，花期5~6月，果期7~8月。

迁地栽培要点

　　扦插繁殖为主，亦可播种或嫁接繁殖。本种生性强健，喜强光。对土壤要求不严，种植选用砂壤土。夏型种。较耐干旱，为保持株型美观，尽管是生长季节亦应适当控制浇水量，注意不要直接喷淋柱体顶部毛刺以免污染；冬季保持土壤干燥；抗逆性与适应性强，病虫害较少，偶有介壳虫发生。

主要用途

　　园林观赏。

花蕾

侧花座

植株

花

毛、棱、小窠、刺

花蕾

156
金青阁

Pilosocereus magnificus (Buining & Brederoo) F. Ritter, Kakteen Südamerika 1: 72. 1979.

植株　小窠、刺　植株

自然分布

原产巴西东北部米纳斯吉拉斯州，分布海拔250~800m。世界各地栽培。我国常见栽培。

迁地栽培形态特征

肉质灌木至小乔木，主干明显或不明显；茎木质化程度低，直立，圆柱状，高1.5~5m，直径4~7.5cm，灰蓝色，被白色蜡粉，光滑；棱5~12，茎尖棱脊存在横向褶皱。小窠的刺刚毛状，半透明，金黄色至棕色；中刺8根，直立，长15mm；周刺约16根，斜举，长10mm；生殖小窠单生，形成花座状；每个生殖小窠簇生小花3~6朵，被有白色丝状毛；生殖小窠随机侧生于棱脊上，主要分布在植株中下部。花苞钝圆形；花窄，喇叭状，长6cm，直径2.3cm。果扁球形，直径2.5~3cm，开裂方式多样，果肉洋红色。

引种信息

厦门市园林植物园　引种记录不详，长势良好。

华南植物园　引种号20104352，2010年引自福建漳州，引种材料为植株，长势良好。

中国科学院植物研究所北京植物园　引种号2005-3366，2005年引自福建龙海，引种材料为植株，长势一般。

南京中山植物园　引种号NBG2007F-173，2007年引自福建漳州，引种材料为植株，长势良好。

龙海沙生植物园　引种号LH-157，1997年引自福建漳州，引种材料为植株，长势良好。

物候

　　厦门市园林植物园　温室内栽培，未见开花结果；露地栽培，未见开花结果。
　　华南植物园　温室内栽培，未见开花结果；露地栽培，未见开花结果。
　　中国科学院植物研究所北京植物园　温室内栽培，未见开花结果。
　　南京中山植物园　温室内栽培，未见开花结果。
　　龙海沙生植物园　露地栽培，花期12月至翌年3月，果期翌年2~5月。

迁地栽培要点

　　一般选用扦插繁殖。生性强健，喜强光。对土壤要求不严，种植选用沙砾土。夏型种。较耐干旱，为保持株形与柱体蓝绿色，春夏季节，尽管是生长季亦应适当控制浇水量，以防植株长势过猛而造成自然断折。冬季保持土壤干燥；病虫害防治应注重介壳虫的防治。

主要用途

　　园林观赏。

棱、小窠、刺

顶部刺

植株

157

老翁

Pilosocereus royenii (L.) Byles & G. D. Rowley, Cact. & Succ. Journ. Brit. 19 (3): 67. 1957.

植株

自然分布

原产墨西哥尤卡坦半岛，巴哈马，多米尼加，牙买加，波多黎各，多巴哥岛，维京群岛，小安的列斯群岛。世界各地栽培。我国常见栽培。

迁地栽培形态特征

肉质小乔木，基部萌发分蘖或在地上部分萌发分枝，高2~8m，具明显主干；茎直立，偶斜举，中型柱，黄绿色，圆柱状，直径7~9cm；棱6~11。小窠圆形，分布于棱脊上，被白色丝状毛，刺多样，淡黄色至淡红色；中刺1~6根，长32~60mm；周刺约9根，长19~26cm。生殖小窠常连成片，侧生或近顶生，被白色长毛，宽可覆盖1~3条棱，形成假花座。花玫粉色，长5cm，直径3~4cm。果扁球形，紫红色；花被宿存；果肉白色。

植株

引种信息

厦门市园林植物园 引种记录不详，长势良好。

华南植物园 引种号20104353，2010年引自福建漳州，引种材料为植株，长势良好。

南京中山植物园 引种号NBG2007F-172，2007年引自福建漳州，引种材料为植株，长势良好。

龙海沙生植物园 引种号LH-158，1999年引自福建漳州，引种材料为植株，长势良好。

物候

厦门市园林植物园 露地栽培，花期5月，未见结果。

华南植物园 露地栽培，花期5月，未见结果。

南京中山植物园 温室内栽培，未见开花结果。

龙海沙生植物园 露地栽培，未见开花结果。

迁地栽培要点

扦插繁殖为主，亦可播种或嫁接繁殖。夏型种。本种生性强健，喜强光，适合露地栽培。对土壤要求不严，种植选用砂壤土。较耐干旱，生长季节可酌情加大浇水量以促生长，冬季保持土壤干燥；抗逆性与适应性强，病虫害较少，偶有介壳虫发生。

主要用途

园林观赏。

植株

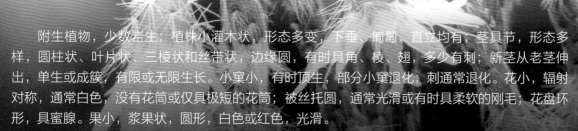

丝苇属

Rhipsalis Gaertn., Fruct. Sem. Pl. 1: 1788

附生植物，少数岩生；植株小灌木状，形态多变；下垂、匍匐、直立均有；茎具节，形态多样，圆柱状、叶片状、三棱状和丝带状，边缘圆，有时具角、棱、翅，多少有刺；新茎从老茎伸出，单生或成簇，有限或无限生长。小窠小，有时顶生，部分小窠退化；刺通常退化。花小，辐射对称，通常白色，没有花筒或仅具极短的花筒；被丝托圆，通常光滑或有时具柔软的刚毛；花盘环形，具蜜腺。果小，浆果状，圆形，白色或红色，光滑。

约35种，原产安哥拉、安提拉斯、阿根廷、伯利兹、玻利维亚、巴西、哥伦比亚等美洲国家，1种2亚种分布到非洲的马达加斯加、布隆迪、喀麦隆等国家。世界普遍栽培。我国引种约有20种，常见栽培的14种。

丝苇属分种检索表

158
多刺丝苇

Rhipsalis baccifera (Sol.) Stearn subsp. *horrida* (Baker) Barthlott, Bradleya 5: 100. 1987.

自然分布

原产马达加斯加。植株变异，多以四倍体和八倍体种群存在，为常见的栽培种类，世界各地栽培。我国各地常见栽培。

迁地栽培形态特征

附生植物或岩生植物；小型灌木，下垂，长1~4m，多分枝；茎圆柱形，长10~35cm，直径2~3mm，分枝多。小窠密而小，分布于肉质茎上；刺灰白色，细而浓密，长约1mm。花白色或绿白色，直径8~10mm；花被片绿色，顶端钝；雄蕊6~12枚，花药白色；柱头3~5裂。果圆球形，直径4~8mm，初为绿色，成熟后变绿白色至白色。

引种信息

厦门市园林植物园 引种号20101217，2010年引自日本，引种材料为茎段，长势良好。

中国科学院植物研究所北京植物园 引种号2007-2192，2007年引自俄罗斯圣彼得堡科马洛夫植物研究所植物园，引种材料为茎段，长势良好。

北京植物园 无引种编号，2003年引自上海，引种材料为插条，长势良好。

上海辰山植物园 引种号20110224，2011年引自上海植物园，引种材料为植株，长势良好；引种号20171620，2017年引自广东广州，引种材料为植株，长势良好；引种号20161896，2016年引自马达加斯加岛昂达西贝保护区，引种材料为植株，长势良好。

物候

厦门市园林植物园 温室内栽培，花期2~5月，果期6~8月；露地栽培，花期4~5月，果期6~8月。

中国科学院植物研究所北京植物园 温室内栽培，花期果期未记录。

北京植物园 温室内栽培，未见开花结果。

上海辰山植物园 温室内栽培，未见开花结果。

迁地栽培要点

秋季至翌年春季为生长期，冬天注意保暖，夏季明显休眠，此时注意遮阴和节水，秋季宜翻盆。扦插繁殖，也可播种繁殖，但小苗生长缓慢。

主要用途

原亚种 *R. baccifera*，分布在加勒比地区、墨西哥、美国，以二倍体和四倍体的种群分布。

植株

植株

果

果

植株

433

159
赛露仙人棒

Rhipsalis cereoides (Backeb. & Voll) Backeb., A. Cast. Anfenbuais Reunião Sul-Amer. Bot. 3: 12. 1940.

植株

自然分布

原产巴西东部片麻岩山上。世界各地栽培。我国北京、厦门等地栽培。

迁地栽培形态特征

岩生植物；小灌木，下垂或半直立，生长方向不确定；茎肉质，具节，茎节处常易发生气根，三棱形，稀四棱形，长10~30cm，直径1.2~1.6cm，易分枝，淡蓝绿色。小窠小，稀少，不下凹；初时小窠具细刺，老熟时具1~4根刚毛，或脱落不明显。花单生，或2~4朵簇生，绿白色，直径0.8~1cm，花被片膜质，顶端钝；花药白色。果圆球形，直径3~4mm，成熟时粉红色。

引种信息

厦门市园林植物园 引种号20101218，2010年引自日本，引种材料为茎段，长势良好。

中国科学院植物研究所北京植物园　引种号2007-2186，2007年引自俄罗斯圣彼得堡科马洛夫植物研究所植物园，引种材料为茎段，长势良好。

物候

厦门市园林植物园　温室内栽培，花期2月，未见结果；露地栽培，花期5月，未见结果。

中国科学院植物研究所北京植物园　温室内栽培，花期果期未记录。

迁地栽培要点

一般采用扦插繁殖，也可播种繁殖，但小苗生长缓慢。秋季至翌年春季为生长期，冬天注意保暖，冬末春初开花，夏季明显休眠，此时注意遮阴和节水；秋季宜翻盆，栽培基质宜选用富含腐殖质的腐叶土；注意防治介壳虫。

主要用途

园林观赏。

植株

160

窗之梅

Rhipsalis crispata (Haw.) Pfeiff., Enum. Diagn. Cact. 130. 1837.

植株

自然分布

原产巴西里约热内卢、伯南布哥和圣保罗等南部大西洋的海湾。世界各地栽培。我国南北各地常见栽培。

迁地栽培形态特征

附生植物；灌木状，高30~50cm，多少下垂，多分枝，生长不规则；茎分节，叶片状，扁平或具三条翅，长圆形、椭圆形或倒卵形，长6~15cm，宽4~8cm，边缘略呈波浪形，有时下凹，基部平，黄绿色或灰绿色。小窠很小，被灰色毡毛，初时具黑色刚毛1根，后变无毛。花1~4朵簇生于小窠上，盘状，白色或奶白色，直径10~12mm；花被片6~8片，长9~11mm，顶端钝。果球形，白色，直径5~6mm。

引种信息

厦门市园林植物园　引种号20101219，2010年引自日本，引种材料为茎段，长势良好。

华南植物园　引种号20123392，2012年引自福建，引种材料为植株，长势良好。

中国科学院植物研究所北京植物园　引种号2007-1302，2007年引自俄罗斯圣彼得堡科马洛夫植物研究所植物园，引种材料为茎段，长势良好。

上海辰山植物园　引种号20110236，2011年引自上海植物园，引种材料为植株，长势良好。

物候

厦门市园林植物园　温室内栽培，花期12月至翌年1月，果期2~3月。

华南植物园　温室内栽培，花期12月至翌年1月，果期2~3月。

中国科学院植物研究所北京植物园　温室内栽培，未见开花结果。

上海辰山植物园　温室内栽培，花期11月，未见结果。

迁地栽培要点

一般采用扦插繁殖，也可播种繁殖，但小苗生长缓慢。秋季至翌年春季为生长期，冬天注意保暖，夏季明显休眠，此时注意遮阴和节水，秋季宜翻盆。栽培基质宜选用富含腐殖质的腐叶土；注意防治介壳虫与红蜘蛛。

主要用途

园林观赏。

枝条　花蕾　花　花

161
绿羽苇

Rhipsalis elliptica G. Lindb. ex K. Schum., Fl. Bras. (Martius) 4 (2): 293. 1890.

植株

自然分布

原产巴西的米纳斯吉拉斯、里约热内卢、巴拉那、圣卡塔琳娜和圣保罗。我国常见栽培。

迁地栽培形态特征

附生植物；灌木状，长1～2m；茎3～4根丛生，生长不规则，下垂；茎叶状，扁平，宽，长圆形、倒卵形至椭圆形，长6～15cm，宽2.5～6cm，黄绿色或暗绿色，在干旱与强光环境下常呈紫红色，边缘收缩、波状或稍下凹成缺口。小窠小，具灰色毡毛，有时具刚毛。花着生于两侧，每个小窠生1～4朵，黄白色或白色，高9～11mm，直径12～20mm。果圆球形或长圆形，粉色或红色，直径3～4mm。

引种信息

厦门市园林植物园　引种号20101220，2010年引自日本，引种材料为茎段，长势良好。

华南植物园　引种号20150973，2015年引自福建，引种材料为植株，长势良好。

北京植物园　无引种编号，2003年引自上海，引种材料为植株，长势良好。

南京中山植物园　引种号NBG2007F-176，2007年引自福建漳州，引种材料为植株，长势良好。

上海辰山植物园　引种号20110226，2011年引自上海植物园，引种材料为植株，长势良好。

物候

厦门市园林植物园　温室内栽培，花期1～2月，果期2～3月。

华南植物园　温室内栽培，花期1～2月，果期2～3月。

北京植物园　温室内栽培，未见开花结果。

南京中山植物园　温室内栽培，花期5～6月，未见结果。

上海辰山植物园　温室内栽培，未见开花结果。

迁地栽培要点

一般采用扦插繁殖，也可播种繁殖，但小苗生长缓慢。秋季至翌年春季为生长期，冬天注意保暖，冬末春初开花，夏季明显休眠，此时注意遮阴和节水；秋季宜翻盆，栽培基质宜选用富含腐殖质的腐叶土；注意防治介壳虫。

主要用途

园林观赏。

植株、果

植株

162
竹节苇

Rhipsalis ewaldiana Barthlott & N. P. Taylor, Bradleya 13: 66. 1995.

植株

花、花蕾

自然分布

原产巴西南部的里约热内卢。我国各地栽培。

迁地栽培形态特征

附生植物；小灌木状，多少下垂；茎肉质，两型，初时绿色，在干旱或强光照的条件下，呈紫红色；初生茎节四棱形，无限生长，长60cm，直径4~5mm；次生茎节大多三棱形，较短，长3~6cm。小窠较稀，具细刺，嫩枝的小窠处带有明显的紫红色。花单生，着生于次生茎节末端，白色或粉白色，直径14~20mm。果圆球形，直径约8mm，粉色或红色。

引种信息

厦门市园林植物园　引种号20101221，2010年引自日本，引种材料为茎段，长势良好。

华南植物园　引种号20123408，2012年引自福建，引种材料为植株，长势良好。

上海辰山植物园　引种号20110234，2011年引自上海植物园，引种材料为茎段，长势良好。

物候

厦门市园林植物园　温室内栽培，花期1月，未见结果。

华南植物园　温室内栽培，花期1月，未见结果。

上海辰山植物园　温室内栽培，花期10~11月，未见结果。

迁地栽培要点

栽培宜用腐殖土，应适当遮阴，在半阴半阳的光线下生长更佳，冬季保持10℃以上气温。习性强健，较之窗之梅，夏季休眠不明显，适应性强。扦插或播种繁殖。

　　园林观赏。

植株　　　　　　　植株　　　　　　　枝条

花　　　　　　　　植株　　　　　　　植株

开花植株

163

麦秸苇

Rhipsalis floccose Salm-Dyck ex Pfeiff., Enum. Diagn. Cact. 134. 1837.

植株

自然分布

原产巴西。世界各地栽培。我国南北各地栽培。

迁地栽培形态特征

附生或岩生植物；小灌木，植株初时直立，后变下垂，多分枝，不规则生长；茎节肉质，圆柱形，分枝多，具有二次至三次分枝，较光滑柔软，长15～35cm，粗2～4mm，绿色，有时带有红色或紫色，表面具鳞片状的叶。小窠较稀，内凹，被绵毛，无刚毛。花着生于侧面，绿白色或乳白色，直径约6～8mm。果圆球形，通常聚集在幼嫩茎的尾梢，成熟时紫红色。

引种信息
厦门市园林植物园 引种号20101222，2010年引自日本，引种材料为茎段，长势良好。
华南植物园 引种号20123405，2012年引自福建，引种材料为植株，长势良好。

物候
厦门市园林植物园 温室内栽培，花期12月，果期翌年1月。
华南植物园 温室内栽培，花期12月，果期翌年1月。

迁地栽培要点
一般采用扦插繁殖，也可播种繁殖，但小苗生长缓慢。秋季至翌年春季为生长期，冬天注意保暖，夏季明显休眠，此时注意遮阴和节水，秋季宜翻盆。栽培基质宜选用富含腐殖质的腐叶土；注意防治介壳虫与红蜘蛛。

主要用途
园林观赏。

果

164

大苇

Rhipsalis grandiflora Haw., Suppl. Pl. Succ. 83. 1819.

植株

自然分布

原产巴西的里约热内卢、巴拉那、圣卡塔琳娜和圣保罗。我国各地栽培。

迁地栽培形态特征

附生植物或岩生植物；灌木状，多分枝，枝条单歧分离或二歧分枝，生长无规则，有的成螺旋状，下垂，长达1m；茎肉质，圆柱形，光滑，绿至暗绿色，有的带紫红色；茎节长10~25cm，粗1~3cm，节上易生气根。小窠较稀，嫩枝的小窠处有明显的紫红色晕点，稍突出，不下凹，具细刺。花多数，侧生，乳白色或黄绿色，长9~12mm，直径达20mm，花被片卵形或长圆形，顶端钝；雄蕊多数，花药白色；柱头多裂。果圆球形，白色或红色。

引种信息

　　厦门市园林植物园　引种号20101223，2010年引自日本，引种材料为茎段，长势良好。

　　华南植物园　引种号20123399，2012年引自福建，引种材料为植株，长势良好。

　　中国科学院植物研究所北京植物园　引种号2006-2954，2006年引自俄罗斯圣彼得堡科马洛夫植物研究所植物园，引种材料为茎段，长势良好；引种号2007-2189，2007年引自俄罗斯圣彼得堡科马洛夫植物研究所植物园，引种材料为茎段，长势良好。

　　北京植物园　无引种编号，2003年引自上海，引种材料为茎段，长势良好。

物候

　　厦门市园林植物园　温室内栽培，花期4月，未见结果。

　　华南植物园　温室内栽培，花期4月，未见结果。

　　中国科学院植物研究所北京植物园　温室内栽培，花期3月，果期4月。

　　北京植物园　温室内栽培，未见开花结果。

迁地栽培要点

　　一般采用扦插繁殖，也可播种繁殖，但小苗生长缓慢。秋季至翌年春季为生长期，冬天注意保暖，夏季明显休眠，此时注意遮阴和节水，秋季宜翻盆。栽培基质宜选用富含腐殖质的腐叶土；注意防治介壳虫与红蜘蛛。习性强健，较之窗之梅，夏季休眠不明显，适应性强。

主要用途

　　园林观赏。

花

165
番杏柳

别名: 青柳、女仙苇

Rhipsalis mesembryanthemoides Haw., Saxifrag. Enum. 71. 1821.

植株

植株

自然分布

原产南美洲,我国各地栽培。

迁地栽培形态特征

附生植物或岩生植物;小灌木,初时直立,后多少下垂,多分枝;茎肉质,两型,在主茎长枝上密生短枝,长枝圆柱形,长10~20cm,主茎1~2mm,木质化;短枝圆柱形,念珠状,长7~15mm,直径2~4mm,绿色。小窠较密,每个小窠具3~6根毛细刺。花着生于短枝的两侧,白色,长约8mm,直径约15mm;花被片卵圆形,顶端尖;雄蕊8~15枚,花药白色;柱头5~7裂。浆果圆球形,乳白色,直径3~4mm;花被片宿存;种子褐色。

引种信息

厦门市园林植物园 引种号20101224,2010年引自日本,引种材料为茎段,长势良好。

中国科学院植物研究所北京植物园 引种号1958-10102,1958年引种,引种地、引种材料不详,植株在“文革”时期遗失;引种号2005-3472,2005年引自福建厦门市园林植物园,引种材料为茎段,长势良好;引种号2006-2958,2006年引自俄罗斯圣彼得堡科马洛夫植物研究所植物园,引种材料为茎段,长势良好。

南京中山植物园 引种号NBG2007F-175,2007年引自福建漳州,引种材料为植株,长势良好。

上海辰山植物园 引种号20102438,2010年引自上海植物园,引种材料为植株,已死亡。

厦门市园林植物园　温室内栽培，花期2～3月，果期4～5月。

中国科学院植物研究所北京植物园　温室内栽培，未见开花结果。

南京中山植物园　温室内栽培，未见开花结果。

上海辰山植物园　温室内栽培，未见开花结果。

迁地栽培要点

一般采用扦插繁殖，也可播种繁殖，但小苗生长缓慢。秋季至翌年春季为生长期，冬天注意保暖，夏季明显休眠，此时注意遮阴和节水，秋季宜翻盆。栽培基质宜选用富含腐殖质的腐叶土；注意防治介壳虫与红蜘蛛。习性强健，较之窗之梅，夏季休眠不明显，适应性强。

主要用途

园林观赏。

166
露之舞

别名： 春柳

Rhipsalis micrantha (Kunth) DC., Prodr. [A. P. de Candolle] 3: 476. 1828.

植株

植株

自然分布

原产南美洲的哥斯达黎加、委内瑞拉、厄瓜多尔和秘鲁。我国各地栽培。

迁地栽培形态特征

附生植物；小灌木状，植株较为粗壮，多少两型；分枝多，具有二次至三次分枝；茎肉质，三棱形，扁平，表面光滑，较薄而窄；老茎有时呈4~6棱；黄绿色；每个茎节间长15~35cm，宽3~5mm，节上生有气根。小窠较稀，具1~4根小刚毛。花单生于茎的两侧，绿白色，长3mm，直径6mm。果圆球形，直径1~2mm，通常结于老熟的茎上，成熟后呈白色或带红色。

引种信息

厦门市园林植物园　引种号20101225，2010年引自日本，引种材料为茎段，长势良好。

华南植物园　引种号20123407，2012年引自福建，引种材料为植株，长势良好。

中国科学院植物研究所北京植物园　引种号2007-2195，2007年引自俄罗斯圣彼得堡科马洛夫植物研究所植物园，引种材料为茎段，长势良好。

上海辰山植物园　引种号20171731，2017年引自门德斯，引种材料为茎段，长势良好。

物候

厦门市园林植物园　温室内栽培，花期3~4月，果期7~8月。

华南植物园　温室内栽培，花期3~4月，果期7~8月。

中国科学院植物研究所北京植物园　温室内栽培，花期12月，果期翌年1月。

上海辰山植物园　温室内栽培，未见开花结果。

迁地栽培要点

一般采用扦插繁殖，也可播种繁殖，但小苗生长缓慢。秋季至翌年春季为生长期，冬天注意保暖，夏季明显休眠，此时注意遮阴和节水，秋季宜翻盆。栽培基质宜选用富含腐殖质的腐叶土；注意防治介壳虫与红蜘蛛。习性强健，较之窗之梅，夏季休眠不明显，适应性强。

主要用途

园林观赏。

167
悬铃木仙人棒

Rhipsalis occidentalis Barthlott & Rauh, Kakteen And. Sukk. 38: 17, figs. 1987.

植株

自然分布

原产秘鲁北部、厄瓜多尔和苏里南。我国偶见栽培。

迁地栽培形态特征

附生植物；小灌木状，多分枝，长约1m。茎肉质，扁平，叶片状，倒卵形，长10～20cm，宽1.5～3cm，黄绿色或暗绿色，基部收缩，边缘波纹状或牙齿状。小窠很小，有灰色毡毛或无毛。花侧生，通常单朵生于小窠上，白色或黄白色，长和直径9～10mm。果长圆形，成熟时白色。

引种信息

厦门市园林植物园 引种号20101226，2010年引自日本，引种材料为茎段，长势良好。

物候

厦门市园林植物园 温室内栽培，花期2～3月，未见结果。

迁地栽培要点

一般采用扦插繁殖，也可播种繁殖，但小苗生长缓慢。秋季至翌年春季为生长期，冬天注意保暖，夏季明显休眠，此时注意遮阴和节水，秋季宜翻盆。栽培基质宜选用富含腐殖质的腐叶土；注意防治介壳虫与红蜘蛛。

主要用途

园林观赏。

果

植株

168
星座之光

Rhipsalis pachyptera Pfeiff., Enum. Diagn. Cact. 132. 1837.

植株

自然分布

  原产巴西南部的里约热内卢、巴拉那、圣卡塔琳娜、南里奥格兰德和圣保罗，生于低海拔地区。我国各地栽培。

迁地栽培形态特征

附生植物或岩石植物；小灌木状，半直立或有时下垂；长达1m；多分枝；茎节扁平，叶片状，阔椭圆形或近圆形，长8～20cm，宽5～12cm，黄绿色，边缘有缺刻，中脉突出，侧脉明显。小窠具绵毛。花侧生，每小窠具1～3朵花，花黄色或白色，长达15mm，直径20～25mm，花被片卵形，顶端钝；雄蕊多数，花药白色。果圆球形至扁圆球形，红色。

引种信息

厦门市园林植物园　引种号20101227，2010年引自日本，引种材料为茎段，长势良好。

中国科学院植物研究所北京植物园　引种号1963-w0131，1963年引种，引种地、引种材料不详，植株在"文革"时期遗失；引种号2004-2680，2004年引自俄罗斯莫斯科总植物园，引种材料为茎段，长势良好；引种号2007-1303，2007年引自俄罗斯圣彼得堡科马洛夫植物研究所植物园，引种材料为茎段，长势良好。

上海辰山植物园　引种号20110221，2011年引自上海植物园，引种材料为植株，长势良好。

物候

厦门市园林植物园　温室内栽培，花期2～3月，未见结果。

中国科学院植物研究所北京植物园　温室内栽培，未见开花结果。

上海辰山植物园　温室内栽培，花期11月，未见结果。

迁地栽培要点

栽培宜用腐殖土，应适当遮阴，在半阴半阳的光线下生长更佳，冬季保持10℃以上气温。习性强健，夏季休眠不明显，适应性强。

主要用途

园林观赏。

植株

花、花蕾

169

玉柳

Rhipsalis paradoxa (Salm-Dyck ex Pfeiff.) Salm-Dyck, Cact. Hort. Dyck. ed. 1: 39; ed. 2: 59, 228. 1850.

植株

枝条

自然分布

原产巴西南部的里约热内卢、巴拉那、圣卡塔琳娜和圣保罗。我国各地常见栽培。

迁地栽培形态特征

附生植物；植株小灌木状，多分枝，分枝下垂，长可达5m；茎节短，长约5cm，棱3~4，棱不连续，呈之字形扭转，或呈3~8面的螺旋状，灰绿色。小窠生于棱的顶部，具绵毛，不具刚刺。花单生于个茎节的顶部，白色，长约20mm。果圆球形，白色或稍带粉色，成熟时粉红色。

引种信息

厦门市园林植物园　引种号20101228，2010年引自日本，引种材料为茎段，长势良好。

华南植物园　引种号20170101，2017年引自福建，引种材料为植株，长势良好。

中国科学院植物研究所北京植物园　引种号1958-10101，1958年引种，引种地、引种材料不详，植株在文革时期遗失；引种号1973-w1733，1973年引种，引种地、引种材料不详，已死亡；引种号2007-2185，2007年引自俄罗斯圣彼得堡科马洛夫植物研究所植物园，引种材料为茎段，长势良好。

南京中山植物园　引种号NBG2007F-172，2007年引自福建漳州，引种材料为植株，长势良好。

上海辰山植物园　引种号20110233，2011年引自上海植物园，引种材料为植株，长势良好。

物候

厦门市园林植物园　温室内栽培，花期3~4月，未见结果。

华南植物园　温室内栽培，花期3~4月，未见结果。

中国科学院植物研究所北京植物园　温室内栽培，未见开花结果。

南京中山植物园　温室内栽培，花期5~6月，未见结果。

上海辰山植物园　温室内栽培，未见开花结果。

迁地栽培要点

栽培与繁殖：夏季有短期休眠，此时应节制浇水；扦插繁殖，因短茎节侧面气根很多，一插即活。盆栽基质采用腐殖土。

主要用途

玉柳细长的下垂茎十分有趣，生长良好时犹如绿色的瀑布，可供吊挂盆栽观赏。

开花植株

枝条

植株

170
手钢绞

Rhipsalis pentaptera Pfeiff. ex A. Dietr., Allg. Gartenzeitung (Otto & Dietrich) 4: 105. 1836.

植株

植株

自然分布

原产巴西的里约热内卢。世界各地栽培。我国常见栽培。

迁地栽培形态特征

附生植物；植株小灌木状，多少直立，高35~40mm，分枝多，单生或2~3枝成束；茎肉质，轮廓圆柱状，茎节长7~12cm，直径6~15mm，具明显的棱，棱3~7，直或多少旋转，凹陷。小窠成排分布于棱脊的顶端，具短刺1~3根或无刺。花着生于茎节的顶部，单生或2~4朵成簇生于小窠上，白色或黄白色，长7~8mm；花被片卵形，顶端钝；雄蕊多数，花药白色；柱头3~4裂。果白色至粉红色。

引种信息

厦门市园林植物园　引种号20101229，2010年引自日本，引种材料为茎段，长势良好。

华南植物园　引种号20120711，2012年引自福建，引种材料为植株，长势良好。

南京中山植物园　引种号NBG2007F-177，2007年引自福建漳州，引种材料为植株，长势良好。

上海辰山植物园　引种号20110235，2011年引自上海植物园，引种材料为植株，长势良好；引种号20103043，2010年引自上海植物园，引种材料为植株，长势良好。

物候

厦门市园林植物园　温室内栽培，花期4~6月，未见结果。

华南植物园　温室内栽培，花期4~6月，未见结果。

南京中山植物园　温室内栽培，花期5～6月，未见结果。

上海辰山植物园　温室内栽培，花期4月，未见结果。

迁地栽培要点

夏季有短期休眠，此时应节制浇水；扦插繁殖，因短茎节侧面气根很多，一插即活。盆栽基质采用腐殖土。

主要用途

园林观赏。

植株　花、花蕾　枝条　植株　植株　花、花蕾　果　果

171

朝之霜

Rhipsalis pilocarpa Loefgr., Monatsschr. Kakt. 13: 52. 1903.

开花植株

自然分布

原产巴西米纳斯吉拉斯、圣埃斯皮里图、里约热内卢、圣保罗和巴拉那，地处热带雨林边缘地区，气候较湿润。植株附生在大树的树干、树桠、树洞之处，腐殖质较丰富，光线较弱。我国各地栽培。

迁地栽培形态特征

附生植物；小灌木状，分枝多，稠密，下垂，长10～25cm；茎肉质，圆柱形；茎节长4cm，直径6mm，纤细，顶端有时具螺旋状。小窠密布，绿色，有时带紫色，着生灰色至白色的刺，刺3～10根，浓密，刚毛状；短枝顶端有簇生的毛，干旱或强光照时，肉质茎易呈红色。花顶生，单朵，白色，喉部带紫红色，直径7～9mm；花被片长卵圆形，顶端渐尖；雄蕊多数，花药白色；柱头4～6裂。果球形，红色，外被小窠和宿存的花被片。

引种信息

    厦门市园林植物园   引种号20101230，2010年引自日本，引种材料为茎段，长势良好。

    华南植物园   引种号20150971，2015年引自福建，引种材料为植株，长势良好。

    中国科学院植物研究所北京植物园   引种号2006-2949，2006年引自俄罗斯圣彼得堡科马洛夫植物研究所植物园，引种材料为茎段，长势良好。

物候

    厦门市园林植物园   温室内栽培，花期2月，果期2月。

    华南植物园   温室内栽培，花期2月，果期2月。

    中国科学院植物研究所北京植物园   温室内栽培，未见开花结果。

迁地栽培要点

    栽培适用腐叶土，喜荫蔽湿润环境，冬季保持7℃以上，扦插繁殖。本种线状软枝十分婀娜，用花篮栽种吊挂于温室中，装饰效果佳。

主要用途

    园林观赏。

植株

果

花

仙人指属

Schlumbergera Lem., Rev. Hort. ser. 4, 7: 253. 1858.

附生或岩生肉质植物；茎通常二歧分枝，具节，老茎基部多少圆柱状，木质化；茎节扁平，叶片状，或具2～3翅，顶端多截形。小窠散生节上或生于肋齿的边缘，刺短，刚毛状或无刺。花从茎节顶端成簇生出，紫色，红色，有时橙黄色或白色，近辐射对称至明显的两侧对称，自交不育；花托圆形，具肋；花被裂片线形，开展或弯曲；雄蕊多数，内轮明显在基部合生成1个围着花柱的管，部分包住蜜腺室；花柱伸出；柱头裂片直立或靠合。浆果球形至倒圆锥形；种子肾形或半圆形，暗褐色，种皮光滑。

约7种，原产巴西。我国栽培3种，常见1种。

172
蟹爪兰

Schlumbergera truncata (Haw.) Moran, Gentes Herbarium 8: 329. 1953.

植株

自然分布

原产巴西。世界各地栽培。我国南北各地栽培，以温室栽培为主。

迁地栽培形态特征

附生灌木状植物，多分枝；老茎木质化；茎节扁平，叶片状，中间木质化部分明显凸起，倒卵形或长圆形，嫩绿色或在冬天多少带有紫红色，长3~8cm，宽1~4cm，边缘有2~4枚锐尖齿，顶端截形。小窠生于齿间腋内，具数条粗毛。花从幼嫩茎节顶端生出，不明显两侧对称，紫红色，红色或玫瑰红色，长6~9cm；外轮花被片花萼状，基部合生成短管，内轮花被片花瓣状，合生成长管状，外折或弯曲；雄蕊多数，花丝纤细，伸出花被片；花柱伸出，向上斜举。果球形，红色，直径约1cm；种子暗褐色，种皮光滑。

引种信息

厦门市园林植物园　引种记录不详，长势良好。

华南植物园　引种号**272129，引种时间不详，引自福建，引种材料为植株，长势良好。

中国科学院植物研究所北京植物园　引种号1949-0223，1949年引种，引种地、引种材料不详，植株在"文革"时期遗失；引种号1956-6215，1956年引种，引种地、引种材料不详，植株在"文革"时期遗失；引种号1962-w0277，1962年引种，引种地、引种材料不详，植株在"文革"时期遗失；引种号1974-w0406，1974年引种，引种地、引种材料不详，已死亡。

南京中山植物园　引种号NBG2007F-178，2007年引自福建漳州，引种材料为植株，长势良好。

龙海沙生植物园　引种号LH-173，1999年引自福建漳州，引种材料为植株，长势良好。

物候

厦门市园林植物园　温室内栽培，花期12月至翌年2月，未见结果。

华南植物园　温室内栽培，花期12月至翌年2月，未见结果。

中国科学院植物研究所北京植物园　温室内栽培，花期5月、11月至翌年1月，未见结果。

南京中山植物园　温室内栽培，花期2~3月，未见结果。

龙海沙生植物园　温室内栽培，花期6~8月，未见结果。

迁地栽培要点

盆栽，通常嫁接在量天尺（*Hylocereus undatus*）上。

主要用途

观赏花卉，有许多栽培品种。

茎节

植株

茎节

植株

花

花

植株

琥玉属

Sclerocactus Britton & Rose, Cactaceae, 3: 212. 1922.

埋地植物，植株单生，偶有丛生的；直根系；茎圆球形至圆柱形，少见顶端扁平，具瘤突或突出的棱。小窠多少突出，具蜜腺；中刺1～6根，颜色变化，有1或多根钩状，有时缺如；周刺2～11根，通常白色或灰色，有的黑色，直。花着生于茎的顶端，白天开花，短漏斗状或钟状，花被片和花被管光滑。果卵形、圆柱形、棍棒状或桶状，不裂或变干燥而开裂，花被宿存；种子阔卵形，褐色或黑褐色。

约11种7亚种，分布于美国南部和墨西哥北部。世界各地栽培，我国引种栽培2～3种，常见的有1种。

173

月之童子

Sclerocactus papyracanthus (Engelm.) N. P. Taylor, Bradleya 5: 94. 1987.

小窠、刺、花蕾

花

植株

植株

自然分布

原产美国新墨西哥州西部和亚利桑那州东北部。我国引种栽培。

迁地栽培形态特征

植株单生；茎肉质，细长，圆柱形，高2.5~7.5cm，直径1~2cm，暗绿色或灰绿色，几乎被刺覆盖；瘤突细长，乳头状至圆锥状，约2mm。小窠位于瘤突顶端；中刺1~4根，其中1根特别突出，白色或灰褐色，弯曲，纸质，扁平，盖住茎顶，长1~2mm；周刺6~8根，白色至灰色，坚硬，直，长约3mm。花钟形，长2~3mm，直径2~2.5mm，白色，外轮花被片带淡紫色到红棕色的中条纹，内轮花被片带棕色的中条纹。果近圆球形，绿色，长4~6mm，宽2~3mm，成熟时干燥，晒成褐色。

引种信息

厦门市园林植物园　引种号19650385，1965年引自日本，引种材料为植株，长势良好。
上海辰山植物园　引种号20112023，2011年引自福建漳州，引种材料为植株，长势良好
龙海沙生植物园　引种号LH-174，2006年引自广东广州，引种材料为种子，长势良好。

物候

厦门市园林植物园　温室内栽培，花期2~3月，未见结果。

上海辰山植物园　温室内栽培，未见开花结果。

龙海沙生植物园　温室内栽培，花期6月，果期7月。

迁地栽培要点

播种繁殖或扦插繁殖。喜阳光充足的环境。较耐寒，可以忍受−10℃低温。

主要用途

园林观赏。

CITES I 名单。

植株　植株　瘤突、小窠、刺

瘤突、小窠、刺　小窠、刺、花蕾

蛇鞭柱属

Selenicereus (A. Berger) Britton & Rose, Contrib. U. S. Natl. Herb. 12: 429. 1909.

附生或岩生灌木，蔓生或攀缘，气生根多数；茎纤细，长5m或更长；棱或翅2～12。小窠被短毛和细刺；刺短，刚毛状或毛发状，稀针状或无刺。花长12～40cm，直径4～8cm，漏斗状至高脚碟状，夜间开放；内轮花被片白色，外轮花被片黄色，粉红色至浅棕色；花被丝托及花被管被鳞片和柔毛，刚毛或刺毛。果球型或卵形，肉质，常红色，直径6～8cm，被刺；种子卵形或肾形，亮黑色。

约28种，分布于美国南部，墨西哥，加勒比海地区以及南美洲。世界各地引种栽培。我国引种栽培5～6种，常见栽培1种。

174
夜之女王

Selenicereus macdonaldiae (Hook.) Britton & Rose, Contr. U. S. Natl. Herb. 12: 430. 1909.

开花植株

花

花

自然分布

　　原产洪都拉斯和乌拉圭。世界各地栽培。我国南北各地引种栽培。

迁地栽培形态特征

　　植株攀缘或多少下垂，茎长8m，直径1~1.5cm，亮绿色，常有紫晕；棱5~7，具明显的扁平状瘤突，高2~3mm。小窠褐色，刺少，长2mm。花大，白色或灰乳白色，长30~36cm，直径22~26cm；

外轮花被片线状，红褐色、黄绿色至黄色，内轮花被片长倒卵形至剑形，白色；被丝托和花被管被鳞片、茸毛和刺；雄蕊多数，花丝黄绿色，花药黄色；雌蕊1枚，开放时伸出花冠外，花柱白色至淡黄色，柱头淡黄色，柱头裂片多数，丝状。果卵形，长8cm。

引种信息

厦门市园林植物园　引种记录不详，长势良好。

南京中山植物园　引种号NBG2007F-179，2007年引自福建漳州，引种材料为植株，长势良好。

物候

厦门市园林植物园　温室内栽培，花期6月，果期7～8月。

南京中山植物园　温室内栽培，花期6月，未见结果。

迁地栽培要点

一般选用扦插繁殖。亦可播种繁殖。夏型种。生性强健，喜半遮阴及潮润的环境；对土壤要求不严，种植选用富含有机质砂壤土；生长季节可酌情加大浇水量以促生长，冬季保持土壤干燥；抗性强，病虫害少见。

主要用途

园林观赏。

植株　植株　花　花

花　植株　花蕾

多棱球属

Stenocactus (K. Schum.) A. W. Hill. Index Kewensis, suppl. 8: 228. 1933.

　　植株小型，生长缓慢，常丛生，近球形或短圆柱形；棱多数，棱脊窄且尖，常呈波状，幼苗时期偶具瘤突。小窠着生于棱脊上，量少，零星分布，刺直立或向上弯曲，不形成钩状；中刺粗大，呈匕首状，向上弯曲；周刺较短，辐射状。花小，短漏斗状至钟状；花被片白色，中脉浅棕色或紫罗兰色；花被丝托被鳞片，被丝托及花被片外小窠裸露。果小，常呈球状，灰绿色，略被鳞片，干燥，单侧开裂；种子宽卵形，亮黑褐色，表面凹陷。

　　约10种，主要分布于墨西哥中北部的奇瓦瓦沙漠中。世界各地栽培。我国引种栽培4~5种，常见的有3种。

多棱球属分种检索表

175

龙剑丸

Stenocactus coptonogonus (Lem.) A. Berger, Kakteen (Berger) 346. 1929.

植株

植株

自然分布

原产墨西哥的萨卡特卡斯州、圣路易斯波托西州、瓜纳华托州、伊达尔戈州、哈利斯科州，生长在半荒漠地区的火山岩或石灰岩土壤中。世界各地栽培。我国南北栽培。

迁地栽培形态特征

植株单生或紧密丛生；茎球形或扁球形，高5～10cm，直径7～15cm，蓝绿色至绿色，被白色蜡粉；棱10～15，棱脊粗壮，高可达1.5cm，宽约5mm，在小窠着生处常出现横向隔断，偶呈瘤突状；棱脊呈宽波状，宽可达5mm以上。小窠间距2cm，沿棱脊分布；新生小窠被白色绵毛，成熟后脱落；生殖小窠偶被花蜜腺，中刺3根，向上弯卷，宽扁平状，新刺淡红褐色至浅黄色，具横向条纹及褐色尾尖，老刺灰色，长35～50mm；周刺常2根，垂直向上弯曲；偶有最下层刺2根，细且短，圆柱状，辐射排列。花近顶生，长约3cm，直径约4cm，花被片多数，线形或长圆形，尖端急尖，白色至淡粉红色，中脉紫罗兰色；花被管短，被薄鳞片；雄蕊多数，花药黄色；柱头多裂。果小，球形。

引种信息

厦门市园林植物园　引种记录不详，长势良好。

华南植物园　引种号20170501，2017年引自福建，引种材料为植株，长势良好。

北京植物园　引种号C037，2001年引自美国，引种材料为植株，长势良好；无引种编号，2017年引自上海，引种材料为植株，长势良好。

龙海沙生植物园　引种号LH-176，2000年引自上海，引种材料为植株，长势良好。

物候

厦门市园林植物园　温室内栽培，花期4月，果期5～6月。

华南植物园　温室内栽培，花期4月，果期5～6月。

北京植物园　温室内栽培，未见开花结果。

龙海沙生植物园　温室内栽培，花期10～12月，果期12月至翌年2月。

迁地栽培要点

一般播种繁殖为主，亦可嫁接繁殖。本种喜光，生长强健，盛夏适当遮阴有利生长。栽培基质要求选用排水性好、透气性强的石灰质土壤，盆栽亦可选用赤玉土。水分管理应适当控制，生长季节酌情给水，冬季保持盆土干燥；病虫害防治重点以介壳虫为主。

主要用途

观赏。

花　花　小窠、刺、棱

176

振武玉

Stenocactus multicostatus (Hildm. ex K. Schum.) A. Berger '**Lloydii**', Kakteen 245, 346. 1929.

植株

开花植株

自然分布

原种多棱玉（*S. multicostatus*）产自墨西哥杜兰戈州、科阿韦拉州及奇瓦瓦沙漠，生长在干旱地区的高山草甸、荒漠中。世界各地栽培。我国常见栽培。

迁地栽培形态特征

植株常单生，偶有分枝；茎扁球形至圆柱形，高可达6cm，直径约10cm，亮绿色至灰绿色，顶端被白色细绵毛及少量小刺，常较平；棱多数，常50~120，偶有棱可达150，棱脊薄且锋利，折叠成波状，脊间具窄沟，紧密排列，在着生小窠处会具宽波状；每棱上仅具1小窠，偶有2~4，新生小窠被白色毡毛；中刺3~4根，偶2根，最上层中刺极为扁平，乳白色至黄铜色，纸质，向上弯曲，长可达5cm，基部宽约3mm；下层中刺四角形，长约3cm，向下平展；周刺4~6根，偶9根，白色透明状，直立或略微弯卷。花长约2.5cm，花被管短，花被片白色、粉紫色或紫罗兰色，偶有黄色；春季开的花具淡紫色或紫罗兰色中脉；雄蕊多数；雌蕊1枚，柱头裂片棒状。

引种信息

　　厦门市园林植物园　引种号19650346，1965年引自日本，引种材料为植株，长势良好；引种号2012494，2012年引自北京，引种材料为植株，长势良好。

　　中国科学院植物研究所北京植物园　引种号1976-w0499，1976年引种，引种地、引种材料不详，已死亡。

　　北京植物园　引种号C041，2001年引自美国，引种材料为植株，长势良好；无引种编号，2017年引自上海，引种材料为植株，长势良好。

　　上海辰山植物园　引种号20112031，2011年引自福建漳州，引种材料为植株，长势良好；引种号20161363，2016年引自上海西萍园艺，引种材料为植株，长势良好。

　　龙海沙生植物园　引种号LH-177，2006年引自上海，引种材料为植株，长势良好。

物候

　　厦门市园林植物园　温室内栽培，花期4月，未见结果。

　　中国科学院植物研究所北京植物园　温室内栽培，花期果期未记录。

　　北京植物园　温室内栽培，未见开花结果。

　　上海辰山植物园　温室内栽培，未见开花结果。

　　龙海沙生植物园　温室内栽培，花期10～12月，果期12月至翌年2月。

迁地栽培要点

　　一般播种繁殖为主，亦可嫁接繁殖。本种喜光，生长强健，盛夏适当遮阴有利生长。栽培基质要求选用排水性好、透气性强的石灰质土壤，盆栽亦可选用赤玉土。水分管理应适当控制，生长季节酌情给水，冬季保持盆土干燥；病虫害防治重点以介壳虫为主。

主要用途

　　另有不少品种，最常见的有千波万波（ *S. multicostatus* 'Elegans'）。

花

177
秋阵营

Stenocactus vaupelianus (Werderm.) F. M. Knuth, Kaktus-ABC [Backeb. & Knuth] 355. 1936.

植株

小窠、刺、花

自然分布

原产墨西哥伊达尔戈州。世界各地栽培。我国引种栽培。

迁地栽培形态特征

植株常单生；茎近球形，高7～11cm，直径7～9cm，暗绿色，被白色蜡粉，茎顶端被白色绵毛，密被小刺；棱30～40，棱脊薄，波状。小窠零星分布于棱脊上，初生小窠大，圆形，被白色毡毛。中刺1～2根，直立或略向上弯曲，锋利，新刺黑褐色，老刺红褐色，长可达7cm；周刺15～25根，白色透明状，针形，直立或略弯曲，辐射状排列，长1～1.5cm。花顶生，漏斗状，长约2cm，花被片乳白色至黄灰色，基部黄绿色，中脉颜色较深；雄蕊多数，花药黄色；雌蕊1枚，柱头裂片棒状，淡黄色。

引种信息

厦门市园林植物园　引种号03383，2003年引自日本种植场，引种材料为植株，长势良好。

华南植物园　引种号20171367，2017年引自福建，引种材料为植株，长势良好。

中国科学院植物研究所北京植物园　引种号1974-w0212，1974年引种，引种地、引种材料不详，已死亡。

北京植物园　无引种编号，2017年引自上海植物园，引种材料为植株，长势良好。

上海辰山植物园　引种号20122043，2012年引自上海植物园，引种材料为植株，长势良好。

龙海沙生植物园　引种号LH-178，1997年引自福建漳州，引种材料为植株，长势良好。

物候

厦门市园林植物园　温室内栽培，花期未记录，未见结果。

华南植物园　温室内栽培，花期未记录，未见结果。

中国科学院植物研究所北京植物园　温室内栽培，花期果期未记录。

北京植物园　温室内栽培，未见开花结果。

上海辰山植物园　温室内栽培，未见开花结果。

龙海沙生植物园　温室内栽培，花期10～11月，果期12月至翌年1月。

迁地栽培要点

一般播种繁殖为主，亦可嫁接繁殖。本种喜光，生长强健，盛夏适当遮阴有利生长。栽培基质要求选用排水性好、透气性强的石灰质土壤，盆栽亦可选用赤玉土。水分管理应适当控制，生长季节酌情给水，冬季保持盆土干燥；病虫害防治重点以介壳虫为主。

主要用途

园林观赏。

常见栽培品种有：雪溪丸（*S. vaupelianus* 'Albatus'），中刺黄褐色至黄白色，花被黄色。

新绿柱属

Stenocereus (A. Berger) Riccob., Boll. R. Ort. Palermo 8: 253. 1909.

  乔木状或灌木，茎肉质，圆柱状，通常具分枝，有时上升或匍匐，有的具主干，暗绿色或灰绿色；棱数条；有瘤突或无。小窠明显，被茸毛；具刺。花通常着生于茎的中上部，夜间开花，漏斗状或钟形。花被片外生小窠，具刺。果圆球形或卵形，多少肉质，初为绿色，成熟后变紫红或粉红色，表皮具刺；种子黑色，卵形，中间凹陷，光滑。

  约23种。原产美国西南部、墨西哥、中美洲、加勒比地区、委内瑞拉和哥伦比亚。世界各地常见栽培，我国常见栽培2种。

新绿柱属分种检索表

178
朝雾阁

Stenocereus pruinosus (Otto ex Pfeiff.) Buxb., Bot. Stud. 12: 101. 1961.

植株

自然分布

　　原产墨西哥的塔毛利帕斯、韦拉克鲁斯、普埃布拉、瓦哈卡和恰帕斯。世界各地栽培。我国常见栽培。

迁地栽培形态特征

　　乔木，通常有明显的主干，高4~5m，松散或具很多分枝；茎肉质，圆柱形，灰绿色或暗绿色，直径8~12cm；棱5~8，高，边缘波状。小窠生于棱上，中刺1~4根，长约为3cm，周刺5~9根，长约2cm；刺初时红色，逐渐变银白色或灰白色，刺端黑色。花着生于小窠内，白色，漏斗形，直径约8cm；花托、花被管紫红色，外轮花被片粉色，内轮花被片白色；雄蕊多数，花药黄色。果圆形，初为绿色，成熟后变紫红色，直径3~5cm，表皮具小窠，小窠被白色绵毛，具刺6~12根，刺初时红褐色，后变灰褐色；成熟时开裂，果肉紫红色，种子多，卵形，中间凹陷，通常1~2mm，黑色有光泽。

引种信息

　　厦门市园林植物园　引种记录不详，长势良好。

　　华南植物园　引种号20082115，2008年引自福建，引种材料为植株，长势良好。

　　中国科学院植物研究所北京植物园　引种号2005-3165，2005年引自福建龙海，引种材料为植株，长势良好；引种号2018-1174，2018年引自福建龙海，引种材料为植株，长势良好。

　　北京植物园　引种记录不详，长势良好。

　　南京中山植物园　引种号NBG2007F-190，2007年引自福建漳州，引种材料为植株，长势良好。

　　上海辰山植物园　引种号20102660，2010年引自上海浦东，引种材料为植株，长势良好；引种号20161215，2016年引自美国，引种材料为植株，长势良好；引种号20102449，2010年引自上海植物园，引种材料为植株，长势良好。

　　龙海沙生植物园　引种号LH-179，1997年引自福建漳州，引种材料为植株，长势良好。

物候

　　厦门市园林植物园　温室内栽培，花期5～9月，果期翌年1～5月；露地栽培，花期5～9月，果期翌年1～5月。

　　华南植物园　温室内栽培，花期5～9月，果期翌年1～5月；露地栽培，花期5～9月，果期翌年1～5月。

　　中国科学院植物研究所北京植物园　温室内栽培，未见开花结果。

　　北京植物园　温室内栽培，未见开花结果。

　　南京中山植物园　温室内栽培，未见开花结果。

　　上海辰山植物园　温室内栽培，未见开花结果。

　　龙海沙生植物园　露地栽培，花期8～9月，果期10～11月。

迁地栽培要点

　　扦插繁殖为主，亦可播种繁殖。夏型种。本种生性强健，喜强光，较耐干旱，也耐贫瘠，适合露地栽培。对土壤要求不严，种植选用砂壤土。生长季节可酌情加大浇水量以促生长，冬季保持土壤干燥；抗逆性与适应性强，病虫害防治主要重视介壳虫。

主要用途

　　园林观赏，也用于做嫁接砧木，果实可食用。

花蕾

花

花

花、果

果

小窠、刺、花蕾

花

果实开裂

果实

179

茶柱

别名： 大王阁

Stenocereus thurberi (Engelm.) Buxb., Bot. Stud. 12: 101. 1961.

自然分布

原产美国的亚利桑那和墨西哥的下加利福尼亚。世界各地栽培。我国常见栽培。

迁地栽培形态特征

大型灌木或乔木状，无主干，分枝多，高1~8m；茎肉质，直立，柱状，直径5~20cm，深绿色，老株变暗绿色。棱12~19，棱端尖，高2cm。小窠生于棱上，黑褐色，中刺1~3根，长2~5cm，周刺7~11根，长约2~4cm，刺褐色或亮黑色。花着生于茎上部的小窠内，白色，夜间开放，延续到第二天，花托、花被管和外轮花被片绿色，内轮花被片白色。果圆球形，初为绿色，成熟后变紫红色，表皮具小窠，小窠被白色的绵毛，具刺6~8根，成熟时开裂；种子多，黑色有光泽。

引种信息

厦门市园林植物园 引种记录不详，长势良好。

华南植物园 引种号20082116，2008年引自福建，引种材料为植株，长势良好。

中国科学院植物研究所北京植物园 引种号2018-1175，2018年引自福建龙海，引种材料为植株，长势良好。

北京植物园 引种记录不详，长势良好。

上海辰山植物园 引种号20102971，2010年引自美国，引种材料为植株，长势良好；引种号20102450，2010年引自上海植物园，引种材料为植株，长势良好。

龙海沙生植物园 引种号LH-180，1999年引自福建漳州，引种材料为植株，长势良好。

物候

厦门市园林植物园 温室内栽培，未见开花结果；露地栽培，未见开花结果。

华南植物园 温室内栽培，未见开花结果；露地栽培，未见开花结果。

中国科学院植物研究所北京植物园 温室内栽培，未见开花结果。

北京植物园 温室内栽培，未见开花结果。

上海辰山植物园 温室内栽培，未见开花结果。

龙海沙生植物园 露地栽培，未见开花结果。

迁地栽培要点

扦插繁殖为主，亦可播种繁殖。夏型种。本种生性强健，喜强光，较耐干旱，也耐贫瘠，适合露地栽培。对土壤要求不严，种植选用砂壤土。生长季节可酌情加大浇水量以促进生长，冬季保持土壤干燥。抗逆性与适应性强，病虫害防治主要重视介壳虫。

主要用途

园林观赏，果实可食用。

近卫柱属

Stetsonia Britton & Rose, Cactaceae (Britton & Rose), 2: 64. 1920.

乔木状肉质植物，多分枝，分枝直立或上升；茎肉质，柱状或棍棒状，不分节，坚硬，粗壮，蓝绿色；棱8~9，肥厚，多少圆锯齿状。小窠着生于棱上，具刺；中刺1根，周刺7~9根，直或锋利。花着生于植株中上部，夜间开花，开花至第二天，自花授粉，漏斗状，开展，白色或粉红色，长12~15cm，有香味。果圆球状至卵圆形，绿色，具红色条纹，被鳞片，花被片宿存；种子小，褐色至黑色。

180

近卫柱

Stetsonia coryne (Salm-Dyck) Britton & Rose, Cactaceae 2: 64, pl. 9. 1920.

植株

植株

自然分布

原产阿根廷、玻利维亚、巴拉圭。现世界各地栽培。我国南方常见栽培。

迁地栽培形态特征

乔木状，高可达10m，具主干，主干上生出多根直立或上升的分枝；茎圆柱形，不分节，高5～8m，直径9～10cm，蓝绿色；棱8～9。小窠着生于棱上，被白色绵毛，刺黄色，变黑色，坚硬，笔直锋利，中刺1根，长约8cm；周刺7～9根，长5～10cm。花着生于植株中上部，晚间开花，延续至白天，漏斗状，白色或粉红色，长宽12～15cm；花被管和花被片被散生鳞片；雄蕊多数，花药黄褐色；柱头裂片12～15。果卵圆形，绿色，成熟时红色，被鳞片，花被片掉落。

引种信息

厦门市园林植物园　引种记录不详，长势良好。

华南植物园　引种号20082117，2008年引自福建，引种材料为植株，长势良好。

中国科学院植物研究所北京植物园　引种号2005-3391，2005年引种自福建龙海，引种材料为植株，长势良好。

北京植物园 引种记录不详，长势良好。

上海辰山植物园 引种号20110623，2011年引自美国，引种材料为植株，长势良好；引种号20102452，2010年引自上海植物园，引种材料为植株，长势良好；引种号20161217，2016年引自美国，引种材料为植株，长势良好。

龙海沙生植物园 引种号LH-181，1999年引自福建漳州，引种材料为植株，长势良好。

物候

厦门市园林植物园 温室内栽培，花期7月，未见结果。

华南植物园 温室内栽培，花期7月，未见结果。

中国科学院植物研究所北京植物园 温室内栽培，未见开花结果。

北京植物园 温室内栽培，未见开花结果。

上海辰山植物园 温室内栽培，花期6~7月，未见结果。

龙海沙生植物园 露地栽培，花期8月，果期10月。

迁地栽培要点

播种、扦插或嫁接繁殖。较耐盐碱，喜阳光充足，干燥通风气候。25℃为最佳生长温度。生长季节要求阳光充足，排水良好。主要病虫害为介壳虫。

主要用途

观赏。

小窠、瘤突、刺

植株

花

花

菊水属

Strombocactus Britton & Rose, Cactaceae, 3: 106. 1922.

植株低矮，单生，偶有群生；茎圆盘形、球形或螺旋状，顶端具茸毛；瘤突呈螺旋形，不规则排列，暗灰绿色。小窠被茸毛，不久脱落；每个小窠有刺1～5根，刺直立，灰白色，顶端较暗，通常早落。花顶生，短漏斗状，暗黄色、白色至粉紫色，喉部红色；鳞片少量，绿色或带红色；雄蕊多数；花柱顶端分裂。果卵圆形，红褐色至绿色，纵裂，裂片2～4片；种子小，近圆球形，褐色，表面有光泽；种脐基生，种阜大。

2种，分布于墨西哥的中部地区。世界各地常见栽培，我国引种1种，南北各地温室常见栽培。

181

菊水

Strombocactus disciformis (DC.) Britton & Rose, Cactaceae (Britton & Rose) 3: 106. 1922.

植株

自然分布

分布于墨西哥，生于海拔1000～1600m的几近垂直的岩壁上。我国南北各地栽培。

迁地栽培形态特征

植株低矮，生于地下，单生，偶有群生；茎扁平至半球形，顶端中部具茸毛，高2～12cm、直径2.5～9cm，无棱；瘤突排列成覆瓦状，多少呈角状，上部扁平，下部龙骨状，暗灰绿色，长5～7mm，宽6～12mm，厚3～7mm。小窠着生于瘤突的顶端，每个小窠有刺1～4根，刺直立，顶端暗灰色，基部灰白色，早落。花顶生，短漏斗状，暗黄色至白色，喉部红色，直径2～3.2cm；花被片外面具鳞片，鳞片有的发育成花被片的一部分；雄蕊多数；柱头黄色，5～8裂。果卵圆形，红褐色至绿色，花被片宿存，成熟时半肉质，纵裂；种子小，近圆球形，褐色，表面有光泽，种阜大。

引种信息

厦门市园林植物园 引种号19650382，1965年引自日本，引种材料为植株，长势良好；引种号

03339，2003年引自北京花乡，引种材料为植株，长势良好；引种号20180640，2018年引自福建漳州，引种材料为植株，长势良好。

　　华南植物园　　引种号20170528，2017年引自福建，引种材料为植株，长势良好。

　　中国科学院植物研究所北京植物园　　引种号2005-3213，2005年引自福建龙海，引种材料为植株，长势良好。

　　北京植物园　　引种号20173145，2017年引自上海，引种材料为植株，长势良好。

　　南京中山植物园　　引种号NBG2015M-40，2015年引自墨西哥，引种材料为植株，长势良好。

　　上海辰山植物园　　引种号20112249，2011年引自北京，引种材料为植株，已死亡。

　　龙海沙生植物园　　引种号LH-182，1999年引自福建漳州，引种材料为植株，长势良好。

物候

　　厦门市园林植物园　　温室内栽培，花期3月，果期4~5月。

　　华南植物园　　温室内栽培，花期3月，果期4~5月。

　　中国科学院植物研究所北京植物园　　温室内栽培，花期4月，未见结果。

　　北京植物园　　温室内栽培，未见开花结果。

　　南京中山植物园　　温室内栽培，花期4月，未见结果。

　　上海辰山植物园　　温室内栽培，未见开花结果。

　　龙海沙生植物园　　温室内栽培，花期5~7月，果期7~9月。

迁地栽培要点

　　一般播种繁殖为主，亦可嫁接繁殖。本种喜光，生长缓慢，盛夏适当遮阴有利生长。对栽培基质要求较严，宜选用排水性好、透气性强的石灰质土壤，盆栽亦可选用赤玉土。水分管理应适当控制，生长季节酌情给水，冬季保持盆土干燥；病虫害重点防治介壳虫。

主要用途

　　园林观赏。

　　濒危物种，CITES附录I名单。

植株

缀化

瘤突、小窠、刺

瘤玉属

Thelocactus (K. Schum.) Britton & Rose, Bull. Torrey Bot. Club 49: 251. 1922.

植株单生或丛生；成年植株具主根；茎肉质，圆球形，老株呈圆柱形；棱7~20，明显或不明显，垂直或螺旋状，或分化成瘤突；瘤突圆形、圆锥形或乳头状。小窠生于瘤突上，圆形至长圆形，有明显的凹槽，有的具蜜腺；刺直，偶见弯曲，中刺0~5根，直立、周刺0~25根，辐射状。花着生于新生瘤突顶端，白天开花，漏斗状，颜色多样，红色、白色或黄色，花被管被鳞片。果短圆柱形，表面密布鳞片，初为绿色，成熟后变紫红色，多少干燥，成熟后开裂；种子黑色，豌豆状，有疣状隆起，具花纹。

约12种，分布美国和墨西哥。欧洲、亚洲引种栽培。我国各地常见栽培4种。

瘤玉属分种检索表

182
大统领

别名： 赤眼玉、两色玉

Thelocactus bicolor (Galeotti ex Pfeiff.) Britton & Rose, Bull. Torrey Bot. Club 49: 251. 1922.

植株

植株

自然分布

原产墨西哥和美国的沙漠。欧洲、美洲、亚洲栽培。我国各地常见栽培。

迁地栽培形态特征

植株通常单生，偶见丛生的；茎肉质，球形或伸长成圆柱形，高可达2～35cm，直径2～18cm，绿色、黄绿色至灰绿色；棱8～13，分化成瘤突。小窠着生于瘤突上，有沟纹，中刺1～4根，长1～8cm，直立针状或稍微向内弯曲；周刺8～15根，长1～3cm，刺红色、白色至紫红色，直立。花着生于茎的顶部或近顶部，紫色或者玫红色，具白色的金属光泽，微香，长3.5～7cm，直径5～11cm，漏斗状，花被片线形，外翻，顶端钝。果圆柱形，黄褐色或绿褐色，长7～17mm，直径6～12mm，被绵毛及刺状鳞片，成熟时干燥开裂；种子直径1～2mm，黑色有光泽。

引种信息

厦门市园林植物园 引种记录不详，长势良好。

华南植物园 引种号20170467，2017年引自福建，引种材料为植株，长势良好。

中国科学院植物研究所北京植物园 引种号1979-w0466，1979年引种，引种地、引种材料不详，长势良好。

北京植物园 引种记录不详，长势良好。

南京中山植物园 引种号NBG2007F-197，2007年引自福建漳州，引种材料为植株，长势良好。

上海辰山植物园 引种号20161229，2016年引自美国，引种材料为植株，长势良好；引种号20102454，2010年引自上海植物园，引种材料为植株，长势良好。

龙海沙生植物园 引种号LH-183，2002年引自福建漳州，引种材料为植株，长势良好。

物候

厦门市园林植物园　温室内栽培，花期4~7月，果期6~9月。

华南植物园　温室内栽培，花期4~7月，果期6~9月。

中国科学院植物研究所北京植物园　温室内栽培，花期5~6月，未见结果。

北京植物园　温室内栽培，花期8月，未见结果。

南京中山植物园　温室内栽培，未见开花结果。

上海辰山植物园　温室内栽培，花期4月及6月，未见结果。

龙海沙生植物园　温室内栽培，花期6~7月，果期8~9月。

迁地栽培要点

以播种繁殖为主。喜阳光充足，冬季宜冷凉并保持干燥。生长季节在春夏秋季，可太阳直射。

主要用途

园林观赏。

183
天晃

Thelocactus hexaedrophorus (Lem.) Britton & Rose, Bull. Torrey Bot. Club 49: 251. 1922.

自然分布

原产墨西哥。欧洲、美洲、亚洲有栽培。我国各地有见栽培。

迁地栽培形态特征

植株通常单生，茎肉质，球形或扁球形；高3~10cm，直径8~20cm，绿色、灰白色、灰绿色或暗绿色，成株略带粉红色或紫色；棱8~13，分化成瘤突。小窠着生于瘤突顶端，椭圆形，长4~13mm，中刺0~3根，直立，针状，辐射状，长1~3cm，褐色或浅灰色，略带红色或紫色；周刺3~7根，直或弯曲，不等长，长1~6cm，淡黄色或白色，中部或下部红色或棕色，具环纹。花顶生，漏斗状，白色，淡粉红色至粉红色，具淡红色中脉，直径4~10cm；花柱黄白色，柱头裂片7。果圆柱形，黄绿色，长7~12mm，直径7~9mm，外面被绵毛及鳞片，成熟时开裂；种子少，黑色有光泽，长1~2mm，宽1~1.5mm。

引种信息

厦门市园林植物园　引种号20180642，2018年引自福建漳州，引种材料为植株，长势良好。

华南植物园　引种号20104549，2010年引自福建漳州，引种材料为植株，长势良好。

北京植物园　引种记录不详，长势良好。

上海辰山植物园　引种号20112115，2011年引自上海西萍园艺，引种材料为植株，长势良好。

龙海沙生植物园　引种号LH-184，2002年引自福建漳州，引种材料为植株，长势良好。

物候

厦门市园林植物园　温室内栽培，花期4~7月，未见结果。

华南植物园　温室内栽培，花期4~7月，未见结果。

北京植物园　温室内栽培，未见开花结果。

上海辰山植物园　温室内栽培，未见开花结果。

龙海沙生植物园　温室内栽培，花期6~7月，果期8~9月。

迁地栽培要点

以播种繁殖为主。喜阳光充足，冬季宜冷凉并保持干燥。厦门地区夏季正午需适当遮阴，冬季保持5~10℃最佳。

主要用途

园林观赏。

花

开花植株

植株

184
鹤巢丸

别名： 狮子头

Thelocactus rinconensis (Poselg.) Britton & Rose, Cactaceae 4: 7. 1923.

自然分布

原产墨西哥，在旱生灌木丛生的奇瓦瓦沙漠中广泛分布。欧洲、美洲、亚洲有栽培。我国各地有见栽培。

迁地栽培形态特征

植株单生，茎球形或扁球形；高5~15cm，宽10~15cm。浅灰色或绿色，有时略带紫色；棱20~30，分化为较大的圆锥状瘤突，瘤突向顶端拉长，顶部扁平，长1~3cm，宽0.5~2cm，高0.8~2cm。小窠生于瘤突顶部，圆形，无蜜腺；通常具刺，偶见无刺；中刺0~4根，长6cm，周刺0~5根，直立至放射状，长1~3cm，刺基部棕黑色，向上渐变灰白色或灰色、褐色或黄色。花着生于茎的顶部，浅橙红色或白色，喉部呈淡黄色，或呈淡黄色或洋红色，有深色的中脉，漏斗状，长3~5cm，直径2~7cm。果球形或椭圆形，淡绿色或淡黄色，直径7~9mm，外面具鳞片；种子长1~2mm，宽0.5~1mm。

引种信息

厦门市园林植物园 引种号03384，2003年引自日本种植场，引种材料为植株，长势良好。

华南植物园 引种号20170452，2017年引自福建，引种材料为植株，长势良好。

上海辰山植物园 引种号20161235，2016年引自美国，引种材料为植株，长势良好；引种号20102455，2010年引自上海植物园，引种材料为植株，长势良好。

龙海沙生植物园 引种号LH-185，2006年引自广东广州，引种材料为种子，长势良好。

物候

厦门市园林植物园 温室内栽培，花期4月，未见结果。

华南植物园 温室内栽培，花期4月，未见结果。

上海辰山植物园 温室内栽培，花期5~6月，未见结果。

龙海沙生植物园 温室内栽培，花期6~7月，果期8~9月。

迁地栽培要点

主要用播种与分株繁殖。有较强的耐寒性，较耐贫瘠，喜欢干燥通风气候，喜欢微酸性土壤。

主要用途

园林观赏。

植株

花

花

瘤突、小窠、刺

花

植株

植株

185
龙王球

别名： 左旋右旋

Thelocactus setispinus (Engelm.) E. F. Anderson, Bradleya 5: 59. 1987.

自然分布

原产墨西哥。欧洲、美洲、亚洲栽培。我国各地有见栽培。

迁地栽培形态特征

植株单生，偶见丛生的，罕见分生形成大的群生；茎球形或圆柱形，高7～30cm，直径5～15cm，绿色、黄绿色、灰绿色或墨绿色；棱12～15，多少倾斜或扭曲呈螺旋状，棱薄、高，边缘波状，宽1～2mm，高14～18mm。小窠生于棱上，5～9mm，宽2～3mm，相互间隔约20mm；中刺1～3根，褐色、黄白色到红色，直立，钩状，长1～3cm；周刺9～17根，纤细，辐射状，长4～5cm，白色、褐色或灰褐色。花着生于顶部，黄色或橙黄色，喉部红色，漏斗状，长4～7cm，直径3～4cm，内轮花被片长圆形，尖锐；柱头裂片浅黄色到白色。果椭圆形，肉质，初为绿色，成熟后变橙红色，长1～2cm，直径1～1.5cm，表面有鳞，不开裂；种子长1～2mm，直径0.5～1mm。

引种信息

厦门市园林植物园　引种记录不详，长势良好。

华南植物园　引种号20104363，2010年引自福建漳州，引种材料为植株，长势良好。

南京中山植物园　引种号NBG2007F-196，2007年引自福建漳州，引种材料为植株，长势良好。

上海辰山植物园　引种号20122134，2012年引自上海植物园，引种材料为植株，长势良好。

龙海沙生植物园　引种号LH-186，1997年引自福建漳州，引种材料为植株，长势良好。

物候

　　厦门市园林植物园　温室内栽培，花期4～6月，果期6～7月。

　　华南植物园　温室内栽培，花期4～6月，果期6～7月。

　　南京中山植物园　温室内栽培，未见开花结果。

　　上海辰山植物园　温室内栽培，花期4月，未见结果。

　　龙海沙生植物园　温室内栽培，花期5～10月，果期7～12月。

迁地栽培要点

　　主要用播种与分株繁殖。有较强的耐寒性，较耐贫瘠，喜干燥通风气候，喜微酸性土壤。

主要用途

　　园林观赏。

果　　　　植株　　　　植株

植株　　　　花　　　　花

尤伯球属

Uebelmannia Buining, Succulenta (NL) 46: 159. 1967.

　　植株单生，通常不分生子球；茎球形、椭圆形至圆柱形；绿色、灰绿色、暗褐色、红褐色、红色或紫红色；棱13～40，棱直或分化成瘤突状。小窠具毡毛，毡毛会随年龄增长而脱落；中刺发达，每个小窠着生2～7根，直或稍弯曲，褐色、黑色、淡灰绿色或银灰色；无周刺。花着生于茎的顶端，白天开花，漏斗状；花被管具浓密的褐色或白色的长毛和刚毛，具鳞片；花被片卵形，绿色或黄色；雄蕊多数，花丝、花药、柱头淡黄色。浆果球形、梨形至圆柱形，黄色、紫红色或红色，近顶端具刚毛；种子帽状或龙骨状，黑色或红褐色，具光泽。

　　3种，原产于巴西米纳斯吉拉斯州。被列为保护植物。世界各地栽培，我国引种2种，常见栽培的1种。

186
栉刺尤伯球

Uebelmannia pectinifera Buining, Natl. Cact. Succ. J. 22: 86, figs. 1967.

花、果　　　　植株

自然分布

原产巴西米纳斯吉拉斯州迪亚曼蒂纳山东北海拔650～1350m的干燥岩石区、岩石裂隙或平坦地区。美洲、欧洲、亚洲有栽培。我国南北各地栽培。

迁地栽培形态特征

植株单生，茎肉质，圆柱形，高可达50cm或以上，直径10～15cm；绿色、灰绿色、红色、红褐色或紫红色，在光线较强的地方容易变红色；棱13～40，棱直，顶端尖，高0.5cm，宽0.5～0.7cm。小窠生于棱上，直径约2mm，紧密排列，间隔小于3mm，沿棱两侧形成一条几乎连续的毡状线；小窠具灰色或褐色毡毛，随植株年龄增长而脱落；中刺1～4根，长0.5～2cm，淡灰绿色、深褐色或近黑色；刺直，栉齿状排列，经常交错；无周刺。花着生于球体顶端或近顶端，白天开花，细长漏斗形，长0.8～2cm，直径0.5～1cm；花被管约0.8cm，被三角状鳞片、白色长毛和刚毛；花被片卵形，淡黄色、浅红色或绿色；雄蕊多数，花丝淡黄色，花药黄色，柱头裂片7～8。果实梨形至圆柱形，粉红色或红色，长1.5～2.5cm，宽0.5～0.8cm；种子龙骨状，长1～2mm，宽1～1.5mm；褐色，具光泽。

引种信息

厦门市园林植物园　引种记录不详，长势良好。

华南植物园　引种号20104555，2010年引自福建漳州，引种材料为植株，长势良好。

中国科学院植物研究所北京植物园　引种号2005-3170，2005年引自福建龙海，引种材料为植株，长势良好。

北京植物园　引种记录不详，长势良好。

南京中山植物园　引种号NBG2007F-199，2007年引自福建漳州，引种材料为植株，长势良好。

上海辰山植物园　引种号20152189，2015年引自美国，引种材料为植株，长势良好；引种号20110669，2011年引自美国，引种材料为植株，长势良好；引种号20102460，2010年引自上海植物园，引种材料为植株，长势良好。

龙海沙生植物园　引种号LH-187，2002年引自福建漳州，引种材料为植株，长势良好。

物候

厦门市园林植物园　温室内栽培，花期2~4月，果期4~5月。

华南植物园　温室内栽培，花期2~4月，果期4~5月。

中国科学院植物研究所北京植物园　温室内栽培，未见开花结果。

北京植物园　温室内栽培，未见开花结果。

南京中山植物园　温室内栽培，花期5月，未见结果。

上海辰山植物园　温室内栽培，花期3月，未见结果。

龙海沙生植物园　温室内栽培，花期11月至翌年1月，果期翌年1~3月。

迁地栽培要点

播种或嫁接繁殖。夏型种，习性强健，喜欢温暖潮湿气候，喜疏松透水种植基质。夏季是生长期，可适当多浇水，应注意通风，强阳时植株也需要轻微遮阳；7~9月高温期半遮阳通风养护。冬季尽量少水，干透给水。主要病虫害为介壳虫及红蜘蛛危害。

主要用途

园林观赏。

花

棱、小窠、刺、花

植株

花

花

花

小窠，棱，刺

名词解释

1. 根（root）：通常位于地下，不长叶、不分节的植物轴性器官。大多仙人掌科植物具有非常长而纤细的须根（fibrous roots），由粗细相近、无主次之分的根组成的根系，有助于植物在尽可能大的面积内吸收水分。

2. 块根（tuberoid）：与块茎相似的加厚的根，部分仙人掌科植物具块根，可储存水分和养分。

3. 气生根（aerial root）：源于地上枝条的根，常见于攀缘和附生仙人掌种类，有助于植物快速吸收雨水，并提供吸附作用，固定植株。

4. 茎（stem）：通常位于地上，着生有节、芽和叶的轴性器官。仙人掌科植物的茎常肉质，圆柱形、球形、侧扁状或叶片状，可储存大量水分；常含叶绿素，代替叶片进行光合作用。

5. 子球（sub-global）：球状或柱状仙人掌萌发的分枝，是仙人掌科植物重要的无性繁殖方式。

6. 主干（trunk）：乔木、小乔木，以及树状、烛台状仙人掌分枝以下的主茎。

7. 节（joint）：茎上着生叶或枝的部位，仙人掌科植物的茎常具节，是棱的起点和终点。

8. 棱（rib）：茎上隆起于表面的纵向主脉，可视为瘤突合生而成的结构。仙人掌科植物手风琴般的棱结构，可在不改变植物表面积的前提下，尽可能多地在雨季吸收储存水分。

9. 瘤突（tubercle）：指小块囊状膨大或突起，由棱分化而成，瘤突上常被小窠。

10. 瘤腋（tubercle axil）：茎轴与瘤突之间形成的呈向上夹角的部位，部分仙人掌科植物瘤腋处着生刺或毛结构。

11. 乳汁（latex）：植株体内乳状非透明汁液，部分仙人掌科植物的茎干或瘤突内含乳汁。

12. 黏液（mucilage）：植株体内的透明状胶质黏液体，部分仙人掌科植物的茎干或瘤突内含黏液。

13. 小窠（areola）：带刺的垫状物，是仙人掌科植物特有的一种器官，本质上是极度缩短的茎，几乎所有毛、刺、叶、侧芽以及花芽都着生于此。

14. 刺（spine）：从表皮下发出的尖细且硬的结构，是变态的叶或托叶。仙人掌科植物的刺往往较长，形状不一，颜色各异，是仙人掌科植物分类的一个重要依据，有学者认为这种刺是变态的叶。

15. 中刺（central spine）：位于小窠中央的刺，常与周刺有明显区别。

16. 周刺（radial spine）：又称边缘刺，是生长在小窠边缘的刺，其形状与颜色与中刺有明显区别。

17. 梳齿状刺（pectinately spine）：着生小窠表面，严格向两侧水平生长的刺。

18. 钩刺（glochid）：非常细小的，长满微小倒钩的针刺，常见于仙人掌亚科。

19. 刚毛（bristle）：硬的短毛或毛状结构。

20. 绵毛（wool）：缠结的长软毛。

21. 毡毛（manicate）：具有厚的相互交织的柔毛。

22. 丛卷毛（floccose）：具有成丛的长柔而缠结的毛，如星球属（*Astrophytum*）。

23. 生殖小窠（flower-bearing areola）：着生花芽的小窠，部分仙人掌科植物的生殖小窠在外形上会与普通的小窠有较明显的区别。

24. 花座（cephalium）：生殖小窠的一种变型。某些仙人掌科植物达到开花年龄后，茎顶（顶生花座）或茎两侧（侧生花座）会出现一个由生殖小窠组成的镶嵌帽状物。花座密布刚毛、茸毛或绵毛，外形上会比原来柱状茎粗很多。真花座在生花之前就已存在。

25. 假花座（pesdocephalium）：与花座相似，由生殖小窠组成，是小花着生之处，但生殖小窠常能清楚可见，不具明显镶嵌状区域。假花座与花一同出现。

26. 花（flower）：植物的生殖部分，仙人掌科植物的花除了木麒麟亚科外均无花梗，具花托、小窠、子房、花被、雄蕊及雌蕊。

27. 两侧对称（zygomorphous）：也称左右对称，通过结构中央仅有一个平面能将其分成互为镜像的两部分。

28. 辐射对称（radiate）：从中心点向四周辐射的结构，通过结构中央的任意一平面都能将其分成互为镜像的两部分。

29. 花托（receptacle）：着生花器官的花梗部分，通常情况下，雌蕊、雄蕊及花被片均着生于此。

30. 被丝托（pericarpel）：仙人掌科的特殊花结构之一，由花托的部分、花被、雄蕊基部共同形成，花被片与花丝均着生于其上，其外部或裸露，或具鳞片、小窠、刺、毛等结构。

31. 花被管（floral tube）：仙人掌科的特殊花结构之一，由部分花托与子房合生，并向上延伸成筒状，其内部无花丝着生，其外部或裸露，或具鳞片、小窠、刺、毛等结构。

32. 花被片（perianth flat）：仙人掌科植物无明显的花冠、花萼之分，因此，将二者统称花被片。位置靠外的称为外轮花被片；位置较为靠里的称为内轮花被片。

33. 雄蕊（stamen）：花的雄性生殖器官，由花药和花丝组成，着生与花中心位置，花药可产生花粉。

34. 花丝（filament）：雄蕊中支撑花药的柄。

35. 花药（anther）：雄蕊顶端产生花粉的膨大部位，仙人掌科植物的花药常基部着生，2药室平行，纵裂。

36. 雌蕊（pistil）：花的雌性生殖器官，由柱头、花柱和子房构成。

37. 子房（ovary）：雌蕊膨大的基部，内含胚珠。

38. 花柱（style）：雌蕊中连接柱头和子房的部分。

39. 柱头（stigma）：雌蕊接受花粉的部位，仙人掌科植物的柱头常有裂，柱头裂片常呈丝状或棒状。

40. 鳞片（scale）：在仙人掌花的下位子房中，长花托上的鳞片状变态叶。

41. 果实（fruit）：成熟的子房及与其相连并伴随其成熟的其他结构。

42. 浆果（berry）：由单枚雌蕊发育而成的肉质果实，具有几个或多个种子。仙人掌科植物果实常肉质多汁，颜色鲜亮，吸引鸟类等传播者取食。

43. 种子（seed）：成熟的胚珠，包含种皮、子叶、胚乳和胚。仙人掌科植物胚通常弯曲，稀直伸；胚乳存在或缺失；子叶叶状扁平至圆锥状。

44. 假种皮（aril）：长在种脐上或其周围的附属物，是种皮的加厚部分，如仙人掌属 *Opuntia*。

参考文献
References

艾里希·葛茨，格哈德·格律那，威力·库尔曼，2007. 仙人掌大全——分类、栽培、繁殖及养护[M]. 丛明才，付天海，覃红波，等译. 沈阳：辽宁科学技术出版社.

陈恒彬，2015. 香港植物志[M]. 香港：香港特别行政区政府渔农自然护理署，中国科学院华南植物园：201-204.

成雅京，赵世伟，揣福文，2008. 仙人掌及多肉植物赏析与配景[M]. 北京：化学工业出版社.

高蕴璋，2000. 广东植物志[M]. 广州：广东科技出版社.

胡启明，2015. 澳门植物志[M]. 澳门：澳门特别行政区民政总署园林绿化部，中国科学院华南植物园.

黄献胜，2003. 奇趣的仙人掌类变异[M]. 北京：中国农业出版社.

李振宇，1981. 我国仙人掌科植物的主要栽培种类[J]. 广西植物，1(4)：35-42.

李振宇，1984. 我国仙人掌科植物的主要栽培种类[J]. 广西植物，4(3)：215-221.

李振宇，1984. 中国植物志[M]. 北京：科学出版社，52(1)，272-285.

李振宇，2017. 深圳植物志[M]. 北京：中国林业出版社.

林秦文，2018. 中国栽培植物名录[M]. 北京：科学出版社.

王成聪，陈恒彬，李乌金，等，2009. 厦门地区露地栽培多肉植物的种类筛选及其园林应用研究[J]. 亚热带植物科学，(4)：69-73.

王成聪，2014. 仙人掌与多肉植物大全[M]. 武汉：华中科技大学出版社.

吴征镒，2006. 云南植物志[M]. 北京：科学出版社.

谢维荪，王成聪，2018. 中国多肉植物图鉴——仙人掌科[M]. 福州：海峡出版发行集团.

徐民生，谢维荪，1994. 室内花卉——仙人掌类及多肉植物[M]. 北京：中国经济出版社.

张永田，1989. 福建植物志[M]. 福州：福建科学技术出版社.

佐藤勉，2000. 原色サボテン事典[M]. 陽光社印刷株式会社.

Li Zhenyu, Nigel P. Taylor, 2007 . Flora of China[M], Vol. 13, Science Press, China andmissour Btanical Garden Press, USA.

Edward F. Anderson, 2001. The Cactus Family[M]. Timber Press, USA.

Joel Lode, 2015. Toxonomy of the Cactaceae. The new classification of Cactimainly based onmolecular data and explained[M]. Vol.1-2, TODOGRAF, Spain.

David Hunt, 1999. C.I.T.E.S Cactaceae Checklist second edition[M]. Remous Limited,milborne Port, England.

David Hunt, 2006. The New Cactus Lexicon[M]. Remous Limited,milborne Port, England.

附录1 相关植物园栽培仙人掌科植物种类统计表

序号	中名	属名	学名	厦门园	华南园	植物所	北京园	南京园	辰山园	龙海园
1	黑牡丹	岩牡丹属	*Ariocarpus kotschoubeyanus* (Lem.) K. Schum.	√		√		√		√
2	岩牡丹	岩牡丹属	*Ariocarpus retusus* Scheidw.	√	√	√			√	√
3	兜	星球属	*Astrophytum asterias* (Zucc.) Lem.	√	√	√			√	√
4	瑞凤玉	星球属	*Astrophytum capricorne* (A. Dietr.) Britton & Rose	√	√	√	√	√	√	√
5	美杜莎	星球属	*Astrophytum caput-medusae* (Velazco & Nevárez) D. R. Hunt	√	√			√		√
6	鸾凤玉	星球属	*Astrophytum myriostigma* Lem.	√	√	√	√	√	√	√
7	般若	星球属	*Astrophytum ornatum* (DC.) Britton & Rose	√	√	√	√	√	√	√
8	将军	圆柱团扇属	*Austrocylindropuntia subulata* (Muehlenpf.) Backeb.	√	√	√		√	√	√
9	翁团扇	圆柱团扇属	*Austrocylindropuntia vestita* (Salm-Dyck) Backeb.	√	√					√
10	花笼	皱棱球属	*Aztekium ritteri* (Bödeker) Bödeker ex A. Berger	√	√	√				√
11	松露玉	松露玉属	*Blossfeldia liliputana* Werderm.	√						√
12	佛塔柱	青铜龙属	*Browningia hertlingiana* (Backeb.) Buxb.	√						
13	巨人柱	巨人柱属	*Carnegiea gigantea* (Eegelm.) Britton & Rose	√		√				√
14	翁柱	翁柱属	*Cephalocereus senilis* (Haw.) Pfeifler	√		√				
15	鬼面角	天轮柱属	*Cereus hildmannianus* K. Schum. subsp. *uruguayanus* (R. Kiesling) P. Taylor	√	√	√		√		√
16	残雪	天轮柱属	*Cereus spegazzinii* F. A. C. Weber.	√				√	√	
17	凌云阁	管花柱属	*Cleistocactus baumannii* (Lem.) Lem.	√	√	√				√
18	白闪	管花柱属	*Cleistocactus hyalacanthus* (K. Schum.) Rol.-Goss.	√			√		√	√
19	黄刺山吹雪	管花柱属	*Cleistocactus morawetzianus* Backeb.	√						√
20	吹雪柱	管花柱属	*Cleistocactus strausii* (Heese.) Backeb.	√		√		√	√	√
21	金钮	管花柱属	*Cleistocactus winteri* D. R. Hunt	√		√	√	√		√
22	黑王丸	龙爪玉属	*Copiapoa cinerea* (Philippi) Britton & Rose	√		√				√
23	象牙丸	菠萝球属	*Coryphantha elephantidens* (Lem.) Lem.	√						√
24	魔象	菠萝球属	*Coryphantha maiz-tablasensis* Fritz Schwarz ex Backeb.	√	√	√	√		√	√
25	巨象丸	菠萝球属	*Coryphantha pycnacantha* (Mart.) Lem.	√		√				√
26	寿盘玉	圆盘玉属	*Discocactus horstii* Buining & Bred. ex Buining	√	√					√
27	蜘蛛丸	圆盘玉属	*Discocactus zehntneri* Britton & Rose	√	√					√
28	令箭荷花	姬孔雀属	*Disocactus ackermannii* (Haw.) Ralf Bauer						√	√
29	鼠尾掌	姬孔雀属	*Disocactus flagelliformis* (L.) Barthlott	√	√	√	√	√		√
30	金琥	金琥属	*Echinocactus grusonii* Hildm.	√	√	√	√	√	√	√
31	大平丸	金琥属	*Echinocactus horizonthalonius* Lem.	√					√	√
32	绫波	金琥属	*Echinocactus texensis* Hopffer	√	√			√	√	√
33	宇宙殿	鹿角柱属	*Echinocereus knippelianus* Liebm.	√	√		√	√	√	√

（续）

序号	中名	属名	学名	厦门园	华南园	植物所	北京园	南京园	辰山园	龙海园
34	三光丸	鹿角柱属	*Echinocereus pectinatus* (Scheidw.) Engelm.	√	√	√	√	√	√	√
35	美花角	鹿角柱属	*Echinocereus pentalophus* (DC.) H. P. Kelsey & Dayton	√		√	√	√	√	√
36	多刺虾	鹿角柱属	*Echinocereus polyacanthus* Engelm.	√	√				√	√
37	银纽	鹿角柱属	*Echinocereus poselgeri* Lem.	√	√				√	√
38	擢墨	鹿角柱属	*Echinocereus reichenbachii* (Terscheck ex Walpers) Hort ex F. Haage subsp. *fitchii* (Britton & Rose) N. P. Taylor	√	√		√	√		√
39	太阳	鹿角柱属	*Echinocereus rigidissimus* (Engelm.) Engelm. ex F. Haage subsp. *rubispinus* (G. Frank & A. B. Lau) N. P. Taylor	√	√	√	√	√	√	√
40	鬼见城	鹿角柱属	*Echinocereus triglochidiatus* Engelm. 'Inermis'	√	√				√	√
41	青花虾	鹿角柱属	*Echinocereus viridiflorus* Engelm.	√			√	√	√	√
42	光虹丸	海胆球属	*Echinopsis arachnacantha* (Buining & F. Ritter) H. Friedrich	√	√					√
43	湘阳丸	海胆球属	*Echinopsis bruchii* (Britton & Rose) H. Friedrich & Glaetzle	√	√		√			√
44	白坛	海胆球属	*Echinopsis chamaecereus* H. Friedrich & Glaetzle	√		√	√	√	√	
45	短毛丸	海胆球属	*Echinopsis eyriesii* (Turpin) Pfeiff. & Otto	√	√				√	√
46	阳盛球	海胆球属	*Echinopsis famatimensis* (Speg.) Werderm.	√	√				√	
47	仁王丸	海胆球属	*Echinopsis rhodotricha* K. Schum.	√	√				√	√
48	鹰翔阁	海胆球属	*Echinopsis tacaquirensis* (Vaupel) Friedrich & G. D. Rowley	√						√
49	北斗阁	海胆球属	*Echinopsis terscheckii* (Parm.) Friedrich & Rowley	√	√		√	√	√	
50	黑凤	海胆球属	*Echinopsis thelegona* (F. A. C. Weber) Friedrich & G. D. Rowley	√			√			√
51	昙花	昙花属	*Epiphyllum oxypetalum* (DC.) Haw.	√	√	√	√	√		√
52	月世界	月世界属	*Epithelantha micromeris* (Engelmann) F. A. C. Weber ex Britton & Rose	√	√	√	√	√	√	√
53	五百津玉	极光球属	*Eriosyce aurata* (Pfeiff.) Backeb.	√	√		√			√
54	银翁玉	极光球属	*Eriosyce senilis* (Pfeiff.) Katt.	√	√				√	√
55	白焰柱	角鳞柱属	*Escontria chiotilla* (F. A. C. Weber) Rose	√						
56	老乐	老乐柱属	*Espostoa lanata* (Kunth) Britton & Rose	√	√	√			√	√
57	幻乐	老乐柱属	*Espostoa melanostele* (Vaupel) Borg	√					√	√
58	越天乐	老乐柱属	*Espostoa mirabilis* F. Ritter	√	√	√			√	√
59	金冠龙	强刺球属	*Ferocactus chrysacanthus* (Orcutt) Britton & Rose	√	√		√	√	√	√
60	江守玉	强刺球属	*Ferocactus emoryi* (Engelm.) Orcutt	√	√		√	√	√	√
61	王冠龙	强刺球属	*Ferocactus glaucescens* (DC.) Britton & Rose	√	√		√	√	√	√
62	大虹	强刺球属	*Ferocactus hamatacanthus* (Muehlenpf.) Britton & Rose subsp. *sinuatus* (Dietr.) N. P. Taylor	√	√					√
63	文鸟丸	强刺球属	*Ferocactus histrix* (DC.) G. E. Linds.	√	√		√	√	√	√
64	日出丸	强刺球属	*Ferocactus latispinus* (Haw.) Britton & Rose	√			√	√		√

（续）

序号	中名	属名	学名	厦门园	华南园	植物所	北京园	南京园	辰山园	龙海园
65	赤城	强刺球属	*Ferocactus macrodiscus* (Mart.) Britton & Rose	√	√	√			√	√
66	巨鹫玉	强刺球属	*Ferocactus peninsulae* (F. A. C. Weber) Britton & Rose var. *townsendianus* (Britton & Rose) N. P. Taylor	√	√	√	√	√	√	√
67	赤凤	强刺球属	*Ferocactus pilosus* (Galeotti ex Salm-Dyck) Werderm.	√	√	√	√	√	√	√
68	勇壮丸	强刺球属	*Ferocactus robustus* Britton & Rose	√	√					√
69	黄彩玉	强刺球属	*Ferocactus schwarzii* G. E. Linds.	√		√		√		√
70	翠晃玉	裸萼球属	*Gymnocalycium anisitsii* (K. Schum.) Britton & Rose	√	√	√		√		√
71	绯花玉	裸萼球属	*Gymnocalycium baldianum* (Speg.) Speg.	√		√				√
72	罗星丸	裸萼球属	*Gymnocalycium bruchii* (Speg.) Hosseus	√	√	√		√		√
73	瑞云丸	裸萼球属	*Gymnocalycium mihanovichii* (Frič ex Gürke) Britton & Rose	√	√	√		√		√
74	云龙	裸萼球属	*Gymnocalycium monvillei* Pfeiff. ex Britton & Rose	√	√	√				√
75	春秋之壶	裸萼球属	*Gymnocalycium ochoterenae* Backeb. subsp. *vatteri* (Buining) Papsch	√						√
76	莺鸣玉	裸萼球属	*Gymnocalycium pflanzii* (Vaupel) Werderm.	√		√		√		√
77	龙头	裸萼球属	*Gymnocalycium quehlianum* (F. Haage ex Quehl) Vaupel ex Hosseus	√	√			√	√	√
78	新天地	裸萼球属	*Gymnocalycium saglionis* (Cels) Britton & Rose	√	√	√	√	√	√	√
79	光琳玉	裸萼球属	*Gymnocalycium spegazzinii* Britton & Rose subsp. *cardenasianum* (F. Ritter) Kiesling & Metzing	√	√			√		√
80	凤头	裸萼球属	*Gymnocalycium stellatum* Speg.	√	√	√				√
81	新桥	卧龙柱属	*Harrisia martinii* (Labour.) Britton	√		√		√		√
82	落花之舞	念珠掌属	*Hatiora rosea* (Lagerheim) W. Barthlott	√						
83	猿恋苇	念珠掌属	*Hatiora salicornioides* (Haw.) Britton & Rose	√		√		√	√	
84	量天尺	量天尺属	*Hylocereus undatus* (Haw.) Britton & Rose	√	√	√	√	√		√
85	碧塔柱	碧塔柱属	*Isolatocereus dumortieri* (Scheidw.) Backeb.							
86	光山	光山属	*Leuchtenbergia principis* Hook.	√	√	√	√	√	√	√
87	乌羽玉	乌羽玉属	*Lophophora williamsii* (Lem. ex Salm-Dyck) J. M. Coult.	√	√	√	√	√	√	√
88	白鹭	乳突球属	*Mammillaria albiflora* (Werderm.) Backeb.	√						
89	希望丸	乳突球属	*Mammillaria albilanata* Backeb.	√	√			√	√	√
90	芳香玉	乳突球属	*Mammillaria baumii* Backeb.	√	√					√
91	高砂	乳突球属	*Mammillaria bocasana* Poselg.	√						√
92	丰明丸	乳突球属	*Mammillaria bombycina* Quehl	√		√	√		√	√
93	嘉文丸	乳突球属	*Mammillaria carmenae* Castañeda	√		√				√
94	白龙丸	乳突球属	*Mammillaria compressa* DC.	√						√
95	白云丸	乳突球属	*Mammillaria crucigera* Martius	√	√		√		√	√
96	琴丝丸	乳突球属	*Mammillaria decipiens* Scheidw. subsp. *camptotricha* (Dams) D. R. Hunt	√	√		√	√	√	√

（续）

序号	中名	属名	学名	厦门园	华南园	植物所	北京园	南京园	辰山园	龙海园
97	金手球	乳突球属	*Mammillaria elongata* DC.	√		√	√	√	√	√
98	白玉兔	乳突球属	*Mammillaria geminispina* Haw.	√	√	√	√	√	√	√
99	丽光殿	乳突球属	*Mammillaria guelzowiana* Werderm.	√		√	√		√	√
100	玉翁	乳突球属	*Mammillaria hahniana* Werderm.	√	√	√	√	√	√	√
101	白鸟	乳突球属	*Mammillaria herrerae* Werderm.	√	√			√	√	√
102	春星	乳突球属	*Mammillaria humboldtii* Ehrenb.	√	√	√	√	√		√
103	白绢丸	乳突球属	*Mammillaria lenta* K. Brandeg.	√	√		√		√	√
104	金星	乳突球属	*Mammillaria longimamma* DC.	√	√		√	√		√
105	梦幻城	乳突球属	*Mammillaria magnimamma* Haw.	√	√		√		√	√
106	金洋丸	乳突球属	*Mammillaria marksiana* Krainz	√	√		√		√	√
107	马图达	乳突球属	*Mammillaria matudae* Bravo	√	√		√		√	√
108	绯绳	乳突球属	*Mammillaria mazatlanensis* K. Schum. ex Gürke	√						√
109	黄神丸	乳突球属	*Mammillaria muehlenpfordtii* C. F. Först.	√			√		√	√
110	白星	乳突球属	*Mammillaria plumosa* F. A. C. Weber	√		√	√	√	√	√
111	松霞	乳突球属	*Mammillaria prolifera* (Mill.) Haw.	√	√	√	√	√		√
112	明星	乳突球属	*Mammillaria schiedeana* Hort. ex Pfeiff.	√	√	√	√	√	√	√
113	蓬莱宫	乳突球属	*Mammillaria schumannii* Hildm.	√	√		√		√	
114	月宫殿	乳突球属	*Mammillaria senilis* Lodd. ex Salm-Dyck	√	√		√	√	√	√
115	银手球	乳突球属	*Mammillaria vetula* Mart. subsp. *gracilis* (Pfeiff.) D. R. Hunt	√	√		√	√		√
116	黄仙玉	白仙玉属	*Matucana aurantiaca* (F. Vaupel) F. Buxb.	√			√		√	√
117	奇仙玉	白仙玉属	*Matucana madisoniorum* (Hutchison) G. D. Rowley	√			√	√	√	√
118	蓝云	花座球属	*Melocactus azureus* Buining & Brederoo	√	√		√	√	√	√
119	层云	花座球属	*Melocactus curvispinus* Pfeiff. subsp. *caesius* (H. L.Wendl.) N. P. Taylor	√						√
120	彩云	花座球属	*Melocactus intortus* (Mill.) Urban	√	√		√	√	√	√
121	魔云	花座球属	*Melocactus matanzanus* León	√	√		√		√	√
122	丽云	花座球属	*Melocactus peruvianus* Vaupel	√	√				√	√
123	爱氏南美翁	南美翁柱属	*Micranthocereus estevesii* (Buining & Brederoo) F. Ritter	√						√
124	龙神木	龙神木属	*Myrtillocactus geometrizans* (Mart. ex Pfeiff.) Console	√	√		√	√	√	√
125	仙人阁	龙神木属	*Myrtillocactus schenckii* (J. A. Purpus) Britton & Rose	√				√		√
126	勇凤	大凤龙属	*Neobuxbaumia euphorbioides* (Haw.) Buxbing	√				√		√
127	大凤龙	大凤龙属	*Neobuxbaumia polylopha* (DC.) Backeb.	√	√		√	√	√	√
128	帝冠	帝冠属	*Obregonia denegrii* Frič	√		√	√	√	√	√
129	胭脂掌	仙人掌属	*Opuntia cochenillifera* (L.) Mill.	√	√		√	√	√	√
130	仙人掌	仙人掌属	*Opuntia dillenii* (Ker-Gawl.) Haw.	√		√		√	√	√

（续）

（续）

序号	中名	属名	学名	厦门园	华南园	植物所	北京园	南京园	辰山园	龙海园
131	大型宝剑	仙人掌属	*Opuntia ficus-indica* (L.) Mill.	√	√	√		√	√	√
132	黄毛掌	仙人掌属	*Opuntia microdasys* (Lehm.) Pfeiff.	√		√	√	√		
133	单刺仙人掌	仙人掌属	*Opuntia monacantha* (Willd.) Haw.	√		√	√		√	
134	白恐龙	刺翁属	*Oreocereus pseudofossulatus* D. R. Hunt	√	√		√	√		√
135	丽髯玉	髯玉属	*Oroya peruviana* (K. Schum.) Britton & Rose	√						
136	土人之栉柱	摩天柱属	*Pachycereus pecten-aboriginum* (Engelm.) Britton & Rose	√			√	√		
137	武伦柱	摩天柱属	*Pachycereus pringlei* (S. Watson) Britton & Rose	√	√	√				
138	上帝阁	摩天柱属	*Pachycereus schottii* (Engelm.) D. R. Hunt	√						
139	雪光	锦绣玉属	*Parodia haselbergii* (F. Haage ex Rümpler) F. H. Brandt	√		√	√		√	
140	照姬丸	锦绣玉属	*Parodia herteri* (Werderm.) N. P. Taylor	√						√
141	金晃	锦绣玉属	*Parodia leninghausii* (K. Schum.) F. H. Brandt							
142	魔神丸	锦绣玉属	*Parodia maassii* (Heese) A. Berger	√	√	√				√
143	英冠玉	锦绣玉属	*Parodia magnifica* (F. Ritter) F. H. Brandt	√				√		
144	银妆玉	锦绣玉属	*Parodia nivosa* (Frič) Backeb.	√						
145	青王球	锦绣玉属	*Parodia ottonis* (Lehm.) N. P. Taylor	√	√		√	√		√
146	金冠	锦绣玉属	*Parodia schumanniana* (Nicolai) F. H. Brandt	√			√			
147	小町	锦绣玉属	*Parodia scopa* (Spreng.) N. P. Taylor						√	
148	飞鸟	月华玉属	*Pediocactus peeblesianus* (Croiz.) L. D. Benson	√				√		√
149	精巧丸	斧突球属	*Pelecyphora aselliformis* Ehrenb.	√				√		
150	银牡丹	斧突球属	*Pelecyphora strobiliformis* (Werderm.) Frič & Schelle ex Kreuz.	√	√			√	√	
151	块根柱	块根柱属	*Peniocereus maculatus* (Weing.) Cutak	√			√			√
152	木麒麟	木麒麟属	*Pereskia aculeata* Mill.	√	√	√			√	
153	樱麒麟	木麒麟属	*Pereskia grandifolia* Haw.	√					√	
154	蔷薇麒麟	木麒麟属	*Pereskia sacharosa* Griseb.	√	√				√	
155	春衣	毛柱属	*Pilosocereus leucocephalus* (Poselg.) Byles & G. D. Rowley	√	√	√		√	√	√
156	金青阁	毛柱属	*Pilosocereus magnificus* (Buining & Brederoo) F. Ritter	√	√	√			√	√
157	老翁	毛柱属	*Pilosocereus royenii* (L.) Byles & G. D. Rowley	√	√				√	√
158	多刺丝苇	丝苇属	*Rhipsalis baccifera* (Sol.) Stearn subsp. *horrida* (Baker) Barthlott	√		√	√		√	
159	赛露仙人棒	丝苇属	*Rhipsalis cereoides* (Backeb. & Voll) Backeb.	√		√				
160	窗之梅	丝苇属	*Rhipsalis crispata* (Haw.) Pfeiff.	√						
161	绿羽苇	丝苇属	*Rhipsalis elliptica* G. Lindb. ex K. Schum.	√				√		
162	竹节苇	丝苇属	*Rhipsalis ewaldiana* Barthlott & N. P. Taylor	√	√				√	
163	麦秸苇	丝苇属	*Rhipsalis floccosa* Salm-Dyck ex Pfeiff.	√						
164	大苇	丝苇属	*Rhipsalis grandiflora* Haw.	√	√	√	√			

（续）

序号	中名	属名	学名	厦门园	华南园	植物所	北京园	南京园	辰山园	龙海园
165	番杏柳	丝苇属	*Rhipsalis mesembryanthemoides* Haw.	√	√			√	√	
166	露之舞	丝苇属	*Rhipsalis micrantha* (Kunth) DC.	√	√	√			√	
167	悬铃木仙人棒	丝苇属	*Rhipsalis occidentalis* Barthlott & Rauh	√						
168	星座之光	丝苇属	*Rhipsalis pachyptera* Pfeiff.	√			√		√	
169	玉柳	丝苇属	*Rhipsalis paradoxa* (Salm-Dyck ex Pfeiff.) Salm-Dyck	√					√	√
170	手钢绞	丝苇属	*Rhipsalis pentaptera* Pfeiff. ex A. Dietr.	√	√				√	√
171	朝之霜	丝苇属	*Rhipsalis pilocarpa* Loefgr.	√	√	√				
172	蟹爪兰	仙人指属	*Schlumbergera truncata* (Haw.) Moran	√	√	√		√		√
173	月之童子	琥玉属	*Sclerocactus papyracanthus* (Engelm.) N. P. Taylor	√					√	√
174	夜之女王	蛇鞭柱属	*Selenicereusmacdonaldiae* (Hook.) Britton & Rose	√				√		
175	龙剑丸	多棱球属	*Stenocactus coptonogonus* (Lem.) A. Berger	√	√		√			√
176	振武玉	多棱球属	*Stenocactusmulticostatus* (Hildm. ex K. Schum.) A. Berger 'Lloydii'	√	√		√		√	√
177	秋阵营	多棱球属	*Stenocactus vaupelianus* (Werderm.) F. M. Knuth	√	√	√	√		√	√
178	朝雾阁	新绿柱属	*Stenocereus pruinosus* (Otto ex Pfeiff.) Buxb.	√	√	√	√	√		√
179	茶柱	新绿柱属	*Stenocereus thurberi* (Engelm.) Buxb.	√	√	√	√			√
180	近卫柱	近卫柱属	*Stetsonia coryne* (Salm-Dyck) Britton & Rose	√	√	√	√		√	√
181	菊水	菊水属	*Strombocactus disciformis* (DC.) Britton & Rose	√	√	√	√	√		√
182	大统领	瘤玉属	*Thelocactus bicolor* (Galeotti ex Pfeiff.) Britton & Rose	√	√	√	√	√	√	√
183	天晃	瘤玉属	*Thelocactus hexaedrophorus* (Lem.) Britton & Rose	√	√		√		√	√
184	鹤巢丸	瘤玉属	*Thelocactus rinconensis* (Poselg.) Britton & Rose	√	√				√	√
185	龙王球	瘤玉属	*Thelocactus setispinus* (Engelm.) E. F. Anderson	√	√			√	√	√
186	栉刺尤伯球	尤伯球属	*Uebelmannia pectinifera* Buining	√	√	√	√	√	√	√

　　注：表中"厦门园""华南园""植物所""北京园""南京园""辰山园""龙海园"分别为厦门市园林植物园、中国科学院华南植物园、中国科学院植物研究所北京植物园、北京植物园、江苏省中国科学院植物研究所南京中山植物园、上海辰山植物园、龙海沙生植物园的简称。

附录2　相关植物园的地理位置和自然环境

中国科学院华南植物园

位于广州东北部，地处北纬23°10′，东经113°21′，海拔24~130m的低丘陵台地，属南亚热带季风湿润气候，地带性植被为南亚热带季风常绿阔叶林，夏季炎热而潮湿，秋冬温暖而干旱，年平均气温20~22℃，极端最高气温38℃，极端最低气温0.4~0.8℃，7月平均气温29℃，冬季几乎无霜冻。大于10℃年积温6400~6500℃，年均降水量1600~2000mm，年蒸发量1783mm，雨量集中于5~9月，10月至翌年4月为旱季；干湿明显，相对湿度80%。干枯落叶层较薄，土壤为花岗岩发育而成的赤红壤，砂质土壤，含氮量0.068%，速效磷0.03mg/100g土，速效钾2.1~3.6mg/100g土，pH4.6~5.3。

厦门市园林植物园

位于福建省厦门市思明区，居厦门岛南端的万石山中，北纬24°27′，东经118°06′，海拔44.3~201.2m，属地处北回归线边缘，全年春、夏、秋三季明显，属南亚热带海洋性季风气候型，地带植被南亚热带季风常绿阔叶林。厦门年平均气温21.0℃，最低气温月（2月）平均温度12℃以上，最热月（7~8月）平均温度28℃，没有气温上的冬季，极端最低温度1℃（2016年1月24日），极端最高温38.4℃（1953年8月16日），年日照时数1672h。年平均降水量在1200mm左右，每年5~8月份雨量最多，年平均湿度在为76%。风力一般3~4级，常向主导风力为东北风。由于太平洋温差气流的关系，每年平均受4~5次台风的影响，且多集中在7~9月份。土壤类型为花岗岩风化物组成的粗骨性砖红壤性红壤，pH5~6，土层不厚，有机质含量少，蓄水保肥能力差。

江苏省中国科学院植物研究所南京中山植物园

位于南京东郊钟山风景名胜区内，地处南京紫金山南麓，北纬32°07′，东经118°48′，属北亚热带季风气候区，年平均气温14.7℃，极端最高气温41℃（1988年），极端最低温度23.4℃（1969年），1月平均温度2.3℃，7月平均温度27.7℃，夏季炎热而潮湿，冬季寒冷，常有春旱和秋旱发生，冬季也常有低温危害。年平均降水量1000.4mm，降水主要集中在6~9月，占全年降水量的59.2%。该园面积186hm²，海拔高度多为40~76m的低丘，土壤类型以山地黄棕壤为主，pH5.8~6.5。植物园内有小山岗、缓坡、平地、山溪、水塘等多种地形条件，地带性植被为北亚热带常绿、落叶阔叶混交林。园内已收集保存有近3000种栽培和野生植物类型，其中室外栽培种类有1000多种，许多中、北亚热带的植物种类能够在露天条件下生长良好且正常开花结实。在植物园的外围地区还保留有面积达100hm²的自然植被保护区，使植物园与紫金山森林植被连成一体。

中国科学院上海辰山植物科学研究中心（上海辰山植物园）

坐落于上海市松江区佘山国家旅游度假村内，占地面积207.63万m²，2007年3月动工兴建，2011年1月建成并正式对外开放。人工堆高形成的1条4.5km长的"绿环"，是上海辰山植物园最大景观亮点之一，填土最高达13m左右。辰山处于北亚热带季风湿润气候区，四季分明，年均气温15.6℃，无霜期236d，年均日照时数1817h，降水量1213mm，年陆地蒸发量754.6mm，最低温度−8.9℃，最高温度37.6℃。辰山植物园土壤容重在1.00~1.66mg/m³之间，均值为1.42mg/m³。辰山植物园土壤黏粒（<0.002mm）含量非常高，在22.91%~45.80%之间，粉砂粒（0.05~0.002mm）含量为40.65%~75.83%，而砂粒（2~0.05mm）含量平均仅为4.28%。

北京植物园

地处北京市位于西山卧佛寺附近，1956年经国务院批准建立，面积400hm²，是以收集、展示和保存植物资源为主，集科学研究、科学普及、游览休憩、植物种质资源保护和新优植物开发功能为一体的综合植物园。北京植物园由植物展览区、科研区、名胜古迹区和自然保护区组成，园内收集展示各类植物10000余种（含品种）150余万株。北纬39°48′，东经116°28′，海拔61.6～584.6m。属温带大陆性气候。年均温12.8℃，1月均温–3.3℃，7月均温26.8℃。极端高温41.3℃，极端低温–17.5℃，年降水量526.5mm，相对湿度43%～79%。土壤酸碱度为pH7～7.5。

中国科学院植物研究所

地处美丽的北京香山脚下，有着90年的建所历史，是我国植物基础科学的综合研究机构，距市区18km。位于北纬39°48′，东经116°28′，海拔61.6～584.6m。属温带大陆性气候。年均温12.8℃，1月均温–3.3℃，7月均温26.8℃。极端高温41.3℃，极端低温–17.5℃，年降水量526.5mm，相对湿度43%～79%。土壤酸碱度为pH7～7.5。

龙海沙生植物园

位于福建省龙海市双第华侨农场，是一个仙人掌与多肉植物的专类植物园，距龙海市区15km，距厦门特区50km。东经117°71′，北纬24°40′，海拔70～95m。双第华侨农场属亚热带海洋性季风季候。年平均气温20.9℃，日温差在10～20℃，无霜期350d，降水量1400mm，降雨集中在每年3月到9月，6月最多。主要的气象灾害有台风、暴雨。台风灾害年均发生2次左右，影响程度不同。土壤为花岗岩发育而成的红壤，砂质中壤，pH5～6。

中文名索引

拉丁名索引